イアン・スチュアート
数学ミステリーの冒険
Professor Stewart's
Casebook of Mathematical Mysteries
水谷淳 訳 *Jun Mizutani*

数学ミステリーの冒険

Professor Stewart's Casebook of Mathematical Mysteries

Professor Stewart's
Casebook of Mathematical Mysteries
by
Ian Stewart

Copyright © Joat Enterprises 2014

Japanese translation rights arranged with
Profile Books Ltd. in association with Andrew Nurnberg Associates Ltd., London
through Tuttle-Mori Agency, Inc., Tokyo

Professor Stewart's
Casebook of Mathematical Mysteries

目次

出典 ……… ix

ソームズとワツァップの紹介 ……… 1

単位について ……… 4

盗まれたソヴリン金貨 🔍 ……… 7
おもしろい数 ……… 8
線路の場所 ……… 9
ソームズ、ワツァップと出会う 🔍 ……… 10
図形魔方陣 ……… 14
オレンジの皮の形は？ ……… 15
宝くじを当てるには？ ……… 16
緑の靴下の悪巧み事件 🔍 ……… 18
連続した立方数 ……… 23
アドニス・アステロイド・ムステリアン ……… 23
平方数のやっつけ問題 2 つ ……… 24

手の汚れていない者を捕まえる ……… 25

段ボール箱の冒険 🔍 ……… 26

RATS 数列 ……… 31

誕生日は健康にいい ……… 32

数学記念日 ……… 32

バスケットボール家の犬 🔍 ……… 34

デジタル立方数 ……… 40

ナルシスト数 ……… 40

手掛かりなし！ 🔍 ……… 43

数独の簡単な歴史 ……… 44

666 恐怖症 ……… 47

1 倍、2 倍、3 倍 ……… 49

運の貯金 ……… 50

裏返しのエース 🔍 ……… 52

頭を抱えた両親 ……… 55

ジグソーパズルのパラドックス ……… 56

恐怖のキャットフラップ 🔍 ……… 56

パンケーキ数 ……… 62

スープ皿のトリック ……… 63

謎めいた車輪 🔍 ……… 66

2 匹ずつ ……… 69

V 字飛行するガンの謎 ……… 69

驚きの平方数 ……… 73

37のミステリー 🔍 ……… 74

平均スピード ……… 76

手掛かりのない4つの数独風パズル ……… 76

立方数の和 ……… 78

盗まれた文書の謎 🔍 ……… 80

見渡す限りを支配する ……… 83

続、おもしろい数 ……… 84

向こうが見えない正方形の問題 ……… 84

向こうが見通せない多角形と円 ……… 86

1つの署名 🔍 ……… 88

素数の間隔の成り行き ……… 94

奇数ゴールドバッハ予想 ……… 96

素数の謎 ……… 98

最適なピラミッド ……… 106

1つの署名 パート2 🔍 ……… 110

紛らわしいイニシャル ……… 115

ユークリッドのいたずら書き ……… 115

ユークリッドのアルゴリズムの効率 ……… 120

123456789 掛ける X ……… 122

1つの署名 パート3 🔍 ……… 122

タクシーのナンバー ……… 126

移動波 ……… 128

砂の謎 ……… 130

エスキモーの π ……… 133

1つの署名　パート4（完） 🔍 ……… 133

攪乱順列 ……… 136

フェアなコインをトスしてもフェアじゃない ……… 137

郵便でポーカーをやる ……… 139

不可能なことを除外する 🔍 ……… 144

貝のパワー ……… 147

地球が丸いことを証明する ……… 150

123456789 掛ける X、続編 ……… 154

名声の代償 ……… 155

黄金のひし形の謎 🔍 ……… 155

パワフルな等差数列 ……… 157

ギネスビールの泡はどうして沈んでいくのか？ ……… 159

ランダムな調和級数 ……… 161

公園で喧嘩する犬 🔍 ……… 163

あの木の高さは？ ……… 165

どうして友達には僕よりもたくさん友達がいるのか？ ……… 166

統計は素晴らしい？ ……… 169

6人の客 🔍 ……… 169

巨大な数の書き方 ……… 173

グレアム数 ……… 178

頭を抱えてしまう ……… 180

平均以上の御者 🔍 ……… 181

ねずみ取りの立方体 ……… 184

シェルピンスキー数 ……… 184

ジェイムズ・ジョセフ・何? ……… 186

バブルハムの泥棒 ……… 187

π の 1000 兆桁目 ……… 189

π は正規か? ……… 191

数学者、統計学者、工学者が…… ……… 193

和田の湖 ……… 194

フェルマーの最終 5 行詩 ……… 198

マルファッティの間違い ……… 198

平方数の余り ……… 201

電話でコイントスをやる ……… 205

邪魔な反響の止め方 ……… 207

何にでも使えるタイルの謎 ……… 210

スラックル予想 ……… 218

悪魔との契約 ……… 219

周期的でないタイリング ……… 220

2 色定理 ……… 223

空間内での 4 色定理 ……… 226

おかしな微積分 ……… 228

エルデシュの偏差問題 ……… 230

ギリシャの求積者 ……… 233

4 つの立方数の和 ……… 238

ヒョウにはどうして斑点があるのか？ ……… 240
多角形よ永遠なれ ……… 242
トップシークレット ……… 243
オールを漕ぐ男たちの冒険 🔍 ……… 243
15 パズル ……… 249
トリッキーな 6 パズル ……… 251
ABC くらい難しい ……… 253
正多面体のリング ……… 256
正方形の杭の問題 ……… 259
不可能なルート 🔍 ……… 260
最後の問題 🔍 ……… 266
帰還 🔍 ……… 268
最後の答 🔍 ……… 270

ミステリーの種明かし ……… 273

訳者あとがき ……… 339

出　　典

- p.16　　　左図・中央図：Laurent Bartholdi and André Henriques. Orange peels and Fresnel integrals, *Mathematical Intelligencer* 34 No. 4 (2012) 1-3.
- p.16　　　右図：Luc Devroye.
- p.31　　　箱のパズルのアイデア：Moloy De.
- p.70　　　図：http://getyournotes.blogspot.co.uk/2011/08/why-do-some-birds-fly-in-v-formations.html
- p.73　　　驚きの平方数：Moloy De, Nirmalya Chattopadhyay 考案。
- p.74　　　37のミステリー：Stephen Gledhill の発見をもとにした。
- p.77　　　手掛かりのない4つの数独風パズル：Gerard Butters, Frederick Henle, James Henle and Colleen McGaughey. Creating clueless puzzles, *The Mathematical Intelligencer* 33 No.3 (Fall 2011) 102-105.
- p.100　　図：Eric W. Weisstein, 'Brocard's Conjecture,' from *Math World* ― A Wolfram Web Resource：http://mathworld.wolfram.com/BrocardsConjecture.html
- p.106　　右図：Steven Snape.
- p.115　　図：Courtesy of the UW-Madison Archives.
- p.131　　上左図：George Steinmetz, courtesy of Anastasia Photo.
- p.131　　上右図：NASA, HiRISE on Mars Reconnaissance Orbiter.
- p.131　　下右図：Rudi Podgornik.
- p.132　　図：Veit Schwämmle and Hans J. Herrmann. Solitary wave behaviour of sand dunes, *Nature* 426 (2003) 619-620.
- p.139　　図：Persi Diaconis, Susan Holmes and Richard Montgomery, Dynamical bias in the coin toss, *SIAM Review* 49

(2007) 211-223.
p.223   図：Joshua Socolar and Joan Taylor. An aperiodic hexagonal tile, *Journal of Combinatorial Theory Series A* 11 (2011) 2207-2231; http://link.springer.com/article/10.1007%2Fs00283-011-9255-y
pp.256-259   図：Michael Elgersma and Stan Wagon, Closing a Platonic gap, *The Mathematical Intelligencer* (2014) to appear.

　以下の図版は Creative Commons Attribution 3.0 Unported license のもとで再掲し、指示どおりに出典を記した。

p.99   Krishnavedala.
p.106   (左) Ricardo Liberato.
p.107   Tekisch. p.139 Andreas Trepte, www.photo-natur.de.
p.194   Braindrain0000.
p.197   LutzL.
p.327   Walters Art Museum, Baltimore.

ソームズとワツァップの紹介

『数学の秘密の本棚』は、2008年のクリスマスの直前に出た〔日本語版は2010年3月〕。変わった数学トリック、ゲーム、風変わりな人物の伝記、変な小ネタ、解決された問題と未解決の問題、怪しい情報、そして、フラクタルやトポロジーやフェルマーの最終定理といった、もっと長くてまじめなコラムででたらめに並んでいるところが、読者に受けたらしい。そこで2009年に続編として、ときどき海賊が登場する同じようなコンセプトの本、『数学の魔法の宝箱』を出した〔日本語版は2010年8月〕。

本を出すなら三部作がいいという。『銀河ヒッチハイクガイド』を書いた故ダグラス・アダムズは、「四部作のほうがいい」、「いや五部作のほうがもっといい」って判断したけれど、手始めとしては三部作がよさそうだ。そこでこのたび、5年の間を空けて『数学ミステリーの冒険』を出すことにした。でも今回は新しいひねりを入れた。たとえば「666恐怖症」、「スラックル予想」、「オレンジの皮の形は？」、「RATS数列」、「ユークリッドのいたずら書き」など、ちょっと変わった短いコラムはやっぱりある。「パンケーキ数」、「ゴールドバッハ予想」、「エルデシュの偏差問題」、「正方形の杭の問題」、「ABC予想」など、解決された問題や未解決の問題を取り上げた、もっと中身のあるコラムも並べた。ジョーク、詩、逸話も載っている。もちろん、空飛ぶガン、貝の群れ、ヒョウの斑点模様、ギネスビールの泡といったものに数学を応用した、変わったコラムもある。でも今回は、そうした寄せ集めの記事のあいだに、19世紀の探偵とその医者の相棒が主人公を演じる続き物の物語が挟まっている。

読者がどう思われたか、百も承知だ。でもこのアイデアを思いついたのは、サー・アーサー・コナン・ドイルが考え出した大人気キャラクターを、ベネディクト・カンバーバッチとマーティン・フリーマンが現代風に見事に演じたテレビドラマがヒットする、その1年くらい前のことだった（信じてほしい）。もっというと、この本に登場するのはその2人組じゃない。コナン・ドイルのオリジナルのストーリーに登場する人物でもない。この本の2人組も同じ時代の人だけれど、

通りを隔てた222B番地に住んでいた。その部屋から2人は、もっと有名な2人組の家にひっきりなしに入っていく金持ちの依頼者たちを、うらやましそうに見つめていた。ときには、「1つの署名」、「公園で喧嘩する犬」、「恐怖のキャットフラップ」、「ギリシャの求積者」など、有名な隣人たちが断ったり解決できなかったりした事件もあった。そんなときには、ヘムロック・ソームズとドクター・ジョン・ワツァップが頭を働かせて、本当の才覚を発揮し、逆境と不人気を乗り越えるのだ。

お分かりのとおり、数学にはミステリーがたくさんある。それを解決するには、数学への興味と鋭い思考力が必要で、それにかけてはソームズとワツァップは申し分なかった。2人が登場するコラムには🔍という印を付けてある。読んでいくと分かるけれど、ワツァップは以前アル゠ジェブライスタンで軍医をしていた。ソームズは宿敵モギアーティ教授と戦っていて、シュティッケルバッハ滝の上で最後の決闘をする。そして……。

幸いなことに、ドクター・ワツァップが回想録や未公表の手帳に2人の捜査のことをたくさん記録している。ドクターの子孫アンダーウッド・ワツァップとヴェリティー・ワツァップには、一家の記録を初公開してくれ、この本に収録することを気前よく許してくれて感謝している。

イアン・スチュアート
コヴェントリー、2014年3月

単位について

　ソームズとワツァップの時代にイギリスで標準的に使われていた単位は、いまと違ってメートル法でなくヤードポンド法で、通貨も 10 進法じゃなかった。アメリカ人にはヤードポンド法は何の問題もないだろう。大西洋の東と西でガロンの単位は違うけれど、この本にはガロンは登場しない。ソームズとワツァップが登場しないコラムでも、どうしてもメートル法が必要な話題を除いては、辻褄が合うように 19 世紀の単位を使った。

　下に、メートル法と 10 進法の通貨単位への換算表を載せた。

　ほとんどの場合、どっちの単位を使っているかは関係ない。数値をそのままにして、「インチ」や「ヤード」をただの「単位」に変えてもかまわない。または、都合のいい単位を選んでもいい（たとえばヤードをメートルに）。

長さ
1 フィート = 12 インチ　304.8mm
1 ヤード = 3 フィート　0.9144m
1 マイル = 1760 ヤード = 5280 フィート　1.609km
1 リーグ = 3 マイル　4.827km

重さ
1 ポンド = 16 オンス　453.6g
1 ストーン = 14 ポンド　6.35kg
1 ハンドレッドウェイト = 8 ストーン = 112 ポンド　50.8kg
1 トン = 20 ハンドレッドウェイト = 2240 ポンド　1016kg

通貨
1 シリング = 12 ペンス　5 新ペンス

1 ポンド＝20 シリング＝240 ペンス
1 ソヴリン＝1 ポンド（金貨）
1 ギニー＝1.1 ポンド　現在の 1.05 ポンド
1 クラウン＝5 シリング　25 新ペンス
スラペニービット＝3 ペンス硬貨の別名

盗まれたソヴリン金貨

　探偵はポケットから財布を取り出し、空っぽなのを確かめてため息をついた。そして222B番地の借間の窓辺に立って、通りの向かいをしかめ面でにらんだ。行き交う馬車のガラガラという音に混じって、ストラディバリウスが美しく奏でるアイルランド風の旋律が微かに聞こえる。本当にあいつは気にくわない！　ソームズは、有名な商売敵の玄関へ次々に入っていく人たちを見つめていた。ほとんどは上流階級の金持ちだった。上流階級の金持ちには見えない人たちも、ほとんどは決まって上流階級の金持ちの代理だった。

　ヘムロック・ソームズに依頼するような人は、犯罪に巻き込まれることなどなかった。

　ここ2週間、ソームズがねたましそうに見つめていた依頼者たちが次から次へと入っていくのは、世界一の探偵という評判の人物の家だった。少なくともロンドン一の探偵ではあったけれど、19世紀のイングランドでは世界一も同然だった。一方、ソームズの部屋の呼び鈴が鳴ることはなく、請求書が山と積み上がり、ソープサッズ夫人には出て行ってくれと言われていた。

　ソームズの手帳には1件だけ事件が書いてあった。グリッツ・ホテルの経営者ハンフショー＝スマッタリング卿は、1人のウェイターがソヴリン金貨1枚（1英ポンド）を盗んだと思い込んでいた。ソームズもいますぐに1ポンドがほしかった。でも、ゴシップ紙が取り上げてくれそうな事件ではなかった。悲しいけれど、そういう新聞に載らないとソームズの将来はなかった。

　ソームズは事件記録に目を通した。アームストロング、ベネット、カニンガムの3人が、グリッツ・ホテルでディナーを済ませ、30ポンドの勘定書を渡された。3人はそれぞれ、ウェイターのマニュエルにソヴリン金貨を10枚ずつ渡した。ところが給仕長が間違いに気づき、実際のお代は25ポンドだった。給仕長はウェイターにソヴリン金貨を5枚渡し、3人に返すよう言った。5ポンドは3で割り切れ

ない。そこでマニュエルは、払いすぎの分が戻ってきたので、2枚はチップとして自分がもらって、お3人には1枚ずつ返しましょうと提案した。

3人の客も賛成した。ところがあとで、給仕長が計算が合わないことに気づいた。3人の客はそれぞれ9ポンドずつ、合計で27ポンド払った。マニュエルは2ポンドもらった。合計すると29ポンド。

1ポンド足りない。

ハンフショー＝スマッタリングは、マニュエルが盗んだと思い込んでいた。でも状況証拠しかなかった。マニュエルの生活は、このミステリーを解決できるかどうかにかかっている。もしマニュエルが首になって悪い評判が付きまとえば、二度と仕事に就くことはできない。

行方不明の1ポンドはどこへ行ったのだろうか？

答は274ページ。

おもしろい数 *

探偵稼業では、パターンを見抜くのがとても大事だ。ソームズが書いたタイトルのない未発表の小論文には、2041個の役に立つ例が載っていて、そのなかの1つが次のようなものだ。計算してみてほしい。

 11 × 91
 11 × 9091
 11 × 909091
 11 × 90909091
 11 × 9090909091

---

* この本に載っている、事件とは直接関係のないコラムの多くは、手書きのノートから抜粋したものだ。その一部は、ドクター・ワツァップがソームズの許可を得て『異常犯罪の宝庫』として編纂出版している。これ以降は出典を明記せずに引用する。いくつかのコラムはのちにワツァップの著作権管理人が付け足したもので、鋭い読者なら時代が合っていないことにすぐに気づくだろう。

ソームズはペンと紙を使って計算したはずで、読者もやり方さえ覚えていれば同じように筆算でできるだろう。電卓を使ってもいいけれど、桁が足りなくなってしまう。このパターンは際限なく続く。それを電卓で証明することはできないけれど、昔ながらの方法で導くことはできる。では、計算をしないで

　　11 × 9090909090909091

を答えてほしい。

次にもっと難しい問題。どうしてこうなるのだろうか？

答は 275 ページ。

線路の場所

ライオネル・ペンローズは、ふつうの迷路とは少し違う新しい迷路を考え出した。線路の迷路だ。線路のようにポイントがあって、列車が走れるようなルートしか進むことができず、方向転換はできない。複雑な迷路を狭いスペースに押し込むには都合がいい。

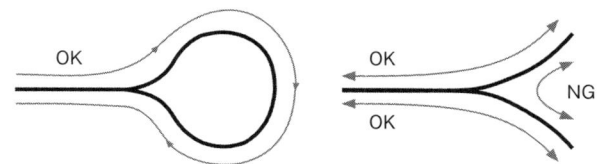

ポイントのところで許される進み方と許されない進み方

ライオネルの息子で数学者のロジャー・ペンローズが、このアイデアをさらに広げた。ロジャーが考え出した迷路の1つが、イングランドのデヴォンにあるルッピット・ミレニアム・ベンチの石に彫り込まれている。その迷路は少し難しいので、ここではもっと簡単な例に挑戦してもらおう。

下の地図は、「のろのろ鉄道」の路線図だ。列車はS駅を10時33分に出発して、F駅に到着しないといけない。バックして折り返すことはできないけれど、線路がループしているところを使えばどっちの方向にも進める。2本の線路が合流しているポイントでは、滑らかにつながっているどの方向にでも進める。列車はどんなルートを進んでいけばいいだろうか？

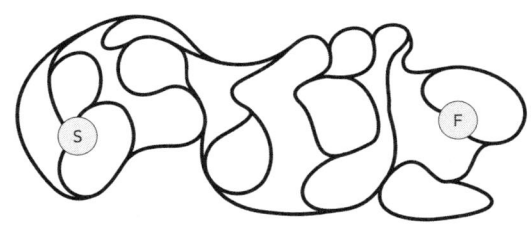

迷路

答と、ルッピット・ミレニアム迷路を含めもっと詳しいことは、277ページ。

 ## ソームズ、ワツァップと出会う

一見たいしたことないがあっという間に肌を濡らす霧雨が、水たまりを避けながら立派なまたは不埒な用事でベーカー街を急ぐ、ロンドンの善良な市民と邪悪な市民に降り注いでいた。さほど有名でない探偵は、いつものように窓辺に立って、希望なさげに薄暗がりを見つめながら、自分の貧しさに不満をこぼしては落ち込んでいた。盗まれたソヴリン金貨の事件を見事に解決したことで、ソープサッズ夫人にはしばらく大目に見てもらえたが、成功の喜びから覚めたいまや、孤独感と、自分が認められないことに悩んでいた。

気の合う相棒が必要なのではないか？　犯罪に対して日々自分なり

に立ち向かい、犯罪者がうっかり残した手掛かりを解きほどくという知的挑戦をともにしてくれる相棒が。だが、そんな人物はどこで見つかるというのか？　きっかけさえ思いつかなかった。

　その暗い気持ちを断ち切るかのように、1人のがっしりした男が、目的ありげに大股で通りの向かいの建物に近づいていった。ソームズは直感で、軍を退役したばかりの医者だと判断した。身なりがよくて金持ち、評価されすぎのあの間抜け野郎の裕福な依頼者……。

　いや、違う！　その男は番地のプレートを見て首を横に振り、きびすを返した。二輪馬車をかわしながら通りを渡るその男の顔は帽子のつばで見えなかったが、身のこなしからは決意が感じられ、おそらく相当必死だった。ソームズはこの男に興味をそそられて、もっと詳しく観察した。すると、最初に思ったのと違ってコートが新しくないことに気づいた。縫い方から見て、オールド・コンプトン通りの店で直してもらったものだ。直したのは、主任の女裁縫師が半日休みを取る木曜日。靴はすり減っていて金持ちじゃない。ソームズが第一印象を改めると、その男は視界から消えた。どうやら階下の玄関に近づいてきたらしい。

　一瞬、間があってから、呼び鈴が鳴った。

　ソームズは待った。扉をノックしたのは、いつもの花柄のドレスを着て大きなエプロンを付けた辛抱強い女家主、ソープサッズ夫人だった。「ソームズさん、男性がお目にかかりたいそうですわ」。バカにした口調だ。「お通ししましょうか？」

　ソームズがうなずくと、ソープサッズ夫人は前かがみで階段を下りていった。しばらくすると夫人が再びノックし、あの医者の男が部屋に入ってきた。ソームズは夫人に、扉を閉めていつもの場所、1階の居間のレースカーテンの奥へ戻るよう手で合図したが、夫人はあからさまに嫌そうだった。

　しばらく耳をそばだてていたその男は、突然扉を開けて後ずさりした。その勢いでソープサッズ夫人は横向きに倒れた。

　「えーと、マットが。はたきを掛けないと」と言い訳しながら夫人

は起き上がった。ソームズは心のなかで、この女家主にもはたきを掛ける必要があるなと思いながら、夫人に薄笑いをして手で追い払った。再び扉が閉まった。

「名刺を」とその男が言った。

ソームズはその名刺を見ずに裏返しに置き、来訪者を頭のてっぺんから足の爪先までじっくり観察した。そして何秒かしてから、「君が何者か、たいした手掛かりはない」と言った。

「え？」

「もちろん、はっきりと分かることはある。君はここ4年、アル゠ジェブライスタンで王立第6騎兵連隊の軍医を務めていた。キュードラットの戦いでは大けがを間一髪で免れた。それからまもなくして除隊になり、少し自分を見つめなおしてから、今年の初めにイングランドへ戻る決心をした」。ソームズはさらに目をこらし、「君は猫を4匹飼っている」と付け加えた。

男が唖然としていると、ソームズは名刺をひっくり返した。「ドクター・ジョン・ワツァップ。軍医、王立第6騎兵連隊、除隊」。自分の推理が正しかったことが分かっても、顔には何の感情も表れなかった。それ以外考えられなかったからだ。「おかけなさい。君が巻き込まれた犯罪について話してくれ。ぜひ解決を……」。

ワツァップは親しげな声を上げてくすくすと笑った。「ソームズさん、ようやくお目にかかれてうれしいです。あなたの評判は広まっていますよ。私の素性を見事推理されたことで、聞いていた評判どおりだと確信しました。手柄を自慢しないところがいかにもあなたらしい。でも私は、依頼者としてここに来たのではありません。あなたに雇ってほしいのです。もう医者の仕事には惹かれません。私が戦場で耐えていた様子を見れば、あなたもそう思うでしょう。でも私は活動的な人間です。これからも刺激がほしいのです。いまでも拳銃を持っていますし……、ところで、どうして分かったのですか？」

ソームズは、221B番地の住人と間違われている気がしてきたのを押し殺して、ワツァップの正面の椅子に座った。「君の物腰を見て、

通りを渡る前から軍人だと分かっていた。僕は異常なほど視力がいいんだ。君の手はまさに医者の手で、力は強いけれど肉体労働者のようなしみは付いていない。去年の12月、『タイムズ』の記事で報じられていた。アル゠ジェブライスタンでの4年間の軍事作戦が終わりに近づいていて、キュードラットの決戦で大勢の死者を出した王立第6騎兵連隊がイングランドに帰還するとね。君はその連隊用のブーツを履いている。そして着ているものから、しばらく前にイングランドに戻ってきたことが分かる。あごの骨に沿って、ほとんど治っているが微かな傷跡があり、それは明らかにヨーロッパ製でないマスケット銃によるものだ。僕は極東における小火器での怪我に関する短い論文を書いたことがある。いつか読んで聞かせなければ。君が行動的な人間であることは、ソープサッズ夫人の盗み聞きにどう対処したかで分かる。だから、自分の意思で除隊したのではないはずだ。不名誉除隊であればゴシップ紙で目にしているはずだが、最近その手の記事はなかった。また君のコートには、4種類の猫の毛が付いている。4色ということではない。それだったら1匹のブチ猫の毛かもしれない。そうではなくて、長さや質感が違っている。…… 4匹の品種をお答えしよう」。

「驚いた！」

「実を言うと、君の顔には見覚えがある。どこかで……ああそうだ！ 分かったぞ！ 先週の『クロニクル』紙の小さな記事に、写真付きで、……ドクター・ジョン・ワツァップ。『どうした、ドクター？』という有名なフレーズの人物だ。僕よりも有名だよ、ドクター」。

「お世辞をどうも、ソームズさん」。

「いやいや、本当のことだ。しかし僕と仕事をするには、その行動力と同じくらい思考力もあることを証明してもらわなければならない。お手並み拝見だ」、と言ってソームズは、封筒の裏に

4 9

という数字を書いた。「ここに一般的な算術記号を入れて、1から9

までの整数を1つ作るんだ」。ワツァップは口をすぼめて集中した。「プラスの記号か……いや、13 では大きすぎる。マイナスか……いや、負になってしまう。掛け算も割り算もうまくいかない。そうか！ 平方根だ！ いやいや、$4\sqrt{9}=12$ でこれまた大きすぎる」。ワツァップは頭を掻いた。「降参です。答はありません」。

「答はある。保証しよう」。

沈黙のなか、マントルピースの上に置いてある時計の音だけが響いていた。すると突然、ワツァップの顔がほころんだ。「分かったぞ！」ワツァップは封筒を手に取って、記号を1つだけ書き込み、ソームズに手渡した。

「最初のテストは合格だ、ドクター」。

ワツァップはどんな記号を書き込んだのか？ 答は 277 ページ。

図形魔方陣

魔方陣は数が並んでいて、どの行、どの列、どの対角線を足し合わせても同じ値になる。リー・サローズは、その幾何学バージョン、図形魔方陣を考え出した。図形が正方形の盤面に並んでいて、どの行、どの列、どの対角線の図形をジグソーパズルのように組み合わせても、同じ図形ができる。ピースは回転させたりひっくり返したりしてもかまわない。次ページの左図は例題、読者には右の図を解いてほしい。答は 278 ページ。

サローズはほかにも図形魔方陣をいくつも考案して、また三角形バージョンなどにも一般化した。*The Mathematical Intelligencer* 33 No. 4 (2011) 25-31 や、サローズのウェブサイト http://www.GeomagicSquares.com/ を見てほしい。

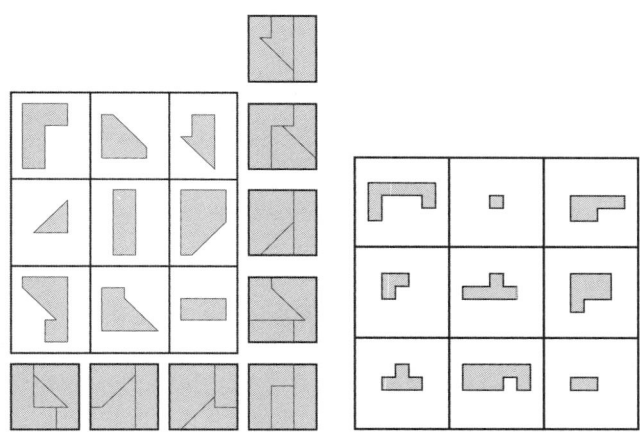

リー・サローズが考え出した図形魔方陣。それぞれの行、列、対角線をたどった先に、各ピースをジグソーパズルのように組み合わせた様子が描いてある。左：例題の答。右：すべての行、列、対角線のジグソーパズルを完成させてほしい。

オレンジの皮の形は？

　オレンジの皮の剥き方はたくさんある。細かくちぎっていく人もいる。1枚につなげたままで不規則な形に剥こうとする人もいる。でもたいていは何枚かにちぎれて、果汁がたくさん飛び散ってしまう。もっと計画を立てて、ナイフを慎重に使い、へたのところからお尻のところまでらせん状に切れ込みを入れていく人もいる。僕はテーブルを散らかしてすぐにほおばりたいたちだけれど、試しにやってみよう。

　2012年にローラン・バルトルディとアンドレ・アンリークが、オレンジの皮を平らに広げるとどんな形になるのだろうかと考えた。そこで、細いナイフを慎重に使って皮をずっと同じ幅で切っていったところ、美しい二重らせんができた。それは、コルニュのらせん、オイラーのらせん、クロソイド、スピロなどいろんな名前で呼ばれている、

左：ナイフを使ってオレンジを剥く。中央：平らに広げた皮
右：コルニュのらせん

有名な数学的な二重らせんに似ていた。

　この曲線が知られるようになったのは、1744年にオイラーがその基本的な性質の1つを発見したときだった。どの点での曲率（フィットする円の半径を r として $1/r$）も、中央からその点まで曲線に沿って測った距離に比例するのだ。曲線上を進むにつれて、カーブがどんどんきつくなって、らせんはどんどんきつく巻かれていく。物理学者のマリー・アルフレッド・コルニュは、光がまっすぐな縁で回折するときにこの曲線が現れることに気づいた。また鉄道技師は、直線状の線路と円弧状の線路をスムーズにつなぐためにこの曲線を使っている。

　バルトルディとアンリークは、オレンジの皮とこの曲線が似ているのはただの偶然ではないことを証明した。一定の幅で剥いたオレンジの皮の形を記述する方程式を書き下して、幅を細くすればするほどコルニュのらせんに近づいていくことを証明したのだ。「このらせんは歴史上何度も発見されているが、私たちは朝食のときに発見した」と2人は書いている。

　参考文献は278ページ。

宝くじを当てるには？

　疑問符が付いていることに注意。

　イギリス国営宝くじ（「ロト」という何のひねりもない名前に変わった）でジャックポット（大当たり）を当てるには、1から49までのな

かから選んだ6つの数が、抽籤日に機械が選ぶ数と一致しないといけない。もっと賞金の低い当たりもいくつかあるけれど、ジャックポットにこだわってみよう。抽籤マシンからボールはランダムな順番で出てくるけれど、当籤番号は数の順番に並べ替えられて、当たっているかどうかがすぐに分かるようになっている。たとえば当籤番号が

　　13　15　8　48　47　36

となったら、

　　8　13　15　36　47　48

と並べ替えられて、一番小さい数は8、2番目に小さい数は13などとなる。

　確率論によると、どの数が出る確率も等しい場合、選ばれた6つの数のうち
　一番小さい数としてもっとも出やすいのは1
　2番目に小さい数としてもっとも出やすいのは10
　3番目に小さい数としてもっとも出やすいのは20
　4番目に小さい数としてもっとも出やすいのは30
　5番目に小さい数としてもっとも出やすいのは40
　一番大きい数としてもっとも出やすいのは49
である。これは正しい。最初の文が正しいのはどうしてだろうか？もし1が出れば、ほかにどんな数が出てもこれが一番小さい数のはずだ。でも2が出た場合は、そのあとから1が出て、一番小さい数でなくなってしまう可能性が少しだけある。だから、6つのボールがすべて出たときに2が一番小さい数である確率は、1よりもわずかに低い。

　以上は数学的な事実だ。ということは、

　　1　10　20　30　40　49

を選べば、それぞれの数がそれぞれの場所に出る可能性がもっとも高くなるので、ジャックポットを出せる確率が上がるように思える。

本当にそうだろうか？　答は 278 ページ。

緑の靴下の悪巧み事件

「君は最初のテストをパスしたよ、ドクター。だが本当のテストはこれからだ。犯罪捜査をどうやってこなすのか、お手並み拝見だ」。
「分かりました、ソームズさん。いつから始めましょうか？」
「いましかない」。
「いいでしょう、私もあなたも行動的な人間です。どの事件にしますか？」
「君自身の事件だ」。
「しかし……」。
「僕が勘違いしているとでもいうのか？　君は雇ってほしいからここへやってきたのに、犯罪の被害者でもあると？」
「いや、しかしどうしてそれを……」。
「君が部屋に入ってきたとき、僕は直感で、君は僕に助けてほしいのだと気づいた。隠そうとしていたが、顔と態度に出ていたよ。僕の推理が正しいかどうか確かめるために、『君が巻き込まれた犯罪』と言ってみたら、君ははぐらかした。そして、依頼人として来たのではないと言った」。

ワツァップはため息をついて椅子に身を沈めた。「もし事件のことを話したら、ただで助言をほしがっているだけだと思われて、雇ってもらえなくなるのではないかと思ったんです。またまた見透かされてしまいました、ソームズさん」。

「当然だ。堅苦しい呼び方はやめよう。ソームズと呼んでくれ。僕も君をワツァップと呼ぼう」。

「光栄だ、ソムーズさん……ソームズ」。明らかに動揺していたワツァップは、一瞬、間を取って気を落ち着かせた。「単純な事件だ。君が何度も扱ったことのあるような」。

「空き巣か」。

「そのとおり。どうしてそれが……まあいい。今年の初めのことだった。すぐに、通りの向かいにいる本職の探偵に助けを求めたんだ。ところが1か月経っても何の進展もない。するとその探偵は、あまりにもつまらない事件だから自分の優れた才能が興味を示さないと言って、私を追い返したんだ。そこでたまたま君の手柄のことを耳にして、君ならあの有名人にも歯が立たなかった事件を解決してくれるんじゃないかと思ったんだ」。

ソームズが興味津々なことは、ワツァップにもはっきりと分かった。

「この事件の解決を手助けして、僕が君の役に立つことを証明しよう」とワツァップは心を込めて言った。「もし解決したら……いや、解決したときには、ずっと雇ってもらいたいという気持ちがもっと強くなるはずだ。報酬を払う金はないから、2か月無給で働きたい。そのあいだ紳士たちに君の評判を広めれば、依頼人が途切れなくやってくるようになって、2人でそこそこ快適な生活を送れるようになる」。

「正直言って、確かにそういう申し出には多少惹かれる」とソームズ。「大西洋の反対側に住む友人たちが『相方』と呼んでいる人間を、しばらく探していたんだ。うちの女家主の盗み聞きに君が気づいたことで、君が相棒の条件を十分に満たしているとさらに確信したが、まだ分からない。ああ……報酬のことだが、ひょっとして5ポンド札を僕に渡してはくれないか？　ソープサッズ夫人に家賃を払えとしょっちゅう怒鳴られているんだ。……　いやいや、君も僕と同じで金に困っているんだな。2人で貧乏から脱出しようじゃないか」。

「さて、事件のことを話してくれ」。

「さっきも言ったように、単純な事件だ」とワツァップ。「私の家に空き巣が入って、アル゠ジェブライスタンの儀式用の短剣の貴重なコレクションが盗まれたんだ。私が唯一持っていた金目の品だよ」。

「それでいまみたいな貧乏に」。

「そのとおりだ。サザビーでオークションにかけようとしていたんだ」。

「何か手掛かりは見つかったのか？」

「1つだけ。緑の靴下が犯行現場に残されていた」。

「どんな色合いの緑だ？　素材は？　綿？　ウール？」

「分からないんだ、ソームズ」。

「重要なことだ、ワツァップ。ほころんだウールの糸くず1本に付いていた染料の正確な色だけで、何人もの男が絞首刑になっている。かと思えば、そういう証拠がなかったばかりに絞首刑を免れた男も大勢いるんだ」。

ワツァップはうなずいて、その教訓を心に刻んだ。「私が知っているのは警察から教えてもらった情報だけだ」。

「それなら情報が足りないのも当然だ。続けてくれ」。

「警察は容疑者を3人にまで絞り込んだ。ジョージ・グリーン、ビル・ブラウン、ウォリー・ホワイトだ」。

ソームズは考えながらうなずいた。「思っていたとおり『ふつうの容疑者』だ。ボズウェル街で盗みを働いている」。

「私がボズウェル街に住んでるってどうして分かったんだ？」　ワツァップは驚いた。

「名刺に住所が書いてあったよ」。

「そうか。いずれにしても、この3人のうちの1人が明らかに犯人だ。警察が取り調べをしたところ、3人ともいつもジャケットとズボンを身につけていることが分かった」。

「たいていの男がそうだよ、ワツァップ。下層階級の男でもね」。

「そうだな。ところが、靴下も履いているんだ」。

ソームズを耳をそばだてた。「多少おもしろい特徴かもしれない。3人は平均より収入がいいことが分かる」。

「待ってくれ、ソームズ、私には分からない……」。

「君はブラウン氏、グリーン氏、ホワイト氏に会っていないんだろう？」

「ああ」。

「ワツァップ、余計なことは気にしないで、肝心な点に集中してくれ」。

「どうやら3人とも、いつでもまったく変わらない色の服装をする習慣があるらしい。犯行現場の微かな痕跡は……」。

「うん、うん」。ソームズは落ち着かなそうにつぶやいた。「割れた窓に付いていた糸くず。ロバの鼻のようにあからさまだ」。

「……ああ、そうだ。やっぱり糸くずか。空き巣は靴下の片方を使って、音を立てずに窓ガラスを割った。そしてその靴下は緑だった。証言によれば、3人はそれぞれ別々の色のジャケット、別々の色のズボン、別々の色の靴下を身につけていた。また、同じ色の衣服を2つ以上身につけている男はいなかった。もちろん靴下はペアで1つと数える。いくらこんな悪党でも、左右色違いの靴下は履かないだろう。とてもみっともない」。

「君はその情報から何か結論を引き出せたかい？」

「容疑者は全員、名前と同じ色の衣服を1つだけ身につけていたに違いない」とワツァップは即座に答えた。「その色を導き出せれば、誰か犯人か分かる」。

ソームズは椅子の背もたれに寄りかかった。「結構。君とは一緒に仕事ができそうだ。ほかには？」

「結論として、いまある情報だけでは犯人を特定できない。警察も結局そう認めたから、もっと証拠を探してくれと言ったんだ」。

「それで警察は何か見つけたのか？」

「もっと具体的に提案したら見つかった」。ワツァップは1枚の紙をソームズに手渡した。「警察の報告書の一部だ」。

ロンドン警視庁ホルボーン署J・K・ウギンズ巡査の報告書からの抜粋

1. ブラウンの履いていた靴下は、ホワイトの着ていたジャケットと同じ色。
2. ホワイトの履いていたズボンの色と同じ名前の男は、白いジャケットを着ていた男の名前と同じ色の靴下を履いていた。
3. グリーンの履いていた靴下の色は、ブラウンの履いていた靴下の色と同じ名前の男が着ていたジャケットと同じ色のズボンを履いてい

た男の名前と同じ。

「これだけだ」とワツァップ。「犯人を特定できれば、警察は捜査令状を取れる。運が良ければ私の短剣が見つかって、明らかな犯罪の証拠になる。でも警察はお手上げだし、あの持ち上げられすぎの探偵も私と同じく途方に暮れている。だからこの事件には興味がないふりをしているんだ」。

ソームズはほくそ笑んだ。「僕は違うぞ、ワツァップ。君が根気強く警察を説き伏せて犯行の状況を詳しく調べさせたおかげで、犯人を特定するのに十分な情報が手に入ったんだ。もちろん推理は簡単だよ」。

「どうしてそこまで言い切れるんだい？」

「いずれ僕のやり方が分かってくるだろう」とソームズは謎めいた言い方をした。

「それで犯人は誰だい？」

「推理すれば分かる」。

ワツァップは、まだ何も書き込まれていない分厚い手帳を取り出して、書き留めていった。

記録

ドクター・ジョン・ワツァップ（医学修士、王立軍事科学学校、退役）

向かい側から手帳を見ていたソームズは、「三文小説じゃないんだから」と静かに言った。ワツァップは「悪巧み」を線で消して「事件」と書きなおした。そして唇をすぼめて、2人の分析を記録しはじめた。途中で何回か行き詰まったが、まもなく犯人が浮かび上がってきた。

犯人は 279 ページ。

「すぐにルーレード警部に電報を送ろう」とソームズは言った。「その男の家を捜索してくれるだろう。そして間違いなく君の短剣を見つけてくれるはずだ。僕たちが突き止めたその男は、盗品をなかなか売り払わないことで有名なんだ。盗んだものを満足そうに眺めているの

が好きで、そのせいで何度か捕まっているのさ」。

「そして、僕たち2人にとっての最初の事件は、これで解決だ！」ソームズはすぐに興奮を静めて、こう付け加えた。「君の手助けが欠かせなかった。でも残念ながら、考え抜いた割には僕たちの経済状態はよくならない。君の持ち込んだ事件だからね」。

「多少はよくなるよ。短剣が戻ってくるんだから」。

「裁判が終わるまで警察が証拠として保管するんじゃないか。だがそうだとしても、いずれもっと儲かるようになる兆しかもしれない。そうじゃないか？　ワツァップ」。

連続した立方数

1, 2, 3 という3つの連続した数をそれぞれ3乗すると、1, 8, 27となって、これを足し合わせると36、平方数になる。3乗して足し合わせると平方数になるような、次の3つの連続した数は？

答は283ページ。

アドニス・アステロイド・ムステリアン

AD	IN	SO
IS	DO	AN
NO	AS	ID

ADONIS

AS	IR	ED	TO
DO	ET	IS	RA
IT	AD	OR	ES
RE	SO	AT	ID

ASTEROID

EN	MA	IR	SO	UT
IS	TO	NU	ME	RA
MU	RE	AS	IT	NO
AT	IN	OM	UR	ES
OR	US	ET	AN	MI

MOUSTERIAN

ファレルが考えた単語魔方陣

ジェレミア・ファレルは、すごい単語魔方陣をいくつか発表した（*The Journal of Recreational Linguistics* 33 (May 2000) 83-92)。上

の図はそのうちの一部。それぞれのマス目に入っているのは、ふつうの辞書に載っている2文字の単語。各行各列、そして2本の対角線上（4×4と5×5のみ）には、それぞれ同じ文字が入っている。どの行と列もある1つの単語のアナグラムになっていて（たいした意味はないが）、その単語は下に書いてある。ちなみにMousterian（「ムスティエ文化の」）とは、ネアンデルタール人が使っていた火打ち石の様式のこと。

単語の並びなんてあんまり数学とは関係ないと思ったかもしれない。でも、パズルマニアはどっちも好きだし、僕も単語遊びを、辞書という変わった制約条件のもとでの組み合わせ問題としてとらえたい。しかしこの単語魔方陣は、数学的な性質も持ち合わせている。各文字にうまく数を割り振って、それぞれのマス目ごとに、2つの文字に対応する数を足し合わせると、数字を使った魔方陣ができあがるのだ。つまり、どの行と列、そして対角線（3×3を除く）の数を足し合わせても、同じ数になるのだ。

それぞれの文字は各行、各列、対角線（3×3を除く）に1つずつしかないので、数をどんなふうに割り振ったとしてもこの性質は成り立つ（3×3の対角線は除く）。でもうまく割り振ると、マス目に入る数はそれぞれ、0から8、0から15、0から24になる。数の割り振り方は単語魔方陣ごとに違ってくる。

どの文字にどの数を割り振ればいいだろうか？　答は284ページ。

平方数のやっつけ問題2つ

1. 123456789の数字をそれぞれ1回ずつ使ってできるもっとも大きい平方数は？
2. 123456789の数字をそれぞれ1回ずつ使ってできるもっとも小さい平方数は？

答は284ページ。

手の汚れていない者を捕まえる

　メルキストウン（現在のマーチストン、エディンバラの一角）の第8代領主ジョン・ネイピアは、1614年に対数を考え出したことで有名だ。でもネイピアにはもっと暗黒な一面もあった。錬金術と降霊術に手を染めたのだ。世間の人には魔術師と信じられていたし、一緒に魔術をかける「気心の知れた」相棒として黒い雄鶏を飼ってもいた。

　ネイピアはその雄鶏を使って、盗みを働いた召使いを捕まえた。怪しい召使いをその雄鶏と一緒に部屋に閉じ込めて、「お前が罪を犯したかどうかをこの魔法の鶏がずばり見抜いてくれる」と言って、雄鶏を撫でるよう指示したのだ。とても神秘的だ。でもネイピアは完全に正気だった。その雄鶏には、すすを薄く塗ってあったのだ。無実の召使いは言われたとおりに鶏を撫でて、手にすすが付く。でも犯人は、見抜かれることを恐れて鶏を撫でないのだ。

　手が汚れていなければ犯人だということだ。

ジョン・ネイピア

段ボール箱の冒険＊

ドクター・ワツァップの回想録より

　私の貴重な儀式用の短剣が戻ってきた。私たち2人は解決できない難問を解決し、解けない問題を解き、不可解な謎を解き明かすという評判が広がるにつれて、経済状態も日に日によくなっていった。イングランドの名士たちが列をなして依頼に押しかけ、私の手帳には、「消えた山の謎」、「蒸発した子爵」、「禿げ頭連盟」など、我が友人の成功譚が次々と書き込まれていった。しかしどの事件も、ソームズの才能を奥底からかき立てることはなかった。ソームズは、一見したところ何でもない物や出来事から、ほとんどの人が気づかないような重要な手掛かりを読み取ることができた。セント・オールバンズのオオコウモリの事件が思い出されるが、その事件の顛末はあまりに難解で複雑なので、ここで説明することはできない。

　だが、18……年のクリスマスに起きた興味深い出来事は、その例としてまさにふさわしく、もっと多くの人に評価されるべきだ（ある有名なコントラルト歌手と何人かの大臣の名誉のために、正確な年と事件の詳細は秘密にするよう言われている）。

　私は書き物机の椅子に座って、ソームズの最近の事件の詳細を記録していた。ソームズは、私の古い拳銃と菊の花瓶を使って延々と実験をしていた。それぞれ別々の作業に没頭していたところに、ソープサッズ夫人が、リボンがかけられたそれぞれ違う大きさの段ボール箱を2つ持ってきた。「クリスマスプレゼントのようですわ、ソームズさん」。

　ソームズは箱を丹念に観察した。ソームズの住所と、判読できない

＊ ソームズとワツァップが捜査したこれ以降の事件はすべて、*The Memoirs of Dr Watsup: Being a Personal Account of the Unsung Genius of an Underrated Private Detective*, Bromley, Thrackle & Sons, Manchester 1897 から多少編集して引用した。

消印が押された切手が貼られていた。形は長方形……いや、厳密に言えば長方形は2次元なので、実際には直方体だ。

要するに箱形である。

ソームズは物差しを取り出して箱の大きさを測った。「おもしろい。そしてとても不穏だ」とつぶやいた。

私は、最初は奇妙に思えてもそういう意見を尊重するようになっていた。クリスマスプレゼントだと考えるのをやめて、爆弾ではないかという疑念も押し殺して、できる限り箱を観察した。そしてようやく、必要以上の長さのリボンがかけられていることに気づいた。

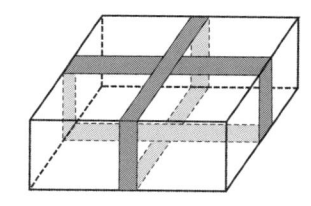

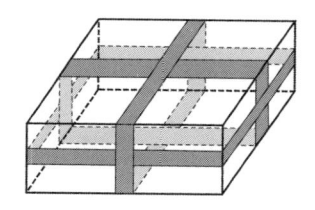

左：ワツァップがふつうにやるリボンのかけ方。
右：2つの箱はこのようにかけられていた。

「箱のどの面でもリボンが交差している」と私は口を開いた。「私が普段、箱を包むときには、上の面と下の面でリボンが交差するようにして、残り4つの面ではリボンが上下に走るようにする」。

「まあそうだろう」。

明らかにもっと何かある。私は頭をフル回転させた。「うーん……どこにも蝶結びがない」。

「確かにな、ワツァップ」。

まだ何かある。私は頭を掻いた。「私に分かるのはここまでだ」。

「君に分かるのはここまでだ、ワツァップ。1つだけとても大事なことに気づいていない。恐ろしい計画が進められているようだ」。

私は正直に、この2つのクリスマスプレゼントから何も恐ろしいことは読み取れないと言った。するとある考えが浮かんだ。「ソームズ、

この箱にバラバラ死体が入っているとでも言うのかい？」
　ソームズは笑った。そして「いや、ほとんど空っぽだよ」と言って、箱を手に取って振った。「だが、このタイプのリボンはレディーズ・ウィルバーフォースでしか買えないものだ。当然君も分かっていただろう？」
　「残念ながら分からなかった。君の知識の多さには頭が下がるよ。でもその店はよく知っている。イーストキャッスル通りにある裁縫用品店だ」。やっと分かった。「ソームズ！　あの恐ろしい殺人事件が起きた店だ！　その事件は……」
　「どんな新聞にも出ている。そうだ、ワツァップ」。
　「確実な証拠はあったけれど、まだ遺体が見つかっていない」。
　ソームズはしかめ面をしながらうなずいた。「そのうち見つかる」。
　「いつだい？」
　「僕がこの箱を開けてすぐにだ」。
　ソームズは手袋をはめて開封作業に取りかかった。「間違いなくカルトナーリの仕事だな、ワツァップ」。私がぽかんとしていると、ソームズは付け加えた。「イタリアの秘密結社のことだ。だが君は知らないほうがいい」。私はずいぶんせがんだが、ソームズはそれ以上は教えてくれなかった。
　ソームズは両方の箱を開けた。「思っていたとおりだ。一方は空っぽだが、もう一方にはこれが入っていた」と言って小さな長方形の紙切れを掲げた。
　「何だいそれは？」
　ソームズからその紙切れを手渡された。「手荷物預かり札か」と私。「殺人者からのメッセージに違いない。でも番号が削り取られている。駅名もだ」。
　「予想どおりだよ、ワツァップ。この男は僕たちをからかっているんだ。ちなみに、血痕に残された足跡から見て、犯人は間違いなく男で、しかも大柄の男だ。この男を出し抜かなければ。リボンのかけ方から見て駅名は明らかだ」。

「え？　何だって？」

「それと切手の額面から、チャーリング・クロス駅の可能性は消える」。

訳が分からなかったので、箱を手に取って1シリング切手を数えてみると5枚あった。「空っぽの箱を送るにしてはとんでもない額だ」。私は途方に暮れた。

「メッセージを伝えたいのならそんなことはない。5シリングを別の言い方で言うと？」

「1クラウン」。

「クラウンは何の象徴だ？」

「我らが親愛なる女王」。

「近いぞ、ワツァップ。だが君は、リボンのかけ方を考えに入れていない」。

「クロスしている」。

「だからこの切手は、女王でなく『王』を意味している。キングス・クロス駅だよ！　だがそれだけではない。分かるか、ワツァップ。なぜ犯人は、大きい箱を2つ送ってきて、しかも一方が空っぽなのか？預かり札を送りつけるだけなら小さい封筒で済むんじゃないか？」

長い沈黙があってから、私は首を横に振った。「見当も付かない」。

「2つの箱どうしの関係に何か重要な意味があるはずだ。そして確かにそうだった。箱の大きさを測ってすぐに気づいたよ」。ソームズに物差しを手渡された。「測ってみろ」。

私はソームズと同じように測ってみた。「どちらの箱の長さ、幅、高さも、インチで整数だ。それ以外は何も分からない」。

ソームズはため息をついた。「奇妙な一致に気づかないのか？」

「どんな一致だい？」

「2つの箱は同じ体積で、使っているリボンの長さも同じ。この性質を持っている、0でない最小の整数なんだ」。

「そこから考えると……ああ、分かった！　体積の値と長さの値をつなぎ合わせると預かり札の番号になるんだ。もちろんつなぎ合わせ

方は2通りあるけれど、両方とも簡単に試せる」。

ソームズは首を横に振った。「いやいや。たとえその番号の預かり札があったとしても、預かり所に共謀者がいないとそんな仕掛けはできない。もっとずっと単純な話だ。犯人は、どれかの手荷物にこの2つの数を書き込んだ。その手荷物のなかにあるものを見れば、例のものがどこにあるか分かるんだ」。

「何が？」

「分からないのか？　死体だよ」。

「脱帽したよ、ソームズ。いや、帽子をかぶっていればの話だが。でも、死体が見つかったら犯人が分かるんだろうか？」

「証拠として役には立つだろうが、決定的ではない。だが、集められる情報はもっとある。ときに犯罪者は自分を過信しすぎて、わざと手掛かりを残し、捜査当局はバカだからそれに気づかないと信じ込むものだ。カルトナーリは厚顔無恥の連中で、まさにそういう輩だ。さて、この箱の注目すべき数学的性質から、当然ある疑問が浮かんでくる。これと同じ性質を持ったもっとも小さい3つの箱は、どんな大きさになるだろうか？」

ソームズが集中して考えはじめたのがすぐに分かった。「近いうちにそういう箱が届くはずだ！　番号を削り取られたもう1枚の預かり札もだ！　ということは、もう1人殺されるんじゃないのか？」　私は拳銃を探しはじめた。「食い止めなければ！」

「すでに殺人が起きてしまったかもしれないが、運が良ければ第3の殺人は防げるかもしれない。今晩この殺人者は、ロンドンのおもな駅のどこかに手荷物を預けるだろう。そして僕たちに箱を送りつけるだろう。前もって番号が分かれば、ルーレード警部に警告できる。そうすれば、すべての駅に警官を配置してくれるだろう。手荷物を預けるすべての乗客をチェックしようとしたら犯人に警戒されるが、この3つの数が書き込まれた手荷物を預けようとする人物に目を光らせていれば、そいつを逮捕できる。その手荷物のなかを見れば、第2の死体の場所が分かるだろう。死体が見つかれば、決定的な有罪の証拠に

なる」。

　結果的にはそれほど単純な話ではなかった。警官が男を捕まえ損ねたため、ソームズと私の計画は狂ってしまった。しかし幸いにも、翌日の午後便で予想どおり3つの箱が届いて、新たな手掛かりが手に入り、この殺人はもっとずっと大規模な陰謀の一部だったことが分かった。私たちの推理がこの先どんな紆余曲折につながったか、そしてどんな恐ろしい秘密が明らかになったかは、先ほどお断りしたとおりけっして公表できない。しかし最終的には犯人は捕まった。そしてソームズは、この捜査で重要な役割を果たした2つの疑問の答を明かすことを許してくれた。

　2つの箱の大きさは？　3つの箱では？　答は285ページ。

RATS数列

　1, 2, 4, 8, 16,... 次に来る数は？　単純に考えれば32と答えたくなる。でも、もし僕が考えている数列が実は次のように続いていくとしたら？

　1　2　4　8　16　77　145　668

　さて、次に来る数は？　もちろん答は1つには決まらない。とても複雑なルールを工夫すれば、どんな数列でも1つの数式で表すことができる。カール・リンダーホルムは著書 *Mathematics Made Difficult* の丸々1つの章を割いて、「この数列の次に来る数は？」という問題に対して必ず「19」と答えられるわけを説明している。でも、ここでは僕の話を聞いてほしい。上の数列には単純なルールがある。この節のタイトルがヒントだけれど、かなり分かりにくいので役に立たないかもしれない。

　答は286ページ。

誕生日は健康にいい

統計によれば、多くの誕生日を迎える人ほど長生きするという。
ラリー・ロレンゾーニ

数学記念日

最近、数が似ていることからいろんな日付が数学と関連づけられて、その日が特別な記念日として定められている。そうした日付には、数が似ていること以外には何も意味はない。いまのところ、世界の終わりのようなものを予言しているわけじゃない。数学者が祝ったり、ときどきマスコミに取り上げられたりする以外には、何も特別なことは起こらない。でもおもしろい。そして、マスコミにもっと重要な数学に関心を持ってもらうためのきっかけにはなる。少なくとも、一言くらいは取り上げてもらえる。

そうした記念日のいくつかを紹介しよう。その多くは、月／日の順番で書かれるアメリカ式の表記法に基づいている。イギリス式の表記法では、日／月となる。また、0を無視するなど、ある程度の細工はしてもかまわない。

π の日

3月14日 ($\pi \sim 3.14$)。サンフランシスコ市では1988年から準公式記念日になっている。アメリカ下院の、拘束力のない決議でも認められている。

π の日時

3月14日1時59分 ($\pi \sim 3.14159$)。

もっと正確に決めるなら、3月14日1時59分26秒 ($\pi \sim 3.1415926$)

π の近似値の日

7月22日、イギリス式で22/7 ($\pi \sim 22/7$)。

123456789 の日

　もう過ぎてしまった。一生に一度のその瞬間は、2009年8月7日（イギリス式）または 2009年7月8日（アメリカ式）の午後 12 時 34 分過ぎに訪れた。その日時は、12：34：56 7/8/(0)9。でも、2090 年には 1234567890 の日を経験する人がいるかもしれない。

1 の日

　これももう過ぎてしまった。2011年11月11日11時11分11秒。11:11:11 11/11/11。

2 の日

　この本を書いている数年後にやってくる。いいチャンスだ。2022年2月2日22時22分22秒。22：22：22 2/2/22。

回文の日

　回文とは、上から読んでも下から読んでも同じ文のこと。2002年2月20日午後8時2分（イギリス式、24 時間制）。20：02 20/02/2002.

　同じ回文が3つ繰り返されている。イギリス式の表記法で次に同じような日がやってくるのは？　この日の次に、全体が回文になっている日がやってくるのは？

　答は 287 ページ。

フィボナッチの日（ショートバージョン）

　2008年5月3日（イギリス式）、2008年3月5日（アメリカ式）。3/5/(0)8.

フィボナッチの日（ロングバージョン）

　2013年8月5日（イギリス式）、2013年5月8日（アメリカ式）、1時2分3秒。1：2：3 5/8/13。

素数の日

　2011年7月5日（イギリス式）、2011年5月7日（アメリカ式）、2時3分。2：3 5/7/11。

バスケットボール家の犬

ドクター・ワツァップの回顧録より

「ご婦人が訪ねてこられましたよ、ソームズさん」、とソープサッズ夫人。

ソームズと私はさっと立ち上がった。歳は分からないが1人の女性が入ってきた。黒いベールをかぶっていた。

「変装の必要はありませんよ、ヒヤシンス夫人」、とソームズが言った。

女性はぎょっとしてベールを取った。「どうしてお分かりに……」。

「ここ1週間、新聞の1面にはバスケット邸で起きた異常な出来事の記事が踊っています。詳しく追いかけていますが、通りの向こうにいる商売敵は何も進展がない。いずれ私のところに依頼に来られると思っていました。さらに、あなたの運転手の帽子は、上流階級の使用人にしてはかなり珍しい」。

「バスケットでなくバスケットですわ」とヒヤシンス夫人は鼻で笑いながら、フランス語風に発音した。

「いえいえ、マダム。あの屋敷は7世代前、ホノリア・サンピングハム゠マデリーが第3代伯爵と結婚されてからずっとバスケット家のものです」。

「そのとおりですわ。でもそれは昔のお話。綴りと発音は……えー」。

「現代化されている」と私は口をはさみ、2人の言い合いをうまく取り繕おうとした。と同時に、夫人に見えないようソームズに鋭い視線を送った。賢明なソームズは、私の意図を理解してくれた。

「巨大な黒い犬でした！」と夫人は突然叫び出した。のどの奥からむりやり絞り出したかのような声だ。「よだれを流したあごからは、血が滴っていました！」

「ご覧になったのですか？」

「ああ、いえ。でも、子豚の世話をしている少年が……ニッキーという名前です。いや、リッキー？ ともかくその子が言うには、とて

つもなく恐ろしいその姿が見えたかと思うと、すぐに消えてしまったのだそうです」。

「暗闇のなか、170ヤード先からですね」とソームズは付け足した。「マイケル・ジェンキンスは近眼です。それでも、証拠があればいずれは真実にたどり着きます。その動物は人間に危害を加えなかったということですね？」

「ええ、はい」。夫人はうなずいた。「直接はありませんが、でも夫が……。あの犬は、バスケ……バスケット家の第3代伯爵以前からの伝統を壊してしまったのです」。

私はようやく礼儀作法を思い出した。「ドクター・ジョン・ワツァップです、何なりとおっしゃってください、マダム。残念ながら、相棒と違ってこの事件のことを追いかけていませんでした。よろしければお話しいただけませんか？」

「ああ、はい」。夫人はスカートの裾を直して、気持ちを落ち着かせた。「冬至の数日前の晩のことでした。夫のエドマンドが、……もちろんバスケット卿のことですわ、12個の古い石の球を並べていると……」。

「何世紀も前からバスケットボールと呼ばれている」とソームズが口をはさんだ。

「ええ、そのとおりです。でも、何から何まで現代風にできるわけではありませんわ、ソームズさん。伝統というものがあります。ともかく夫は、我が壮麗な屋敷の庭で、代々受け継がれている一家のシンボルの形に球を並べていました。それがどんなシンボルかは男系にしか語り継がれていませんし、その儀式はほかの誰も見ることができません。でも昔から、そのシンボルには、球が4個ずつ並んだ列が7列あることが知られています」。

「エドマンドは、毎年冬至の前の日に必ずおこなわなければならない儀式の予行練習をしていました。ところが翌朝目が覚めると、恐ろしいことに球が何個か動かされていたのです！」

「でもあなたはさっき、バスケット卿以外は誰もそのシンボルを

見てはならないとおっしゃいましたね」とソームズは指摘した。

「そのときは特別でした。夫が球を集めに行ったきり、戻ってこなかったのです。結局、給仕人の1人に夫を探しに行かせました。ラヴィニア、目は見えませんがとても有能です。彼女は涙を流しながら戻ってきて、夫が地面に横たわっていて動かないと叫びました。まさか亡くなってしまったのかと思った私たちは、伝統の規則を破ってあわててその場に向かいました。するとちょうど、エドマンドが声を絞り出すように『動いている！』とつぶやきました。そして動かなくなりました。それからずっと意識がないのです、ソームズさん。悪夢のようです」。

「動いている、どんなふうにですか、マダム？」と私は聞いた。

「もとの場所になかったということです、ドクター・ワツァップ」。

「いや、どこに動いたのですか？」

「いまは星形に並んでいます、ドクター・ワツァップ」。

「そうか！ 4個ずつの球が並んだ列が6列しかなかった」とソームズは言いながら、紙に素早く図を描いた。「そのことはいろいろなところで報じられているので、おそらく事実でしょう。ゴシップ紙が考え出すには難しすぎるので、作り話とは思えません。しかもその並び方から見て、球が動かされたことは間違いありません。閣下の最後の言葉を聞かなくても……」。

「いまのところ最後の言葉だ」。私は、夫人が再び泣き出す前にあわてて訂正した。

夫人が少し落ち着いたので、私は聞いた。「もとの並べ方に戻してはいないのですか？」

すると夫人は「いいえ！」と叫んだ。私はずっと前から、イギリスの貴族には馬に似た性分があると思っていた。

「どうしてですか？」

「先ほど申し上げたとおり、伝統の並べ方を知っているのは夫だけです。でも医者は、夫の意識が戻ることはないだろうと言うのです！」

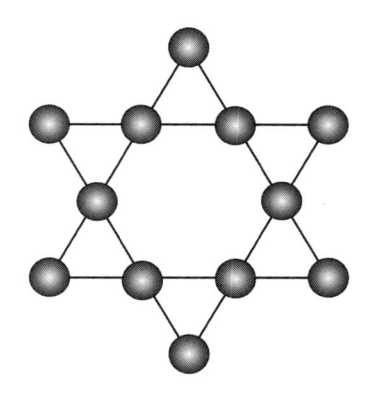

犬が動かしたあとの球の並び方

「もともと球が置いてあった場所に跡が残っていませんでしたか？」

「残っていたかもしれませんが、あの恐ろしい犬の足跡で分からなくなっていました！」

「それなら、一番倍率の高い虫眼鏡を持っていきましょう」とソームズは真顔で言った。すると突然、表情がこわばった。何か気づいたに違いない。「あなたは先ほど、『必ずおこなわなければならない』とおっしゃいましたね」。

「そうですか？ いつ？」

「何分か前に、あの儀式は毎年必ずおこなわなければならないとおっしゃった。そのあなたの言葉の選び方に、重要な意味があるかもしれないと気づきました。説明してください」。

「古代トランシルヴァニアの預言によれば、冬至の前の日に 12 個のバスケットボールを正しく並べないと、バスケット……いやバスクェット家は没落して、完全に滅亡するというのです！ あと 3 日しかありません！ 何てことでしょう！」 夫人は涙を流しはじめた。

「落ち着いて、マダム」と私は言って、気付け薬の瓶を夫人の鼻の下にかざした。「不運なご主人にお見舞いの言葉をお送りします。医者として、いずれ奇跡的に回復される可能性が、ごくわずか、ほんの

少しながらあると保証しましょう」。私は昔から、医者として非の打ち所のない接し方ができるという自信があった。そのせいでソームズは恥をかかされるのだが、このときはなぜか夫人はさらに激しく泣きはじめた。

　ソームズは引きつった顔で部屋のなかを歩き回った。「マダム、重要なのは並べ方だけですか？　それとも、向きも重要ですか？」

「何とおっしゃいました？」　夫人は気持ちを切り替えるかのように頭を振った。

「並べ方が正しくて球どうしの位置が合っていても、向きが間違っていたら、予想される恐ろしい出来事が起こると思われますか？」ソームズははっきりと言った。

　バスケット夫人はしばらく考えた。「いいえ。間違いなく起こりません。思い出しました。ウィリー・ウィルキンス……庭師長のことですわ……彼が夫に、芝生が傷まないようときどき向きを変えて並べたらどうかと提案したことがあります。エドマンドは反対はしませんでした」。

「素晴らしい情報です！」とソームズ。

「そう、素晴らしい」と私は相槌を打ってみたものの、なぜソームズがそこまで喜んだのか見当も付かなかった。というより、なぜそんな質問をしたのか？

「誰かが手を加えた痕跡はありましたか？」　ソームズは聞いた。

「いいえ。庭師長は、エドマンド以外誰も芝生に足を踏み入れていないと言い切っていました。若いディッキー……」。

「ミッキー」。

「ヴィッキーは確かに恐ろしい犬を見ましたが、庭を囲っている塀を飛び越える姿を一瞬目にしただけでした。ソームズさん、庭には美しいシャクヤクが植わっていますが、そのときは咲いていませんでした……」

「この事件、お引き受けしましょう」とソームズ。「マダムにはバスケット邸にお戻りいただいて、私は木曜日に相棒と一緒に、一番早

い鈍行列車でお伺いします」。
 「もっと早くおいでいただけませんか？　木曜日は冬至の前日です！　日が沈む前に球を正しく並べないといけないのです！」
 「残念ですがそれまでは、東洋の３人の支配者と60万人の武装兵士と２か所の係争中の国境が関係した、古代からの名もなき秘密の修道会が持っていたエメラルドとサファイアの入った小箱が盗まれた些細な事件で、手一杯なのです。平らにつぶれた銅の指ぬきが、その事件の鍵を握っているとにらんでいます。しかしご夫人の事件も、木曜日の日没までに満足のいく形で必ず解決するとお約束します」。
 夫人の不満の声をよそにソームズは態度を曲げず、結局ヒヤシンス・バスケェット夫人は、レースのハンカチを鼻に当てながら部屋を出ていった。
 夫人が帰ってから私はソームズに、どの事件のことを言っていたのか問いただした。そんな事件のことは聞いていなかった。「ちょっとした作り話だよ、ワツァップ」とソームズは白状した。「今晩のオペラのチケットがあるぞ」。
 私たち２人は木曜日の午後に列車で駅に到着し、夫人の馬車を操る馬番と落ち合った。あるいは、馬番の馬車に乗った夫人と落ち合ったのかもしれないが、手帳からはどちらだったか読み取れない。バスケット卿はいまだ昏睡状態だと聞かされた。30分もしないで屋敷に到着すると、ソームズは、異常に大きい虫眼鏡とヘアブラシと分度器を使って広い庭を調べはじめた。
 「君の探偵技を磨くチャンスだぞ、ワツァップ」とソームズ。
 「芝生がところどころ乱れているな、ソームズ」。
 「そのとおりだ、ワツァップ。足跡はかなり入り乱れているが、ほとんどの足跡が……」。私だけに聞こえるような小声になった。「ミニチュアプードルだ」。そしてふつうの大きさの声に戻して、「もともとの球の場所は分からないが、僕がとんでもない間違いを犯していない限り……そんなことはありえないが……、この動物がちょうど４個の球を動かしたのは明らかだ」。

「それが重要なことなのですか？ ソームズさん」。ミニチュアプードルを抱きかかえたバスケット夫人が、いらいらしながら聞いた。

ソームズは私のほうに目をやった。

「きっと……」と私は切り出した。ソームズが気づかれないようにうなずいているのが分かった。いや、私が気づいたのだから、完全に気づかれないようにではない。そのソームズの仕草に密かに勇気をもらった私は、思い切って推理してみた。「……現在の様子からもともとの球の並べ方を導き出せるでしょう」。

「できるのですか？」 夫人は希望に満ちた面持ちで尋ねた。

バスケットボールのもともとの並べ方は？ 答は 287 ページ。

デジタル立方数

一昔前の小ネタだけれど、そこからはちょっと見慣れない問題が出てくる。153 という数は、そのそれぞれの桁の数字の 3 乗を足し合わせたものに等しい。

$$1^3 + 5^3 + 3^3 = 1 + 125 + 27 = 153$$

これと同じ性質を持った 3 桁の数が、このほかに 3 つある（0 が最初に来る 001 のような数は除く）。見つけられるだろうか？

答は 289 ページ。

ナルシスト数

この手の立方数の問題は評判が悪い。有名な純粋数学者のゴッドフレイ・ハロルド・ハーディーは、1940 年の著書『ある数学者の生涯と弁明』のなかで、このような立方数の問題は使っている記数法（10 進法）に左右されるただの偶然だから、数学的な価値は何もないと書いている。でもこうした問題に挑戦すると、役に立つ数学をかなりたくさん学ぶことができるし、10 進法以外を使うなどの一般化をすれば、

記数法の問題点を避けることができる。

上の問題の変形版として、ナルシスト数というものがある。これは、各桁の数字の n 乗の和に等しい数のことだ。n を具体的に示すときには、n-ナルシスト数という言い方をする。

各桁の4乗（4-ナルシスト数）

各桁の数字が a, b, c, d である数を $[abcd]$ と書いて、積 $abcd$ と区別する。つまり、$[abcd] = 1000a + 100b + 10c + d$ だ。すべての未知数が 0 から 9 までのあいだの数であるとして、

$$[abcd] = a^4 + b^4 + c^4 + d^4$$

を解いてほしい。けっして簡単な問題じゃない。挑戦してみよう！

答は 290 ページ。

各桁の5乗（5-ナルシスト数）

今度の問題は

$$[abcde] = a^5 + b^5 + c^5 + d^5 + e^5$$

で、予想どおりますます難しい。

答は 290 ページ。

さらに大きい累乗の場合（n-ナルシスト数、$n \geq 6$）

n-ナルシスト数は $n \leq 60$ の場合にしか存在しない。なぜなら、$n > 60$ であれば必ず、$n \cdot 9^n < 10^{n-1}$ となるからだ。1985 年にディク・ヴィンターが、最初の数字が 0 でないナルシスト数はちょうど 88 個あることを証明した。$n = 1$ では、0 から 9 までの 10 個（0 を含めたのは、この場合には桁数が 1 だからだ）。$n = 2$ ではナルシスト数は存在しない。$n = 3, 4, 5$ については、デジタル立方数（289 ページ）と上の 2 つの問題の答を見てほしい。$n \geq 6$ では次ページの表のとおり。

n	n-ナルシスト数
6	548834
7	1741725, 4210818, 9800817, 9926315
8	24678050, 24678051, 88593477
9	146511208, 472335975, 534494836, 912985153
10	4679307774
11	32164049650, 32164049651, 40028394225, 42678290603, 44708635679, 49388550606, 82693916578, 94204591914
14	28116440335967
16	4338281769391370, 4338281769391371
17	21897142587612075, 35641594208964132, 35875699062250035
19	1517841543307505039, 3289582984443187032, 4498128791164624869, 4929273885928088826
20	63105425988599693916
21	128468643043731391252, 449177399146038697307
23	21887696841122916288858, 27879694893054074471405, 27907865009977052567814, 28361281321319229463398, 35452590104031691935943
24	174088005938065293023722, 188451485447897896036875, 239313664430041569350093
25	1550475334214501539088894, 1553242162893771850669378, 3706907995955475988644380, 3706907995955475988644381, 4422095118095899619457938
27	121204998563613372405438066, 121270696006801314328439376, 128851796696487777842012787, 174650464499531377631639254, 177265453171792792366489765
29	14607640612971980372614873089, 19008174136254279995012734740, 19008174136254279995012734741, 23866716435523975980390369295
31	1145037275765491025924292050346, 1927890457142960697580636236639, 2309092682616190307509695338915
32	17333509997782249308725103962772
33	186709961001538790100634132976990, 186709961001538790100634132976991
34	1122763285329372541592822900204593
35	12639369517103790328947807201478392, 12679937780272278566303885594196922
37	1219167219625434121569735803609966019
38	12815792078366059955099770545296129367
39	115132219018763992565095597973971522400, 115132219018763992565095597973971522401

手掛かりなし！

ドクター・ワツァップの回想録より

　手垢の付いた手帳をめくっていると、愚か者には分からない微かな手掛かりにソームズが気づいて解決した、数えきれないミステリーの記憶がよみがえってくる。「サセックスのアンパイア」（異常な密室事件で、あまりにも早くすり切れたクリケットのボールが重要な手掛かりになった）、「角のねじれた牛」、「小豚の3人殺人未遂」、「行方不明のタルトの事件」。だがなかでも際立っているのが、何も手掛かりがないことが唯一の手掛かりだったミステリーだ。

　じめじめどんよりした火曜日、ロンドン中心部は厚い煙と霧に覆われていた。私とソームズは犯罪者の追跡をあきらめて、暖炉の前でしばし考えをめぐらせながら、笑ってしまうほど出来の悪い赤ワインを何杯もやっていた。

　「あのな、ソームズ」。私は声を掛けた。

　相棒は、泥の上に残ったひづめの跡を写した写真の束をあさっていた。マドックスの寒天プレートをイーストマンが新たに改良して開発したフィルムで撮影した写真だ。ソームズはいらいらしながら、「荷馬車馬の写真のコレクションをどこかで見かけなかったか？　ワツァップ」と返事してきた。それでも私はしつこく声を掛けつづけた。

　「このパズルには手掛かりがないんだ、ソームズ」。

　「手掛かりは1つだけじゃない」とソームズは上の空でつぶやいた。

　「いや、何1つ手掛かりがないんだ」。

　ソームズがこちらに注意を向けたのが分かった。私が差し出した新聞を手に取って、次のページに挙げた図に目をやった。

　「書かれてはいないが明らかにルールがあるな、ワツァップ」。

　「何だって？」

　「あまりにも単純なので挑戦したくなるが、かなりの難問だからやめられなくなるんだ」。

　「確かに。それでどんなルールだ？　ソームズ」。

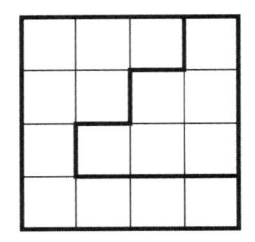

手掛かりのないパズル

「当然、それぞれの行と列に 1、2、3、4 が 1 つずつ入る」。

「ああ、組み合わせパズル、ラテン方格みたいなものか」。

「そうだ、でもそれだけではない。当然、太い線で囲まれた 2 つの領域に重要な意味がある。推理するに、それぞれの領域の数の合計が同じでなければならない……。そうだ、そうすれば解は 1 つしかない」。

「ほお、答はどうなるんだろう」。

「僕のやり方を分かっているよな？ ワツァップ。それを使いたまえ」。そう言ってソームズは再び写真探しを始めた。

答は 290 ページ。76 ページには、手掛かりのないパズルがさらに出てくる。

数独の簡単な歴史

現代の読者なら、ワツァップが挑戦しようとしたこのパズルは数独の変形版だと気づくはずだ（プロキシマ・ケンタウリへの 40 年間の宇宙旅行から帰ってきたばかりの人のために言っておくと、数独とは、9×9 の盤面が 3×3 のブロック 9 つに分かれていて、あらかじめいくつかのマス目に数字が入っているパズルだ。マス目に数字を入れて、すべての行、すべての列、すべてのブロックに、1 から 9 までの数字が 1 つずつ入るようにしなければならない）。

数独に似たパズルには長い歴史があって、紀元前2100年頃の中国で亀の甲羅に書いたとされている魔方陣「洛書」にまでさかのぼる。ジャック・オザナムが1725年に書いた *Récréations Mathématiques et Physiques* には、トランプを使った、もう少し数独に近いパズルが載っている。16枚の絵札（A, K, Q, J）を正方形に並べて、どの行と列にも、A, K, Q, J がすべて、またハート、ダイヤ、クラブ、スペードがすべて含まれているようにするというパズルだ。キャスリーン・オルレンショウは、その解は1152通りあると言っているけれど、番号や記号を入れ替えた解どうしを同じものとみなせば2通りしかない。1つの解に対して番号や記号の入れ替え方は $24 \times 24 = 576$ 通りあって、$1152 \div 576 = 2$ だ。

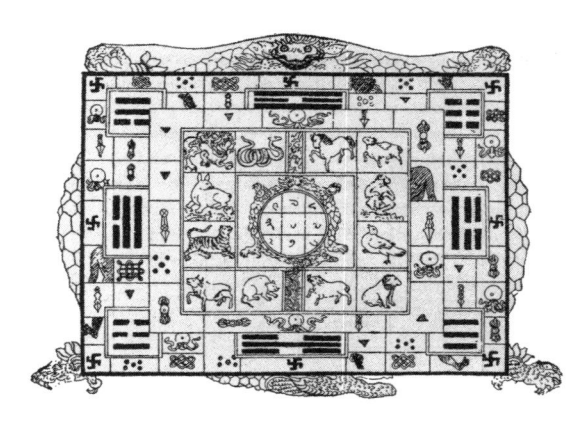

中央の小さな亀の甲羅に書かれた洛書のまわりに、十二支と易経の八卦が並んでいて、全体が大きい亀の甲羅に乗っている。言い伝えによると、この亀が八卦をもたらしたという。

その2通りの解を見つけてみよう。答は291ページ。

オイラーは1782年に、36人の将校の問題というものについて書いている。互いに階級の違う6人の兵士からなる連隊6つを 6×6 の正

方形に並べて、縦横どの列にもすべての階級とすべての連隊が含まれるようにすることはできるか、という問題だ。階級と連隊をそれぞれ、ラテン文字 A, B, C, …とギリシャ文字 α, β, γ, …を使って表すことができるので、このような並べ方をグレコ＝ラテン方格という。オイラーは、次数（正方形の大きさ）が奇数または4の倍数の場合にグレコ＝ラテン方格を作る方法を見つけた。

Aα	Bδ	Cβ	Dε	Eγ
Bβ	Cε	Dγ	Eα	Aδ
Cγ	Dα	Eδ	Aβ	Bε
Dδ	Eβ	Aε	Bγ	Cα
Eε	Aγ	Bα	Cδ	Dβ

次数5のグレコ＝ラテン方格

　オイラーは、次数が奇数の2倍であるようなグレコ＝ラテン方格は存在しないと予想した。次数2ではそれは明らかで、次数6についてはガストン・タリーが1901年に証明した。ところが1959年、ラージ・チャンドラ・ボースとシャラドチャンドラ・シャンカル・シュリカンデが、コンピュータを使って次数22のグレコ＝ラテン方格を発見し、アーネスト・パーカーも次数10のグレコ＝ラテン方格を見つけた。さらにこの3人は、10以上のすべての次数でオイラーの予想が間違っていることを証明した。

　$n \times n$ の盤面の各行各列に1からnまでのすべての数が（当然1つずつ）含まれている正方形は、ラテン方格と呼ばれるようになり、グレコ＝ラテン方格は直交ラテン方格という呼び名に変わった。これらは組み合わせ論という数学の一分野に含まれ、実験計画や競技大会のスケジュール作成や通信システムに応用されている。

マス目をすべて埋めた数独はラテン方格の一種だけれど、それだけでなくて3×3のブロックも条件を満たさないといけない。1892年にフランスの新聞『ル・シエクル』が、魔方陣の数字をいくつか消してあって読者に正しい数字を埋めさせるパズルを紹介した。フランス人は、1から9までの数字だけを含んだ魔方陣をいくつか使うことで、数独の発明にあと一歩のところまで近づいたのだ。そのパズルでは、3×3のブロックにも1から9までの数字がすべて含まれるようにしなければならなかったけれど、そのことははっきりと示されてはいなかった。

　現代の形の数独を考え出したのはたぶんハワード・ガーンズで、1979年にデル・マガジンズ社が作者名を明かさずに「ナンバープレース」という名前で発表した。1986年にニコリという日本の出版社が、それと同じたぐいのパズルを、「数字は独身に限る」というあまりキャッチーでない名前で発表した。この名前が縮められて「数独」となった。イギリスでは2004年に『タイムズ』紙が、数独を高速で解くプログラムを開発したウェイン・グールドと契約して、数独パズルを掲載しはじめた。そして2005年には世界中の人が熱狂するようになった。

666恐怖症

　悪魔の数を怖がるという意味だ。
　1989年、ロナルド・レーガン大統領と妻ナンシーは引っ越しのときに、新居の住所をセント・クラウド街666番地からセント・クラウド街668番地に変えさせた。でもこれは、正真正銘の666恐怖症ではなかったのかもしれない。夫妻はこの数そのものを恐れていたのではなくて、言いがかりや厄介事を避けるために前もって手を打っただけなのかもしれない。
　でもその一方で……レーガン大統領の首席補佐官ドナルド・リーガンが1988年に出版した回顧録 *For the Record: From Wall Street to*

Washington によれば、ナンシー・レーガンは定期的に、占星術師のジーン・ディクソンとジョアン・キグリーから助言をもらっていたという。「私が首席補佐官を務めていた期間中、レーガン夫妻がおこなった重要な行動や決定はほぼすべて、サンフランシスコに住むある女性にあらかじめ伝えられ、ホロスコープを書いて惑星が好ましい配置にあるかどうかを確かめてもらっていた」。

666という数が神秘的な意味を持っているのは、ヨハネの黙示録第13章第17-18節（欽定訳聖書）のなかでこれが獣の数とされているからだ。「この刻印のない者はみな、物を買うことも売ることもできないようにした。この刻印は、その獣の名、または、その名の数字のことである。ここに、知恵が必要である。思慮のある者は、獣の数字を解くがよい。その数字とは、人間をさすものである。そして、その数字は666である」〔口語訳〕。

ふつうこれは、ヘブライ語でゲマトリア、ギリシャ語でアイソセフィと呼ばれる、アルファベットと数を関連づける数秘術のことを指しているとされている。そのような体系はいくつも考えられる。アルファベットに1から順番に数を振っていくというやり方もあるし、1-9、10-90、100-900と振っていくやり方もある（古代ギリシャの記数法）。人の名前の各文字に割り振られた数を足し合わせると、その名前の数値になる。

聖書に書かれた悪魔とはいったい誰なのか、いろんな人が解き明かそうとしてきた。反キリスト、ローマカトリック教会（教皇の肩書きの1つ「神の子の代理」）、あるいは、セブンスデー・アドベンチスト教会の創設者エレン・グールド・ホワイトだという説もある。どうして？　ホワイトの名前の綴りからラテン数字だけを取り出すと、

E	L	L	E	N	G	O	V	L	D	V V	H	I	T	E
	50	50					5		50	500	5+5			1

となって、足し合わせると666になるからだ。アドルフ・ヒトラーを悪魔にしたいなら、A＝100として数を割り振っていくとそれを「証

明」できる。

$$
\begin{align*}
H &= 107 \\
I &= 108 \\
T &= 119 \\
L &= 111 \\
E &= 104 \\
R &= \underline{117} \\
&\,666
\end{align*}
$$

このように、自分の政治観や宗教観をもとにして嫌いな人物を選び出し、数の割り振り方をこじつけて、必要なら名前の綴りにも手を加えればいいのだ。

こういったことが実際に信じられているのも確かに問題だけれど、でもすべては誤解に基づいているのかもしれない。666自体が間違っているかもしれないのだ。紀元200年頃に司教エイレナイオスは、初期のいくつかの写本には違う数が出ていることを知りながら、それは筆記者が写し間違えたのだと決めつけて、「もっとも定評のある古代の写本にはすべて」666と書かれていると言い切ってしまった。しかし2005年、オックスフォード大学の学者がコンピュータ画像処理法を使って、それまで解読できなかった最古の黙示録である、オクシュリュンコスの遺跡で見つかった第115番パピルスを読み解いた。紀元300年頃に書かれたその文書は、原文をもっとも正確に伝えていると考えられている。そしてそこには、獣の数は616であると書かれていたのだ。

1倍、2倍、3倍

  1 9 2
  3 8 4
  5 7 6

には、1から9までの数字がすべて並んでいる。そして、2行目384は1行目192の2倍、3行目576は1行目の3倍になっている。

同じような並べ方はほかに3通りある。見つけてみよう。

答は292ページ。

運の貯金

「友達がロトで700万ポンド当てたんだ」、とジムで隣どうしになった男が話しかけてきた。「これで俺の運は終わった。知り合いが当たったやつは当たらないのさ」。

イギリス国営宝くじについては星の数ほど都市伝説があるけれど、こんな話は初耳だった。それで僕は思った。どうしてこんな話を簡単に信じてしまうのだろうか？

少し考えてみよう。この話が本当だとしたら、抽籤マシンはこの男の友人関係や知人関係のネットワークに影響を受けていることになる。抽籤マシンは、以前に誰が当たったかも知っていないといけないし、この男が選んだ数が出ないように細工もしないといけない。だから、自分がいままでどんな数を引いたかも覚えていないといけない。もっと言うと、イギリス国営宝くじでは11台の抽籤マシンのなかから毎週1台をランダムに選ぶので、11台すべてがそれを覚えていないといけない。

抽籤マシンは機械であって生き物ではないのだから、めちゃくちゃな話だ。

どの週でも、ある6つの数の組み合わせがジャックポットになる確率は13983816分の1だ。なぜなら、数の組み合わせ方がそれだけあって、どの組み合わせ方が当たる確率も同じだからだ。もし同じでなかったらマシンに偏りがあることになるけれど、実際には偏りがないように設計されている。あなたが当たるかどうかは、その週にあなたがどんな数の組み合わせを選んだかで決まるのであって、誰か知り合いが以前に当てたかどうかとは関係ない。でも、もらえる賞金の額は

ほかの人に左右される。あなたがジャックポットを当てて、ほかにも同じ数を選んだ人がいたら、賞金は山分けになってしまう。でもジムの男は、そんなことを心配していたのではない。

こんな都市伝説を信じている人がいる理由は、確率論ではなくて人間の心理にある。考えられる理由の1つが、何か不思議な力、この場合には運というものを無意識に信じていることだ。運は人間が持っている何か実際の物であるということだ。それが自分のところに来るとチャンスが増え、めぐりめぐっている運はある決まった量しかないとしたら、まわりにあった運は幸運な友達が使い尽くしてしまったのかもしれない。いまで言うならソーシャルネットワークだろう。何てこった！　君の運をツイッターで送ってくれないか？　フェイスブックに君の運をアップして、友達にあげてくれない？　恐ろしい話だ！

あるいはもしかしたら、同じ飛行機に爆弾が2個乗っている確率はものすごく小さいのだから、いつでも爆弾を持って飛行機に乗り込めば安全だと考えるのと、同じような発想かもしれない（自分が爆弾を持ち込もうが持ち込むまいが、ほかの誰かが爆弾を持ち込む確率は変わらない）。

確かに、宝くじを当てた人のほとんどは、その友達のなかに同じく当てた人はいない。だから安易に考えると、自分が当てたければ、当てたことのある人を友達にしてはいけない。でも、宝くじを当てた人のほとんどに当てた友達がいないのと同じように、当たらなかった人のほとんどにも当てた友達はいない。当てた人はごく少ないけれど、当たらなかった人はごまんといるのだ。

確かに、宝くじは買わないと当たらない。ある知り合いは50万ポンド当てた。もし僕が「宝くじなんて買うなよ」とアドバイスしていたとしても、その知り合いは無視して買いつづけていただろう。

僕は、宝くじは絶対に分が悪いと知っているし、必死で稼いだ金をどぶに捨ててまでギャンブルのスリルを味わいたくはないので、絶対に宝くじは買わない。でも何年も前から、知らず知らずのうちに自分なりのギャンブルに賭けつづけている。ベストセラーを書くというギ

ャンブルだ。まだジャックポットは当てていないけれど、ほかの人よりは稼いでいる。何年か前に、作家 J・K・ローリング（何を書いたかはご存じだろう）が、イギリス人女性としてはじめて自力で億万長者になった。ロトのジャックポットの賞金の 500 倍だ。しかも、イギリスにいる作家の数は 1400 万人よりもずっと少ない。

　宝くじは買わないで、本を書こう。

裏返しのエース

ドクター・ワツァップの回想録より

　我が友人ソームズは、暖炉の上の壁に向けて銃を撃ち、銃痕で VIGTO という文字を刻んでいた。すると突然、撃つのをやめ、いらだった口調で突っかかってきた。「何だ？　ワツァップ」。

　私は物思いから覚めて、「ごめん、ソームズ。邪魔したか？」と聞いた。

　「君の考えていることはお見通しだ、ワツァップ。唇のすぼめ方と、誰にも見られていないと思って耳を引っ張る癖。やたらと気が散る。弾が 1 つ逸れて、C が G みたいになってしまったじゃないか」。

　「あの新進マジシャンのことを考えていたんだ。えーと……」。

　「グレート・フーダンニ」。

　「そう、やつだ。すごい男さ。先週やつのショーを見に行ったんだ。びっくりするようなトランプマジックを見せられて、それ以来ずっと頭から離れないのさ。まずトランプの束を手に取って、上から 16 枚を裏返しのまま縦 4 列横 4 列に並べた。そしてそのうちの 4 枚をめくって表にした。ここで観客の 1 人に手伝ってほしいと言うから、もちろん私も手を上げたんだが、フーダンニはなぜか魅力的な若い女性を選んだ。名前はヘレナ……、まあいい、フーダンニは何度も、トランプでできた四角形を『折りたたんでくれ』と指示した。切手シートをミシン目に沿って折りたたむようなふうにして、最後に 16 枚全部が 1 つの山になるようにするんだ」。

「その女性はグルだな」とソームズはつぶやいた。「誰でも分かる」。
「違うと思うよ、ソームズ。グルがいても意味がない。どこで折りたたむかは観客が決めたんだ。たとえば、最初に折りたたむのは、トランプのあいだの横の隙間3か所、縦の隙間3か所のうちのどこでもいいけれど、観客がどこにするかを指示したんだ」。
「それなら観客もグルだな」。
ソームズがだんだん不機嫌になってきたのが分かった。「1回は私が折りたたむ場所を選んだんだ、ソームズ」。
友人は気もそぞろでうなずいた。「なら正真正銘のマジックだ。だとしたら……ああそうか、『隠されたカップケーキの謎』のことを思い出した。……教えてくれ、ワツァップ。トランプを折りたたんで1つの山にしてから、ヘレナはそれをテーブルに広げるように指示されたか？　1枚もひっくり返さずに？」
「ああ」。
「そしてフーダンニは、裏が12枚で表が4枚、あるいは裏が4枚で表が12枚だと言い当てたのか？」
「そうだ。裏が12枚だった。そして表になっていたのは……」
「エース4枚。そうだろう？　全部お見通しさ」。
「でも表裏逆のこともあるだろう？　ソームズ」と私は言い返した。
「その場合は、裏返しの4枚のトランプをひっくり返すようにヘレナに指示したんだろう」。
「なるほど。するとエースが4枚。分かった。それでもすごいマジックだ。エースがどこにあるかも分からないし、折りたたみ方も毎回観客が選んだんだぞ」。
「すごいペテンだ、ワツァップ」。
私は驚きを隠さなかった。「つまり……観客はフーダンニの思うがままに選んだっていうのかい？　心理学を使った巧みなトリックかい？」
「いいや、ワツァップ。フーダンニはトランプに仕掛けをした。ソープサッズ夫人が夜中ブリッジをやるために、1階の帽子掛けの下に

隠しているトランプを持ってきてくれ。種明かしをしよう」。私は急いで指示どおりにした。

　体調を崩していた私が少し息を弾ませて戻ってくると、ソームズはトランプを手に取った。そして4枚のエースを選び出して、一見したところでたらめな場所に戻した。さらに縦横4列に並べて、そのうちの4枚を表に返すと、次の写真のようになった。

最初の並び方

　そしてソームズは、フーダンニがヘレナに指示したのと同じように、並べたトランプを折りたたんで1つの山にするよう私に言った。山にしてからトランプを広げてみると、何と、4枚が表で残り12枚が裏返し。そして表の4枚は……エースだ！」

　「ソームズ！」　私は叫んだ。「こんなすごいトランプマジックは見たことない！　君が最初にエースをうまい場所に滑り込ませたはずだっていうのは分かる。だがそれでも、私が折りたたむ方法は何通りもあったはずだ！」

　ソームズは銃に弾を込めた。「ワッァップ、何度も言っただろう？確実でない結論に飛びつくなと」。

「でも確かに何千通りもあるだろう！ ソームズ」。

友人は素っ気なくうなずいた。「僕はそんな結論には達しなかったぞ、ワツァップ。折りたたみ方が変わると何かが違ってくるとでも本気で思っているのか？」

私は自分の額を平手で叩いた。「つまり、……何も変わらないのか？」 ソームズは何も答えず、再び壁撃ちを始めた。

どういうトリックなのだろうか？ 答は 292 ページ。

頭を抱えた両親

数学者のなかで一番変わった名前の 1 人が、ヘルマン・シーザー・ハンニバル・シューベルト（1848-1911）だ。決まった条件を満たす代数方程式によって何本の直線または曲線が定義されるかを数える、数え上げ幾何学の分野を切り開いた人物である。きっと両親は息子にものすごい期待を掛けたのだろうが、どの偉人を手本にしてほしいかは決められなかったらしい。

ヘルマン・シーザー・ハンニバル・シューベルト

ジグソーパズルのパラドックス

下の2つの三角形は、13×5/2＝32.5 で同じ面積のように見える。でも一方には端に穴が開いているので、この2つの図は、31.5＝32.5 であることを証明している。どこが間違っているのだろうか？

答は294ページ。

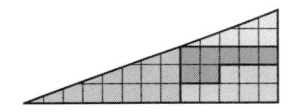

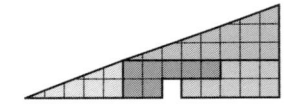

ジグソーパズルのパラドックス

恐怖のキャットフラップ

ドクター・ワツァップの回顧録より

泥道でひづめが滑った。辻馬車が甲高い音を立てて角を曲がり、ジャガイモを乗せた手押し車にぶつかりそうになった。御者はぼろきれで額をぬぐった。

「ヒーッ、旦那！　チップスを食ってしまったかと思いましたぜ！」*

「走れ！　もっと急いだら1ギニーはずんでやるぞ！」

馬車は目的地に着いた。私は馬車から飛び降りて御者にコインを投げ渡し、驚いているソープサッズ夫人の脇を走り抜けて階段を上がり、ソームズの部屋へ駆け込んだ。ノックもせずに。

＊時代考証のミスじゃない。ジョーゼフ・マリンがロンドンで初のフィッシュ・アンド・チップスの店を開いたのは、1860年のことだ。この食べ物は16世紀、スペインやポルトガルからやって来たユダヤ人難民の手で、ペスカト・フリト（魚の揚げ物）という名前でイギリスに持ち込まれた。チップスはあとから添えられるようになった。

「ソームズ！　大変だ！」私は息を切らしながら言った。「私の……」。

「君の猫たちが盗まれた」。

「猫泥棒だ！　ソームズ」。
<ruby>猫泥棒<rt>キャットニップ</rt></ruby>

「『うたたね』ってことか？」
<ruby>うたたね<rt>キャットナップ</rt></ruby>

「いや、ひもに結わいたキャットニップでおびき出されたんだ」。

「どうして分かるんだ？」

「キャットニップが残っていた」。

ソームズは鋭い視線を送ってきた。「おかしい。やつらしくない。まったくやつらしくない」。

「やつ？」

「そう。やつが戻ってきたんだ」。

私は窓辺に近づいた。「ならやつだ。でも焼きクルミの時期じゃないぞ、ソームズ」。

「ワツァップ、気でも狂ったか？」

「通りの反対側で焼きクルミの屋台をやっているあの老人だ」と私は説明した。「昨日はいなかったけれど今日はいる。君が言っているのはあの男のことに違いない」。

「違いない？」ソームズは歯に衣着せなかった。「決めつけるな、ワツァップ。証拠を吟味して推理するんだ」。ソームズが単に一般論を言っているのではないことが分かった。何か具体的な事柄を推理させたいに違いない。

自慢ではないが、私はソームズの気分をとても敏感に感じ取ることができる。私は少し考えて思い出した。数日前、ソームズがピストルやライフルや手榴弾をかき集めているところに、たまたま出くわしたのだ。きっと良くないことが起きたのだ。

私がそれを話すと、ソームズはうなずいた。「墓場から亡霊が出てきて、大勢の人の命を吸い取ってしまったかのようだ」。

「え？　何だって？　ソームズ」。私は聞いた。

「邪悪で危険な悪党、犯罪界のウェリントンだ」。

「ナポレオンじゃないのか？　そのたとえのほうが合っているだろう。ウェリントン侯爵は単に……」。

「やつはゴム長靴を履いている」とソームズは説明した。「ごくごくありふれた歩き方をして、誰の足跡か分からないようにしている。また手袋をはめて、指紋を残さないようにしている。やつは変装の名人だ。鍵の掛かった扉も簡単に出入りしてしまう。政治家夫妻にもコネがある。やつと会ったあの運命の日よりずっと前から、イングランドのあらゆる裏世界に関わっていた。だが僕は、超人的な努力でやつを見つけ出し、確実な証拠を手に入れ、やつの犯罪組織を打ち壊してやった。やつが国外に逃げて、僕は愚かにも、これでやつは終わったと思った。でもいまになって、やつは身を隠していただけだと分かった。やつは戻ってきて、極悪非道な活動を再開した。そして個人攻撃を始めたんだ」。

「誰のことを言っているんだ？」

「おいおい、モギアーティだ！　ジム・モギアーティ教授、悪の世界に寝返った、頭は切れるが問題のある数学者だ。最初はただの猫泥棒だったが、やがてもっと金になるものに目を付けるようになった。釘で留めていないものを根こそぎ盗むだけでは飽き足らずに、釘、金槌、床板まで盗っていく。あれ以来ずっと、犬のように僕を困らせているんだ」。

「ソームズ、猫泥棒がどうやって犬のように？」

「言ったとおりやつは変装の名人だ、ワツァップ。ちゃんと聞いていろ」。

「これまでやつはどんなことをしてきたんだ？」

「ゆすり、盗み、殺人、誘拐。そして今度は猫泥棒。モギアーティは昔のやり方に戻ろうとしている」。ソームズは毅然とした険しい顔になった。「恐れるな、ワツァップ。救い出そう、君のペット……」。私はソームズをにらみつけた。「……毛むくじゃらの仲間たちを。約束しよう」。

ようやく私は、一番大事な質問をしようと思った。「ソームズ。ど

うして私の猫たちがいなくなったのが分かったんだ？」 ソームズは黙って、封を破った封筒を見せた。なかには１枚の紙切れと、湿ったネズミのおもちゃが入っていた」。

「ディスプラシアが持っていたネズミだ！」 私は男泣きをこらえた。「紙切れには何と？」

ソームズが開いて見せてくれた。

CSNSGISTCSTEEVTAOOHAGIAIEITNRETET

「少しごちゃごちゃしてるが、ソームズ、STEEV〔スティーヴ〕とHAGIA〔東方正教会の聖祭品〕っていう単語が見えるな。えー……コンスタンティノープルのステファンという名前の人物を知っているか？」

「違う、ワツァップ！ これは暗号だ。すでに解読してある」。

「どうやって？」

「33文字ある。そこから何が分かる？ ワツァップ」。

「えー……紙がそんなに大きくなかった」。

「ワツァップ。33は３×11、２つの素数の積だ。モギアーティが数学者だったことをすぐに思い出したよ。そして、この文字を３×11の長方形に並べようと思いついた。こういうふうにね」。

C S N S G I S T C S T
E E V T A O O H A G I
A I E I T N R E T E T

ソームズは誇らしげな笑みを浮かべた。私にはその理由が分からなかった。まだちんぷんかんぷんだ。

「縦に読んでいくんだ、ワツァップ！」

「CEASEINVESTIGATIONSORTHECATSGETIT.〔捜査をやめないと猫たちがひどい目に遭うぞ〕 何てこった！」 身体中が震えた。「どうして無邪気な動物にこんなひどいことをするんだ！」

「僕らにメッセージを送っているんだよ」。

「そのとおりだ」。
「いや、たとえとして言ったんだ」。
「ああ、身代金を要求しているのか？」
「いや、僕らを試しているのだと思う。きっとこの犯罪は、もっと極悪非道な犯罪の練習にすぎないのだろう。猫をネズミで遊ばせるように、やつは僕らをおもちゃにしているんだ」。

私はまた涙をこらえた。「どうしたらいいんだ？」
「ゲームはまだ続いている。不意討ちされないように、こちらが先手を打たなければ。すでに僕の信頼できる情報屋が、一見ふつうに見えるある家のなかに君の猫たちがいるのを突き止めた。皮肉なことに、バーキング〔ロンドンの一地区〕にある家だ。その家には、罠や鋼鉄扉、防弾ガラス、そしていろいろな警報装置が付いている。こっそり忍び込むのは不可能だ」。

私はポケットに銃を入れた。「くそっ」。
「でもモギアーティは１つ間違いを犯した。板を打ち付けたキャットフラップ〔猫が出入りするためのちょうつがい式の小さな扉〕がある。それを元どおり開くようにすれば、君の猫たちを誘い出せるかもしれない」。

「そうか！」私は大声を上げた。「いいものがある！　大好きな餌でおびき出せるよ。アニューリズムはアーティチョークが好き、ボーボリグマスはバナナブレッドに目がない、サローシスはシュークリームを我慢できない、そしてディスプラシアの大好物はダンプリングだ！」

「ダンプリングか。心配するな。少し頭を使って、何か決定的な情報があれば、解決に近づけられる。その餌を使えば、猫たちをキャットフラップから誘い出せる」。

「必要な餌は家にたくさんある。取ってこよう」。
「確かに役に立つだろう、ワツァップ。いずれはな。だが１つ問題がある。餌を正しい順番で見せないといけない。猫どうしを喧嘩させてはいけないんだ」。

「もちろんだ。怪我してしまう」。

「いいや、モギアーティが地下室に爆薬を仕掛けていて、動物が喧嘩すると爆発するようになっているんだ」。

「何だって！　どうして？」

「動物を助け出そうとすれば、必ず猫どうしが喧嘩を始めると思っているんだ。動物そのものを警報装置として使っているのさ。モギアーティは、残虐な企みがどんな悲惨な結果をもたらすかなんて気にしない。言ったように、やつはメッセージを伝えてきてるんだ。誰にも邪魔はさせない、とね」。

「なるほど」。

「いいか、ワツァップ。君は推理をしていない。推理するにはまず疑問を持つこと。そうすれば、どうやって推理していけばいいか分かる。君の猫たちはどういうときに喧嘩するのか？　正確に答えてくれ。助け出せるかどうかがかかっているんだ」。

私はしばらく考えて答えた。「喧嘩するのは室内にいるときだけだ」。

「だとしたら、あの家はいつ爆発してもおかしくない！」

「いや、ある条件が組み合わさらない限り、仲良くやっている」。私はその条件を書き連ねた。

- サローシスとアニューリズムは、一緒に室内にいて、ディスプラシアがいないと、喧嘩する。
- ディスプラシアとボーボリグマスは、一緒に室内にいて、アニューリズムがいないと、喧嘩する。
- アニューリズムとディスプラシアは、一緒に室内にいて、ボーボリグマスとサローシスのどちらか（または両方）がいないと、喧嘩する。
- サローシスとディスプラシアは、一緒に室内にいて、ボーボリグマスとアニューリズムのどちらか（または両方）がいないと、喧嘩する。
- アニューリズムとボーボリグマスは、部屋にひとりぼっちだと

外に出ようとしない。

いったいどうすれば、爆発を起こさずに猫たちをおびき出せるのだろうか？　キャットフラップは一度に 1 頭しか通れない。出てきた猫をすぐに家のなかに追い返すという、無意味な手順は考えない。必要なら、猫をキャットフラップから家のなかに押し返すことはできる。

答は 294 ページ。

パンケーキ数

次は正真正銘の数学ミステリー。問題は単純なのに、いまのところその答は、天才的犯罪者モギアーティと同じく捕まえられていない。

それぞれ大きさの違う円形のパンケーキが積み重ねられている。それを並べ替えて、一番大きいものが下に、一番小さいものが上にくるようにしなければならない。ただしやっていいのは、どれかのパンケーキの下にへらを差し込んで、それより上のパンケーキを持ち上げ、全体をひっくり返すという操作だけだ。この操作は何度繰り返してもいいし、へらを差し込む場所も好きに選んでいい。

下の図は、パンケーキが 4 枚ある場合の例。3 回ひっくり返すと大きさの順に並ぶ。

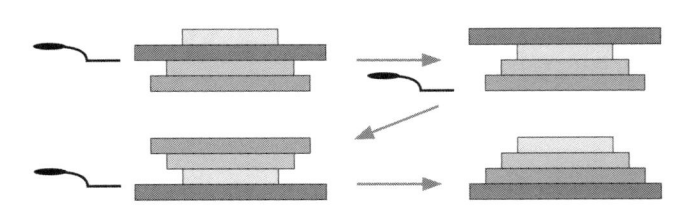

パンケーキをひっくり返す

ここでいくつか問題。

1. 4枚のパンケーキがどんな順番で積み重なっていても、最大3回ひっくり返せば正しい順番にできるだろうか？
2. もしできないなら、4枚のパンケーキを必ず正しい順番に変えるには、最低何回ひっくり返せばいいか？
3. n枚のパンケーキを必ず正しい順番に変えるには最低何回ひっくり返せばいいか、その回数を、第nパンケーキ数P_nと定義する。P_nは必ず有限であることを証明せよ。つまり、どんな場合でも、有限回ひっくり返せば正しい順番にできるということだ。
4. $n = 1, 2, 3, 4, 5$についてP_nを求めよ。$n = 5$まででやめたのは、5枚ですでに120通りの積み重ね方があって、正直言ってすごく面倒だからだ。

答と、ほかにこの問題について知られていることについては、296ページを見てほしい。

スープ皿のトリック

料理の話を続けよう。スープ皿かそれに似たものを使ってできる、おもしろいトリックを紹介する。まず、ウェイターが料理を運んでくるときのように、手の平の上に皿を置く。すると驚くことに、皿を水平に保ったままで腕を1回転ひねることができるのだ。

そのためには、まず腕を内側に回転させて、皿を脇の下に通す。そのまま皿を動かしていくと同時に、腕を頭の上に上げていく。すると自然に最初の位置に戻る。皿はつかんでいないのに落ちることはない。

このスープ皿のトリックの動画はインターネットで見ることができて、たとえば

http://www.youtube.com/watch?v=Rzt_byhgujg

では、皿の代わりになみなみ注いだコップを使うバリダンスをもじって、バリのコップのトリックと呼んでいる。これに似た、ワイングラスを使ったフィリピンダンス（両手に1個ずつグラスを持つ）も、

http://www.youtube.com/watch?v=mOO_IQznZCQ

で見ることができる。

どうでもいい芸当に思えるかもしれないけれど、実は数学と深いつながりがある。とくに、素粒子物理学でスピンと呼ばれる興味深い量子的性質を理解するのに役に立つ。ジャグラーの指の上で回転するボールと違って、素粒子は実際には自転しているわけではないけれど、それでもスピンという数を持っていて、ある意味で自転と似たような振る舞いをする。スピンは正の場合も負の場合もあって、それぞれ時計回りと反時計回りにたとえられる。スピンの値が整数であるような素粒子がいくつかあって、それらはボソンと呼ばれている。（ヒッグスボソン発見のニュースを覚えているだろうか？）　それ以外の素粒子は、もっと奇妙なことに $\frac{1}{2}$ や $\frac{3}{2}$ といった半整数のスピンを持っている。それらの素粒子をフェルミオンという。

スピンが半整数になるのは、あるとても奇妙な現象が起きるせいだ。スピンが1（または整数）である素粒子を持ってきて、空間内でそれを360度回転させると、最初と同じ状態になる。ところが、スピン $\frac{1}{2}$ の素粒子を持ってきて空間内で360度回転させると、スピン $-\frac{1}{2}$ になってしまう。最初と同じ状態に戻すには、720度、2回転させないといけないのだ。

数学的に説明するなら、「スピンを記述して量子状態に作用する『変換群』SU (2) と、空間内での回転を記述する変換群 SO (3) とは違う」となる。密接な関係にはあるけれど、同じものではない。SO (3) での1種類の回転が、SU (2) での2種類の異なる変換に対応していて、その一方はもう一方にマイナスを付けたものに相当する。これを二重被覆という。いわば、SO (3) を SU (2) で2重にくるむようなものだ。ほうきの柄に輪ゴムを二重巻きするのに少し似ている。

物理学ではこの考え方を、偉大な素粒子物理学者ポール・ディラックにちなんで名付けられた「ディラックのひものトリック」というものを使って説明する。いろんな説明のしかたがあるけれど、なかでもとくに単純なのが、リボンの一方の端を固定して、もう一方の端を、空中に浮かんだ羽根車に結んだものを使う方法である。リボンは

"？"マークのような形に曲がっている。羽根車を360度回転させても、リボンは元の位置には戻らずに、180度回転させた位置に来てしまう。羽根車をもう1回、計720度回転させると、リボンはねじれずに最初の場所に戻ってくる。スープ皿を持った腕の動きも、このリボンの動きとほとんど同じだけれど、皿は多少動いてしまう。無重力状態で浮かんでいる宇宙飛行士なら、固定された皿を使って、自分の身体をつねに同じ向きに向けたままでこれと同じ動きができるはずだ。

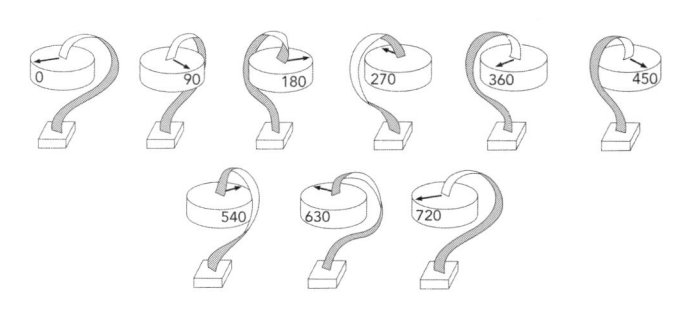

リボンを使ったディラックのひものトリック。羽根車が何度回転したかを数字で表してある。

ジョージ・フランシス、ルー・カウフマン、ダニエル・サンディンが制作したCG動画 "Air on the Dirac Strings"（グラフィックはクリス・ハートマンとジョン・ハート）

　　　http://www.evl.uic.edu/hypercomplex/html/dirac.html
を見ると、ディラックのひものトリックとフィリピンのワインダンスとの関係がよく分かる。

　この考え方を応用すると、車輪など回転する部品に電流を流すこともできる。一見したところ1つ問題があるように思える。車輪を何の支えもなしに空中に浮かべておかないと、リボンが絡まってしまうのだ。でも1975年にD・A・アダムズが、歯車を使ってリボンを車輪の縁に沿って1周させる仕掛けを発明して特許を取った。あまりにも複雑な仕掛けでここでは説明できないので、C.L. Stone, The amateur scientist, *Scientific American* (December 1975) 120-125 を見てほしい。

謎めいた車輪

ドクター・ワツァップの回想録より

　ソームズは新聞の束をぱらぱらとめくって、自分の才能にかなうような事件がないか探していた。そのときたまたま窓の外に目をやった私は、2輪馬車から見慣れた人物が下りてくるのを目にした。「おい、ソームズ！」　私は叫んだ。「あれは……」。

　「ルーレード警部だ。僕らのアドバイスをもらいにやってくるはずだ」。

　すると扉をノックする音がした。扉を開けると、ソープサッズ夫人と警部が立っていた。

　「ソームズ！　今日来たのは……」。

　「ダウニンガムの誘拐事件のためだな。確かにちょっとおもしろい事件だ」。ソームズはルーレードに新聞を手渡した。

　「この記事は大げさだよ、ソームズ。情報もないのに、ダウニンガム伯爵がどうなったかとか、身代金がいくらかとか、憶測で書いてるんだ」。

　「新聞も先を見通せる」とソームズ。

　「確かに。でもこの事件はこっちの手の中にある。犯人を特定するために、重要な事実を公表していないんだ」。

　「身代金を要求してこないことだな」。

　「どうしてそのことを……？」

　「もし身代金の要求があったら、もう知れ渡っているはずだ。だがそうはなっていない。明らかにふつうの誘拐事件ではない。急いでダウニンガム邸へ行くべきだ。僕の記憶が間違っていなければ……そんなことは絶対にないが……アッピンガムダウンにある」。

　私はソームズの指示を見越して、本棚から時刻表を取り出した。「キングス・クロスからアッピンガムまで列車で11分だ」。

「御者に1ギニーやれば間に合うぞ！」とソームズは叫んだ。「事件のことは列車のなかで話そう」。

ダウニンガム邸に到着すると、サウスモアランド公爵に直々に出迎えられ、その足で、誘拐現場である納屋の外のぬかるんだ牧草地に案内された。ダウニンガム伯爵はサウスモアランド公爵の息子で、昔ながらの貴族の慣習に則って父より下位の称号を受け継いでいる。

「息子が夜中に姿を消したのです」と公爵は、目に見えて震えながら言った。

ソームズは虫眼鏡を取り出して、何分も泥のなかを這い回った。ときどき独り言を言った。巻き尺を取り出して、納屋の隅を何度か測った。そして立ち上がった。

「必要な証拠はほとんど手に入りました。欠けている最後のピースを見つけるには、ロンドンに戻らなければなりません」。途方に暮れて玄関に立ちつくす公爵と、同じく途方に暮れた警部を残して、私たちはロンドンへ戻った。

「でもソームズ……」。列車に乗り込むと私は切り出した。

するとソームズは私の力量を試してきた。「車輪の跡に気づかなかったのか？」

「車輪？」

「いつものように警察が証拠を踏み荒らしてしまったが、いくつか跡が残っていた。それだけでも、伯爵が荷車で姿を消したことが分かる。そしてその荷車の車輪の1つは、納屋の高い壁にぴったりくっついていた。壁に付いた泥の跡から、車輪の縁のある1点は地面から8インチ、納屋の壁から9インチの距離にあったことが分かる。車輪の直径を求められれば、この事件は解決できるかもしれない」。

「かもしれない？」

「それは答による。荷車の車輪の直径が20インチより小さいはずはないことも、忘れてはならない。計算してみよう……。そうか、思ったとおりだ」。キングス・クロス駅に到着した私たちは、ベーカー街にいつもたむろしているわんぱく坊主の1人を呼び、ルーレード宛て

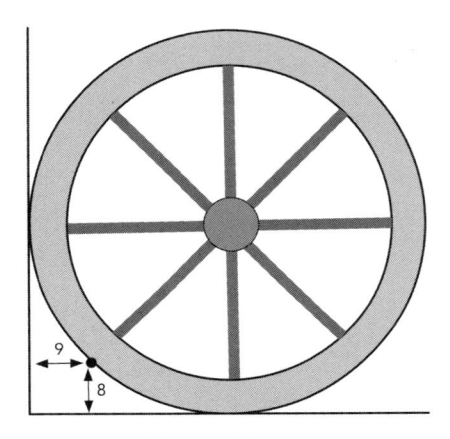

車輪についてのデータ

の電報を出しに行かせた。
「何て書いたんだ？」
「伯爵の居場所が分かった、とね」。
「でも……」。
「僕が計算した直径の値はかなり大きい。その直径の車輪を付けた荷車を持っている農場は、ダウニンガム邸の近くに1つしかない。伯爵は暗闇に紛れて自分で邸宅を出たに違いない。目に付かないように荷車を使ってね。その荷車がいつも置いてある場所に伯爵はいるはずだ」。

翌朝ソープサッズ夫人が、警部からの電報を持ってきた。「D伯爵は無事。見事だ。ルーレード」。
「それで伯爵はどこに行っていたんだい？」 私は身を乗り出して聞いた。
「ワツァップ、それが知れ渡ると、ヨーロッパ一尊敬を集めている数々の名家の評判が地に落ちてしまう。でも車輪の大きさは教えられる」。

車輪の直径は？ 答は299ページ。

2匹ずつ

　ノアの箱舟をネタにしたマンガは何千とある。僕が気に入っているのは、生物学にからめたものだ。ゾウ、キリン、サルが、最後にスロープを上がって箱船に乗り込もうとしている。一方、ノアは地面に手と膝をついて何かを探し回っている。すると、妻が箱船から身を乗り出して叫ぶ。「ノア！　そっちのアメーバを忘れてるわよ！」

　ノアの箱舟を数学に引っかけたジョークもある。言い古されているけれどうまくできている。

　洪水が引くと、ノアは動物たちを外に放し、どんどん繁殖しろと言った。1年ほど経ち、ノアは様子を確かめることにした。するとそこいらじゅうに、赤ん坊のゾウ、ウサギ、ヤギ、ワニ、キリン、カバ、ヒクイドリがいた。ところが、子供を連れていない1つがいのヘビ（アダー）が、落ち込んだ様子でいた。

　「どうしたんだ？」　ノアは尋ねた。

　「繁殖（マルチプライ）できないんです」と片方のヘビが言う（ノアはドリトル先生のように動物と話ができるのだ）。

　このやりとりを、通りすがりのチンパンジーが耳にした。「ノアさん、木を何本か切ってください」。

　ノアはわけが分からなかったが、チンパンジーの言うとおりにした。数か月後、ノアがヘビのもとを訪ねると、小さいヘビがあちこちにいて、みんな楽しそうだった。

　「いいぞ、どうしたんだ？」　ノアはヘビに聞いた。

　「僕たちは足し算（アダー）をする動物です。丸太（ログ）を使わないと掛け算（マルチプライ）できないんです」。

V字飛行するガンの謎

　渡り鳥の群れはV字隊形で飛ぶことが多い。とくによく見かけるのがV字型のガンの群れで、数十羽やときには数百羽並んでいるこ

ともある。どうしてああいう隊形を取るのだろうか？

　昔から言われている説によれば、この隊形を取ると、前方の鳥が作る乱気流に巻き込まれないのだという。最近の実験や理論研究でも、その基本的なところは裏付けられている。でもこの説は、鳥が気流を感じ取って飛び方を調節する能力を持っていることを前提にしていて、最近までそんな能力が鳥に備わっているかどうかははっきり分かっていなかった。

　もう1つ、群れの先頭にリーダーがいて、ほかの鳥はそのリーダーのあとを付いていくという説がある。どっちに飛べばいいか一番よく分かっている鳥がリーダーになるのかもしれない。あるいは、たまたま先頭になってしまっただけかもしれない。

V字飛行する鳥。右から左へ飛んでいる。でも、一番右上の鳥はどこへ行こうとしているのか？　ひねくれ者はどこにでもいるものだ。

　正解を説明する前に、鳥の飛行について基本的なところを理解しておかないといけない。鳥は安定に飛んでいるときには、翼を振り下ろしては持ち上げて、周期的に羽ばたかせている。振り下ろすことで翼の先端から空気の渦を発生させ、それで揚力を得る。それから翼を持ち上げてもとの場所に戻し、同じサイクルを繰り返す。1つのサイク

ルにかかる時間を、周期という。

　2羽の鳥が同じ周期のサイクルで飛んでいるとしよう。渡り鳥の群れではそういうことがかなり多い。2羽は同じように翼を羽ばたかせるけれど、同時に同じ動かし方をする必要はない。たとえば、一方の鳥が翼を振り下ろしているときに、もう一方の鳥は翼を持ち上げているかもしれない。2羽の動きのタイミングの関係を相対位相といって、一方の鳥が翼を振り下ろしはじめたときからもう一方の鳥が振り下ろしはじめたときまでの時間を、1サイクルの周期で割った値で表される。

　いまでは、スティーヴン・ポーチュガルの研究チームの見事な調査研究によって、さっき話したエネルギー節約説が正しく、鳥は実際に見えない気流を感じ取れることが明らかになっている。実験研究をする上で大きな問題になるのが、鳥を観察しようにも、取り付けた装置と一緒にすぐに視界から消えてしまうことだ。

　そこでホオアカトキに登場してもらおう。

　かつてはホオアカトキはたくさん生息していて、古代エジプトでは、その姿を図式化したヒエログリフが「アーク」（輝く）という意味を表していた。でも現在では、おもにモロッコに数百羽しか残っていない。そのため、ウィーンの動物園で繁殖計画が進められている。鳥たちに正しい渡りのルートを教えるには、かなり苦労する。超軽量飛行機がルートの一部を飛んで、それに付いていくように訓練するのだ。でも飛行機が帰還すると、鳥も一緒に帰ってきてしまう。

　ポーチュガルは、その飛行機からなら鳥の飛行位置と翼の動かし方を詳しく観察できるはずだと考えた。地平線の向こうに見失うことなく、そばに付いていられるのだ。そうしてポーチュガルのチームは、驚くべき事実を発見した。どの鳥も前方の鳥の真後ろから少し横にずれた場所に位置していて、しかも、前方の鳥が作る渦の上昇気流に乗れるように翼の相対位相を調整していたのだ。後方の鳥は、翼の先端を正しい場所に揃えるだけでなく、上昇気流を効率的に使えるように羽ばたきの位相も調節しないといけないのだ。

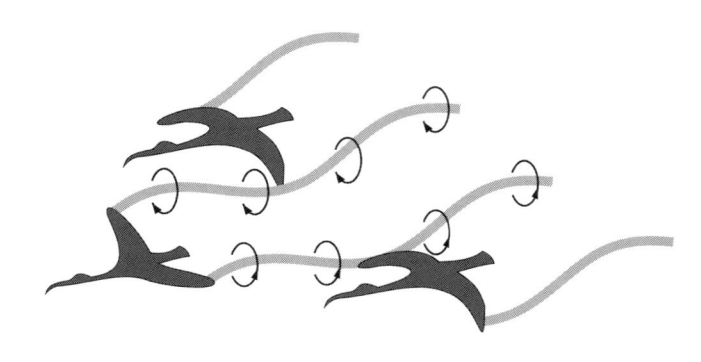

翼の先端の位置と、羽ばたきの位相を調節する。灰色の線は、翼の先端から発生する渦。矢印は渦の回転方向。

　一見したところ、ジグザグの隊形でもこの条件を満たせそうに思える。どの鳥も前方の鳥の斜め後ろを飛ぶけれど、全体で1つのV字型にはならなくてもいいということだ（1羽1羽の鳥は、前方の鳥の右後ろを飛んでも左後ろを飛んでもいい）。でもV字型から外れた（たとえばV字型の外側でなく内側に入った）鳥は、2つ前の鳥の真後ろに来てしまう。そこにいると真正面の鳥からの乱流が直接当たるので、翼の先端の場所を調節して揚力を得るのがずっと難しくなる。それを避けるために、気流が乱れていないV字型の外側を飛ぶのだ。

　V字型の片側だけのように、斜め1列に並んでもいいかもしれない。でもそうなっていると、もう一方の側に来れば先頭の近くに来ることができる。ただ、V字型の片側がもう一方の側よりも長いことはよくある。

　ホオアカトキを使った実験では、若い鳥がどの場所に付けばいいかを学ぶにはかなりの時間がかかった。訓練では間違った位置に来る鳥が何羽かいて、完璧なV字編隊になることはほとんどなかった。それでも詳しい実験から、トキは気流をうまく感じ取って、前方の鳥に対してもっともエネルギー効率のいい場所の近くに陣取れることが最終的に証明された。

V字型に似ているけれどもっとくねくねした、複雑なジグザグの隊形を取らないのはなぜか？

参考文献は 300 ページ。

驚きの平方数

$a^2 + b^2 + c^2 = d^2 + e^2 + f^2$ のように3つの平方数の和として2通りの形で表すことのできる自然数は、無限個存在する。でも、もっとすごいことができる。驚くような例が、

$$123789^2 + 561945^2 + 642864^2 = 242868^2 + 761943^2 + 323787^2$$

それぞれの数の一番左の数字を1つずつ消していっても、ずっと等号が成り立つのだ。

$$23789^2 + 61945^2 + 42864^2 = 42868^2 + 61943^2 + 23787^2$$
$$3789^2 + 1945^2 + 2864^2 = 2868^2 + 1943^2 + 3787^2$$
$$789^2 + 945^2 + 864^2 = 868^2 + 943^2 + 787^2$$
$$89^2 + 45^2 + 64^2 = 68^2 + 43^2 + 87^2$$
$$9^2 + 5^2 + 4^2 = 8^2 + 3^2 + 7^2$$

さらに、一番右の数字を消していっても、

$$12378^2 + 56194^2 + 64286^2 = 24286^2 + 76194^2 + 32378^2$$
$$1237^2 + 5619^2 + 6428^2 = 2428^2 + 7619^2 + 3237^2$$

$$123^2 + 561^2 + 642^2 = 242^2 + 761^2 + 323^2$$
$$12^2 + 56^2 + 64^2 = 24^2 + 76^2 + 32^2$$
$$1^2 + 5^2 + 6^2 = 2^2 + 7^2 + 3^2$$

左右両方の端から数字を消していっても、

$$2378^2 + 6194^2 + 4286^2 = 4286^2 + 6194^2 + 2378^2$$
$$37^2 + 19^2 + 28^2 = 28^2 + 19^2 + 37^2$$

やっぱりずっと等号が成り立つ。

この数学ミステリーは、モロイ・ディーとニルマルヤ・チャットパーディヤーヤが送ってくれたもので、2人はその単純だけれど巧妙なからくりも説明してくれた。ヘムロック・ソームズになったつもりで、秘密を解き明かしてほしい。

答は300ページ。

37のミステリー

ドクター・ワツァップの回想録より

「これはおもしろい!」 私は思ったままを声に出してしまった。

「おもしろい事柄はいくらでもあるぞ、ワツァップ」。椅子に座って眠っていると思っていたソームズが言った。「何がおもしろいって言うんだ?」

「123という数を6回繰り返すんだ」と私は説明した。

「123123123123123123となる」。ソームズは素っ気なく言った。

「ああそうだ、でもまだ終わりじゃない」。

「それに37を掛けたんだろ?」 せっかくソームズが知らないことを教えてやれると思ったのに、また出し抜かれてしまった。

「そうだ! そのとおりだ! すると……ソームズ、邪魔しないでくれ、

$$4555555555555555551$$

5がいくつも並ぶんだ」。

「それがおもしろいのか？」

「もちろんだ。1つだけならただの偶然かもしれないが、123の代わりに234, 345, 456を使っても似たようになる。見てくれ！」 私はソームズに計算結果を見せた。

$234234234234234234 \times 37 = 8666666666666666658$
$345345345345345345 \times 37 = 12777777777777777765$
$456456456456456456 \times 37 = 16888888888888888872$

「それだけじゃない。123か234か345か456を違う回数繰り返し書いて、37を掛けると、両端を除いてやっぱり同じ数字がいくつも並ぶんだ」。

「123、234、345というパターンは関係ないかもしれない」とソームズはつぶやいた。「ほかの数では試してみたのか？」

「124で試したけどうまくいかなかった。見てくれ！」

$124124124124124124 \times 37 = 4592592592592592588$

「3つの数字の塊が繰り返されているけれど、そんなに驚くことじゃない。もとの数もそうだからだ」。

「486は試したか？」

「いいや、124でうまくいかなかったから、それは考えていなかった……おお、うまくいきそうだ」。私は手帳に計算した。「何ておもしろいんだ！」 答を見て私はまた驚いた。

$486486486486486486 \times 37 = 17999999999999999982$

勢いづいた私は、でたらめにいろいろな3桁の数を選んでは、それを6回並べて37を掛けてみた。ときには同じ数字がいくつも続くこともあったが、ほとんどはうまくいかなかった。私はソームズに手帳を見せて、降参した。「わけが分からない」。

「この謎はひとりでに解決する」とソームズ。「111を考えてみれば

な」。

　私は

　　111111111111111111 × 37 = 4111111111111111107

と書いて目をこらした。20分が過ぎたところで、ソームズが立ち上がって私の肩越しにのぞき込んできた。そして愉快そうに首を横に振った。「いやいや、ワツァップ！　111を君の方法で試してみろって言ったんじゃないぞ！」

　「えっ？　そう決めつけてた」。

　「何度言わせるんだ、ワツァップ。何事も決めつけるんじゃない！確かにこの謎には37が関係しているが、それは言ってみれば枝葉の問題だ。111と37がどういうふうに関係しているかを考えてみろって言ったんだ」。

　答は301ページ。

平均スピード

　エディンバラ発ロンドン行きのバスは、渋滞のせいで400マイルを10時間かけて走る。スピードは時速40マイルだ。帰りは8時間、スピードは時速50マイル。往復での平均スピードは？

　単純に考えると答は時速45マイル。40と50の算術平均で、2つを足し合わせて2で割ればいい。でもバスは往復800マイルを18時間で走るのだから、平均スピードは $800 \div 18 = 44\frac{4}{9}$ マイル。

　どうして？

　答は303ページ。

手掛かりのない4つの数独風パズル

　43ページで紹介した手掛かりのないパズルは、ジェラード・バターズ、フレデリック・ヘンレ、ジェイムズ・ヘンレ、コリーン・マゴ

ーヒーが考えたものだ。数独の変形版で、僕は「手掛かりのない数独風パズル」と呼んでいる。ここではあと4つ、手掛かりのない数独風パズルを解いてもらおう。ルールは次のとおり。

- 盤面の大きさを n として、どの行と列にも $1, 2, 3, \cdots, n$ の数がそれぞれ1つずつ入っていなければならない。
- 太線で囲ったそれぞれの領域の数を足すと、すべて同じになっていなければならない。わざわざ計算しなくて済むように、それぞれの問題の上にその合計の数を書いておいた。1つめから3つめまでの問題には答は1つしかないけれど、4つめの問題には、互いに対称的な関係にある2つの答がある。

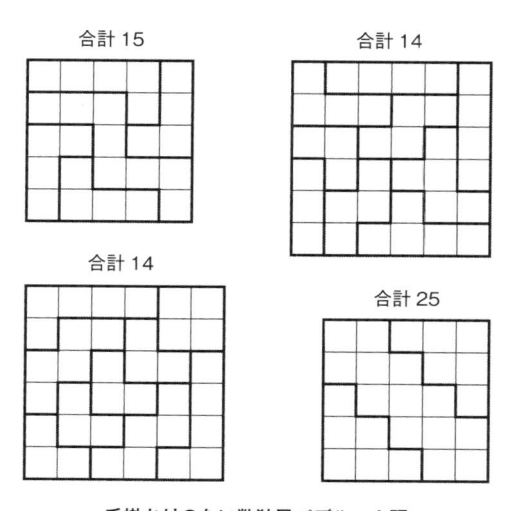

手掛かりのない数独風パズル、4題

答と参考文献は303ページ。

立方数の和

三角数、1, 3, 6, 10, 15, …は、1から始まって連続した数を足し合わせたものと定義される。

$1 = 1$
$1 + 2 = 3$
$1 + 2 + 3 = 6$
$1 + 2 + 3 + 4 = 10$
$1 + 2 + 3 + 4 + 5 = 15$

公式

$1 + 2 + 3 + \cdots + n = n(n+1)/2$

がある。証明してみよう。この級数を2回

$1 + 2 + 3 + 4 + 5$
$5 + 4 + 3 + 2 + 1$

と書いて、縦に並んだ数を足すと、すべて6になる。だからこの級数の2倍は $6 \times 5 = 30$ で、級数の値は15となる。1から100までの数でもほとんど同じだ。100列あってそれぞれの和が101なので、最初の100個の数字の和は 100×101 の半分で5050となる。一般的に言うと、最初の n 個の数を足し合わせると、$n(n+1)$ の半分となって、公式のとおりになる。

平方数の和の公式もあるけれど、もう少し複雑だ。

$1 + 4 + 9 + \cdots + n^2 = n(n+1)(2n+1)/6$

ところが立方数になると、とてもおもしろいことが起きる。

$1^3 = 1$
$1^3 + 2^3 = 9$

$1^3 + 2^3 + 3^3 = 36$

$1^3 + 2^3 + 3^3 + 4^3 = 100$

$1^3 + 2^3 + 3^3 + 4^3 + 5^3 = 225$

答は、対応する三角数の2乗になるのだ。

どうして立方数の和は平方数になるのか？ 公式を導いてさっきと同じように証明することもできるけれど、何も公式を使わなくても、とてもきれいな図で、

$1^3 + 2^3 + 3^3 + \cdots + n^3 = (1 + 2 + 3 + \cdots + n)^2$

を証明できる。

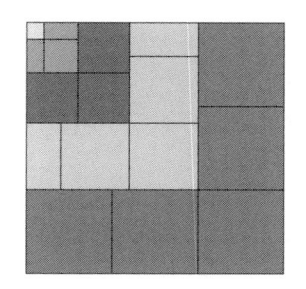

立方数の和を図で表す。

上の図には、一辺1の正方形1つ分の面積、一辺2の正方形2つ分の面積（$2 \times 2 \times 2$）、一辺3の正方形3つ分の面積（$3 \times 3 \times 3$）……が含まれている。だから合計の面積は、連続した立方数の和になる。ここで上の辺を見ると、$1+2+3+4+5$ と、連続した数の和になっている。そして、正方形の面積は辺の長さの2乗だ。証明できた！

公式を導きたければ、$(1+2+3+\cdots+n) = n(n+1)/2$ だと分かっているので、これを2乗して $1^3 + 2^3 + 3^3 + \cdots + n^3 = n^2(n+1)^2/4$ となる。

盗まれた文書の謎

ドクター・ワツァップの回想録より

ソームズが私に空の封筒を手渡し、なかに入っていた手紙を高く掲げた。

「君の観察力をテストしよう、ワツァップ。誰が送ってきたと思う？」

私は封筒を光にかざしたり、消印と切手をよく観察したり、臭いを嗅いだり、封のところの糊を調べたりした。「送ってきたのは女性だ。結婚していないが、まだ適齢期は過ぎておらず、せっせと相手を探している。何かを恐れているけれど、勇気がある」。一瞬、間が開いて、さらに気づいた。「金回りがよくないが、まだ破産してはいない」。

「結構」とソームズ。「私のやり方をある程度身につけたな」。

「できる限りやってみたよ」と私。

「どこからそう推理したか説明してくれ」。

私は頭を整理した。「封筒の色がピンクで、はっきりと香水の残り香がする。確かニュイ・ド・プレジルだ。友人のベアトリクスがよく付けている。結婚している女性にはセクシーすぎるが、若い女性には物足りない。いつも香水を付けているのだから、盛んに男性の気を惹こうとしている。折り返しのところに微かに化粧品が付いていることからも分かる。でも糊を一部分しか舐めていないので、封をしたときには口が渇いていたらしい。口が渇いているのは、何かを恐れている証拠だ。それでも封をして投函したのだから、ひどく緊張していても理性的な行動はできる。勇気の証だ」。

「最後に、切手を見ると、別の封筒から蒸気ではがして再利用した跡がある。角が折れていて、前の消印の痕が残っている。倹約していることが分かる。でも香水は使えるのだから、まだ貧乏のレベルではない」。

ソームズが感心そうにうなずいたので、私は内心得意になった。

「君が見落としている点がいくつかある」とソームズは静かに言っ

た。「それが分かればまったく違う見方ができる。封筒の形と大きさから、大通りの文房具店で売っているものではなく、役所で使われている封筒だと分かる。文房具とその特徴的な大きさに関する私の研究論文を読んでみたまえ。さらに、宛先を書くのに使ったインクが変わった色合いの茶褐色で、市販のものではなく、いくつかの省庁でまとめて提供されているものだ」。

「ほお！　だとしたら、この女性はいま役人と付き合っていて、封筒もインクもその恋人から借りたんだ」。

「筋の通った説だ。もちろん完全に間違っているが、とても筋が通っていて、ほとんどの証拠と合致する。だが実は、この手紙は弟のスパイクラフトが送ってきたものなんだ」。

私はあっけにとられた。「君に弟がいたのかい？」ソームズはこれまで一度も、家族について話したことはなかった。

「ああ、弟について話したことはなかったかい？　何てうっかりしていたんだ」。

「手紙を書いたのが弟さんだってどうして分かったんだい？」

「サインがしてあるからだ」。

「ああ。でもそれ以外の手掛かりは？」

「スパイクラフトのちょっとしたいたずらさ。だが急がなければ。すぐにディオファントスクラブで会うことになっているんだ。わんぱく坊主に6ペンスやって、御者を呼ばせてくれ。道すがら詳しく説明しよう」。

ポートランド街をがたがた走りながらソームズが説明してくれた話によると、弟はもともと素数の専門家で、政府のためにときどき自由契約で働いているという。だが、なぜ呼び出されたかはけっして教えてくれず、最高機密で政治的に微妙な問題だとしか言ってくれなかった。

ディオファントスクラブに到着してビジターラウンジに通されると、座り心地の良さそうな肘掛け椅子に座った1人の紳士が待っていた。第一印象ではただの太った鈍い男だと思ったが、その外見に反して切

れる頭と用心深さを隠し持っていた。
　ソームズが紹介してくれた。
「君はいつも僕の推理力に驚いてくれるが、スパイクラフトにはかなわないんだ」。
「兄のほうが能力が上回っている分野が1つある」と弟は否定した。「厳密な条件が変化するような論理的難題についてだ。私には攻略の出発点が見出せない。どこから話そうか」。
「ドクター・ワツァップが聞いても問題ないと受け取っていいのか？」
「アル＝ジェブライスタンでのワツァップの従軍記録には、非の打ち所がない。秘密は守ってもらえるはずだが、本人から一言約束してくれれば十分だ」。
　ソームズは弟に鋭い視線を送った。「人の言葉を信じるなんてお前らしくもない」。
「秘密が漏れた場合の影響を知らせれば十分だろう」。
　私は言われたとおりに、秘密を守ると誓った。そして本題に入った。
「ある重要な文書がうっかり置き忘れられ、盗まれた」とスパイクラフトは語り出した。「滞りなく取り戻すことが、大英帝国の安全保障上きわめて重要だ。もし敵の手に渡れば、大勢の人間が破滅し、帝国の一部が滅亡するかもしれない。幸いにも地元の警官が盗んだ人物を目撃していて、容疑者が4人にまで絞り込まれている」。
「こそ泥かい？」
「いや、4人とも高名な紳士だ。アーバスノット提督、バーリントン主教、チャールズワース大佐、そしてダシンガム博士だ」。
　ソームズは背筋を伸ばした。「ということは、モギアーティが一枚かんでいる」。
　私はソームズの推理を無視して、スパイクラフトに説明を求めた。
「4人ともスパイだ、ワツァップ。モギアーティの手下だ」。
「ということは……スパイクラフトは防諜活動に関わっているのか！」　私は大声を出した。

「そうだ」。ソームズは弟に目をやった。「だが君はそのことを僕から聞いたのではない」。

「そのスパイたちを尋問したのかい？」 私は尋ねた。

スパイクラフトに渡されたファイルを、ソームズのために声を出して読んだ。「尋問でアーバスノットは、『バーリントンがやった』と言った。バーリントンは、『アーバスノットは嘘をついている』と言った。チャールズワースは、『自分ではない』と言った。ダシンガムは『アーバスノットがやった』と言った。以上」。

「まだある。別の情報源から、4 人のうち 1 人だけが真実を言っていることが分かっている」。

「モギアーティの取り巻きのなかに情報屋がいるのかい？ スパイクラフト」。

「情報屋はいたんだが、われわれに犯人の名前を伝えてくる前に、自分のネクタイで絞め殺されてしまった。とても残念だ。イートン校の卒業生のネクタイだ。台無しになってしまった。しかしすべて失われたわけではない。犯人を特定できれば、捜査令状を取って文書を回収できる。4 人とも監視が付いているので、文書をモギアーティに渡すチャンスはないはずだ。だがわれわれは法律に従わなければならないので、手出しはできない。さらに、もし間違った家に手入れをしたら、モギアーティの弁護士にわれわれの手違いを公表され、取り返しの付かない損失をこうむるだろう」。

誰が盗んだのだろうか？ 答は 304 ページ。

見渡す限りを支配する

ある農夫が、できるだけ短い長さの柵でできるだけ広い面積の土地を囲いたいと思った。そしてよく考えずに、地元の大学に電話をかけて工学者と物理学者と数学者に来てもらった。

工学者は、「これが一番効率のいい形だ」と言って円形の柵を建てた。

物理学者は、端が見えないほど遠くまでまっすぐに柵を立て、「これで事実上地球をぐるりと一周するので、地球の半分を囲ったことになる」と言った。

数学者は自分のまわりにちっぽけな円形の柵を立て、「私は柵の外にいると宣言する」と言った。

続、おもしろい数

$1 \times 8 + 1 = 9$
$12 \times 8 + 2 = 98$
$123 \times 8 + 3 = 987$
$1234 \times 8 + 4 = 9876$
$12345 \times 8 + 5 = 98765$

ヘムロック・ソームズのようになりたがっている皆さんへ。この次はどうなって、このパターンはどこで途切れるだろうか？

答は 306 ページ。

向こうが見えない正方形の問題

柵といえば次の問題。なるべく短い柵を使って、正方形の土地を横切る視線を完全に遮るには、どうしたらいいだろうか？ つまり、その土地を横切るすべての直線が柵と交わるようにするということだ。これを「向こうが見えない正方形の問題」という。向こう側が見通せないという意味だ。1916年にステファン・マズルキヴィッチが、正方形だけでなくあらゆる図形について出した問題だ。いまでも解決していないけれど、いくらか進展はしている。

土地の1辺の長さを1単位としよう。4つの辺にぐるりと柵を建てれば、もちろんうまくいって、柵の長さは4になる。でも、どれか1つの辺から柵を抜いても、まだ向こう側を見通すことはできないので、

長さは 3 に短くなる。折れ線を 1 本だけ使う場合には、これがもっとも短い長さになる。でも、何本使ってもいいとすると、すぐにもっと短いやり方が思いつく。2 本の対角線に柵を建てれば、全長は $2\sqrt{2}$ で約 2.828 となる。

もっと短くすることはできるだろうか？ 1 つ、満たさないといけない条件がある。正方形の 4 つの角(かど)すべてに、柵が延びていないといけないのだ。柵が来ていない角があったら、外側からその角すれすれを斜めに横切る視線は柵に引っかからない。そういう直線が 1 つでもあったら、問題の条件には合わなくなってしまう。

柵が 4 つの角すべてに延びていて、それらがつながっていれば、必ず向こうは見通せない。なぜなら、正方形を横切る直線はすべて、角のところか、または 2 つの角のあいだを通るからだ。だから、柵がつながってさえいれば、必ずその直線と交わる。そうした柵の中で一番短いのは、2 本の対角線なのだろうか？ いいや。4 つの角をすべて結ぶもっとも短い柵は、シュタイナー木と呼ばれているもので、その長さは $1+\sqrt{3}$、約 2.732 だ。柵どうしが 120 度で交わっている。

実はこの柵も、向こうが見通せない一番短い柵ではない。柵が途中で切れているような立て方があって、柵の一部がその切れ目を遮っている。長さは $\sqrt{2}+\sqrt{3/2}$ で約 2.639。これが、向こうが見通せない一番短い柵だと考えられているけれど、まだ証明はされていない。2 つの部分からなる柵としてはこれが一番短いことは、ベルント・カヴォールによって証明されている。一方の部分は 3 つの角を結ぶシュタイナー木で、3 本の柵が 120 度で交わっている。もう一方の部分は、中心と 4 つめの角を結ぶ直線だ。

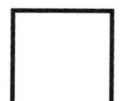

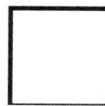

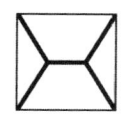

正方形における、向こうが見通せない柵。左から右へ、長さは 4, 3, 2.828, 2.732, 2.639。

向こうが見通せないもっとも短い柵が存在するかさえ、はっきりとは分かっていない。もしそれが存在するとしたら、それは正方形のなかに完全に入っているはずだ。ヴァンス・ファーバーとジャン・ミシエルスキーは、有限のどんな数についても、その個数の部分からなる柵として、向こうが見通せないもっとも短い柵が1種類以上は存在することを証明している（分かっている限り、そのような柵はいくつかあるかもしれない）。いまのところ未解決の高度な問題として、部分の個数が増えれば増えるほど柵は短くなっていくかもしれない。だとしたら、長さがどんどん短くなっていくような一連の柵の形があって、そのどれよりも短いような柵は存在しないかもしれない。あるいは、無限個の部分に分かれた柵が一番短いのかもしれない。

向こうが見通せない多角形と円

　数学でふつうに使われるテクニックとして、ある問題が解けないときには、その問題を一般化する。つまり、似ているけれどもっと複雑な一連の問題を考えるということだ。ばからしいやり方のように思えるかもしれない。問題をさらに難しくして、どうして解けるようになるというのだろうか？　でも、考えないといけない例が増えると、問題を解くヒントになるおもしろい共通の性質が見つかる可能性が高まる。必ずうまくいくわけではないし、いまのところこの問題ではうまくいっていないけれど、ときにはうまくいくこともある。

　向こうが見通せない正方形の問題を一般化する1つの方法が、図形の形を変えることだ。正方形を、長方形や、もっと辺の多い多角形や、円や楕円に替えてみるのだ。選択肢は無数にある。

　数学者がおもに考えているのは、正多角形と円への一般化だ。正三角形において知られている、向こうが見通せないもっとも短い柵は、それぞれの角と中心を直線で結んだシュタイナー木である。辺の本数が奇数である正多角形では、知られているなかでもっとも短い柵を作図する一般的な方法がある。辺の本数が偶数である正多角形でも、そ

れと似ているけれど少し違う作図法が知られている。

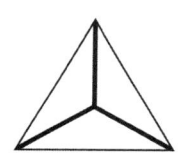

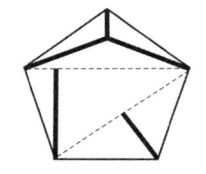

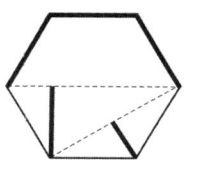

正多角形において知られている、向こうが見通せないもっとも短い柵。左から右へ、正三角形、辺の本数が奇数の正多角形、辺の本数が偶数の正多角形。

　円ではどうだろうか？　柵が円の内側になければならないとしたら、すぐに思いつくのは円周に柵を張りめぐらすことだ。半径が1単位の円であれば、柵の長さは$2\pi = 6.282$となる。円周の一部が欠けていたら、その欠けている円弧の部分を横切る視線を遮るように、円の内側に柵を追加しなければいけないので、もっと複雑になる。直感的にいうと、円は無限に短い辺を無限本持つ正多角形と考えることができる。カヴォールはその考え方に基づいて、正多角形のケースに似ているけれど無限個の部分を使った作図法で、柵の全長が2πより短い$\pi + 2 = 5.141$となることを証明した。でも、円の外に柵を建ててもかまわない場合には、U字型にした、1つの部分からなる短い柵がある。その長さも$\pi + 2$で、これがもっとも短いと予想されている。枝分かれしていない1本の曲線のなかではそれが一番短いことは証明されている。

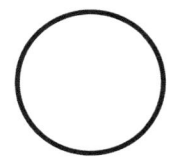

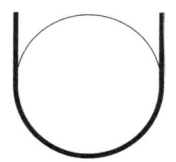

円における、向こうが見通せない柵。左：すぐに思いつく答だけれど一番短くはない。右：円の外にはみ出る、向こうが見通せない一番短い柵。

この問題は3次元にも拡張されている。その場合、柵の代わりに曲面やもっと複雑な図形を使う。立方体において知られている、向こうが見通せないもっとも面積の小さい柵は、何枚かの湾曲した面からできている。

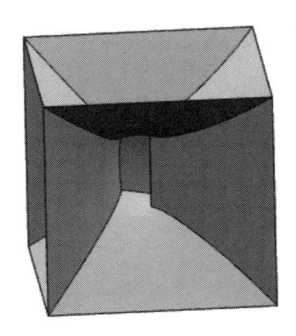

立方体において知られている、向こうが見通せないもっとも面積の小さい柵。

1つの署名

ドクター・ワツァップの回想録より

「ソームズ！ おもしろいパズルだ。君も興味を持ってくれるかもしれない」。

ヘムロック・ソームズは、ボリビアの葬送歌を吹いていたクラリネットを下ろした。「どうかな、ワツァップ」。ここ何週間かずっとふさぎ込んでいたソームズを、私は元気づけようとしたのだ。

「問題、1, 2, 3 などの整数を最大……」

「4つの4で表す*」とソームズ。「よく知っている問題だよ、ワツァ

---

* W.W. Rouse Ball, *Mathematical Recreations and Essays* (11th edition), Macmillan, London 1939.

ップ」。

　ソームズがその気にならなくてもあきらめないことにした。「基本的な算術記号を使うと、22 まで表すことができる。平方根を使うと 30 まで。階乗を使うと 112 まで、指数を使うと 156……」。

　「そして下位階乗を使うと 877 まで」。ソームズにとどめを刺された。「昔から知られているパズルだ。すっかり調べ尽くされている」。

　「下位階乗って何だい？　ソームズ」。私は聞いたが、ソームズはすでに昨日のゴシップ紙に顔を近づけていた。

　しばらくするとソームズが新聞越しに頭を上げた。「だが、似たような問題はいくつも考えられる。4 を使うとかなりいろんなことができて、4 を 1 つ使うだけでも数をいくつも作ることができる。たとえば $\sqrt{4} = 2$ とか $4! = 24$ とかね」。

　「その "!" マークはどういう意味だい？」　私は聞いた。

　「階乗だ。たとえば $4! = 4 \times 3 \times 2 \times 1$ という具合だ。さっき言ったように 24 になる」。

　「はあ」。

　「1 つしか使わなくてもこういう数が出てくるから、ますます簡単に解けるようになる。でもはたして……」。ソームズの声が小さくなった。

　「何を考えてるんだ？　ソームズ」。

　「1 を 4 つ使うとどこまでできるのだろうか」。

　私は心のなかで喜んだ。ソームズの好奇心を引き出せたからだ。「なるほど」と私は言った。「$\sqrt{1} = 1$ で $1! = 1$ だから、1 つしか使わないと新しい数は出てこない。だからこの問題のほうが難しくて、もっと取り組む価値がある」。

　ソームズがぶつぶつ独り言を言いはじめたので、私はすぐにそのチャンスにつけ込んだ。ソームズが問題に興味を持つように仕向けるには、こちらが挑戦してみて失敗するのが一番だ。

　「分かったのは

$$1 = 1 \times 1 \times 1 \times 1$$

と

$$2 = (1+1) \times 1 \times 1$$
$$3 = (1+1+1) \times 1$$
$$4 = 1+1+1+1$$

だ。でも5の表し方は思いつかない」。

ソームズは片方の眉を上げた。「これは考えたか？

$$5 = (1/.1)/(1+1)$$

点は小数点だ」。

「おお、うまい！」 私は叫んだが、ソームズは鼻で笑っただけだった。「なら6は？」 私は続けた。「階乗を使えば

$$6 = (1+1+1)! \times 1$$

となる。1を3つしか使っていないけれど、1を掛ければ必ず増やせる」。

「簡単だ」とソームズはつぶやいた。「ワツァップ、これは思いついたか？

$$6 = \sqrt{1/.\dot{1}} + \sqrt{1/.\dot{1}}$$

それとも、階乗にこだわるなら、これはどうだ？

$$6 = (\sqrt{1/.\dot{1}})!$$

もちろん、1を4つすべて使いたいなら、1×1や$1/1$を掛けたり、$1-1$を足したりすればいい」。

私は式をにらんだ。「ソームズ、小数点は分かるけれど、1の上に付いている点は何だい？」

「循環小数だよ」とソームズはうんざりしながら答えた。「$0.\dot{1}$は、

0.111111…と無限に続く。もちろん頭の 0 は省略できる。この無限循環小数は 1/9 に等しい。1 をこれで割ると 9、その平方根は 3 で……」。

「そして 3 ＋ 3 ＝ 6」。私は喜んで大声を上げた。「そしてもちろん

$$7 = (1 + 1 + 1)! + 1$$

は平方根を使わなくても簡単に作れる。でも 8 は、こういうやり方じゃうまくいかない……」。

「よく見ておけ」とソームズ。

$$8 = 1/.\dot{1} - 1 \times 1$$
$$9 = 1/.\dot{1} + 1 - 1$$

「おお、そうか！　だとしたら、

$$10 = 1/.\dot{1} + 1 \times 1$$
$$11 = 1/.\dot{1} + 1 + 1$$

で……」。

「1 をぜいたくに使いすぎているな。後々のために節約しておいたほうがいい」とソームズは言って、次のような式を書いた。

$$10 = 1/.1$$
$$11 = 11$$

「循環小数の記号がないことに注意してくれ、ワツァップ。今度はただの小数 .1 だ。おっと、1 を使い切るには両方に 1×1 を掛けなければならない。あるいは、さっき言った別の方法のいずれかだ。でもその 2 つの 1 を残しておけば、この先うまく使うことができる」。

「そうか！

$$12 = 11 + 1 \times 1$$
$$13 = 11 + 1 + 1$$
$$14 = 11 + \sqrt{1/.\dot{1}}$$

という感じだな？」

ソームズの顔に微かに笑みが見えた。「そのとおりだ、ワツァップ！」

「でも 15 はどうする？」 私は聞いた。

「簡単だ」とソームズはため息まじりに言って、次のような式を書いた。

$$15 = 1/.\dot{1} + (\sqrt{1/.\dot{1}})!$$

そこで私は得意になって、さらに付け加えた。

$$16 = 1/.1 + (\sqrt{1/.\dot{1}})!$$
$$17 = 11 + (\sqrt{1/.\dot{1}})!$$
$$18 = 1/.\dot{1} + 1/.\dot{1}$$
$$19 = 1/.1 + 1/.\dot{1}$$
$$20 = 1/.1 + 1/.1$$
$$21 = 1/.1 + 11$$
$$22 = 11 + 11$$

ソームズは満足げにうなずいた。「おもしろくなってくるのはここからだ」とソームズ。「23 はどうだろうか？」

「分かったぞ、ソームズ！」 私は叫んだ。

$$23 = (\sqrt{1/.\dot{1}} + 1)! - 1$$
$$24 = (\sqrt{1/.\dot{1}} + 1)! \times 1$$
$$25 = (\sqrt{1/.\dot{1}} + 1)! + 1$$

「そして君が言ったように、4! = 24 だ。おもしろいな、ソームズ！でもどうやっても 26 は表せない」。

「さて……」とソームズは口ごもった。

「降参かい？」

「いや。新しい記号を使うしかないかどうか考えているだけだ。使えば明らかに簡単になる。ワツァップ、床関数と天井関数というのを

知っているか？」

　私は何気なく足もとに視線を落とし、それから頭を上げたが、何も思いつかなかった。

　「知らないようだな」とソームズ。どうして私の考えていることが分かるのだろうか？　考えてみた。それは……。

　「不可解……そうだろう？　君が読書好きなのは知っているよ、ワツァップ。マザーグースも読んだことがあるだろう。まあそれはいいとして、床関数と天井関数とは、

　　$\lfloor x \rfloor = x$ 以下の最大の整数（床関数）
　　$\lceil x \rceil = x$ 以上の最小の整数（天井関数）

で、この手のパズルではどうしても使うことになる」。

　「なるほど。でも正直言ってよく分からない……」。

　「ワツァップ、これを使うと、1を2つだけ使って小さい数を表すことができるのだ。たとえば

　　$3 = \lfloor \sqrt{1/.1} \rfloor$

とすれば、1を2つ使って3を表すもう1つの方法になるし、

　　$4 = \lceil \sqrt{1/.1} \rceil$

は新しい表し方だ」。私が混乱しているのを見て、ソームズは付け加えた。「$\sqrt{1/.1} = \sqrt{10} = 3.162$ だから、その床関数は3、天井関数は4だ」。

　「はあ……」。私はおぼつかなく答えた。

　「これで先に進めることができる。

　　$26 = \lceil \sqrt{1/.1} \rceil! + 1 + 1$
　　$27 = \lceil \sqrt{1/.1} \rceil! + \lfloor \sqrt{1/.1} \rfloor$
　　$28 = \lceil \sqrt{1/.1} \rceil! + \lceil \sqrt{1/.1} \rceil$

もちろんほかにも表し方はある」。

私は頭のなかであれこれ試してみた。そして1つ思いついた。「そうか、ソームズ、思いついたよ。

$$5 = \lceil \sqrt{\lceil \sqrt{1/.1} \rceil !} \rceil$$

だ。$\sqrt{24} = 4.89$ だから、その天井関数は5だ。だから29と30も作れる！」

ワツァップとソームズはこのパズルに取り組みつづけた。それで何が分かったかは、あとで紹介しよう。でも話を進める前に、どれだけ大きい数まで表すことができるか、あなた自身でやってみたくなっただろう。31から始めてみよう。

110ページに続く。

素数の間隔の成り行き

2つの整数の積で表すことのできる整数を合成数といい、表すことのできない1より大きい整数を素数という。1は例外で、何百年か前は素数とされていたけれど、そうすると素因数分解が1通りでなくなってしまう。たとえば、$6 = 2 \times 3 = 1 \times 2 \times 3 = 1 \times 1 \times 2 \times 3$ といった具合だ。いまではこのような理由のために、1は特別な数とみなされている。素数でも合成数でもなく、単位元と呼ばれている。逆数を取っても整数であるような整数という意味だ。正の単位元は1だけだ。

最初のいくつかの素数を挙げると、

2　3　5　7　11　13　17　19　23　29　31　37

となる。素数は無限個存在していて、自然数全体に不規則に散らばっている。昔から素数はいろんなひらめきの源になっていて、長年のあいだに素数の謎がいくつも解かれてきた。でもそれと同じくらい、解決の見通しがつかない謎がたくさん残っている。

2013年、素数をめぐる大きな謎が2つ、思いがけずに突然進展を見せた。1つめは、連続した素数の間隔に関する謎で、いまからそれを説明する。2つめの謎はすぐ次に説明する。

　2以外の素数はすべて奇数（偶数はすべて2の倍数だから）なので、連続した2つの数がどちらも素数であることはありえない ((2, 3) は除く)。でも、2違う2つの数がどちらも素数だというケースはある。たとえば (3, 5), (5, 7), (11, 13), (17, 19) などで、簡単にもっとたくさん見つけることができる。このような素数のペアを、双子素数という。

　かなり以前から、双子素数は無限個存在すると予想されているけれど、まだ証明はされていない。最近までこの問題についてはほとんど進展がなかったが、2013年にイタン・ツァンが、差が7000万以下であるような素数のペアは無限個存在することを証明して、数学者たちを驚かせた。その後ツァンの論文は、代表的な純粋数学雑誌 *Annals of Mathematics* に掲載が認められた。双子素数予想に比べたらたいしたことないように思えるかもしれないけれど、ある一定の数だけ違う素数のペアが無限個存在することが証明されたのは、これが初めてだった。どうにかして7000万を2に減らすことができれば、双子素数予想は解決できる。

　最近の数学者は、インターネットを使って力を合わせて問題に取り組むことが多くなっている。テレンス・タオは、この7000万という数をもっとずっと小さくすることを目指した共同研究を指揮した。そこでは、この手の研究を促進させるために作られた、ポリマスプロジェクトというシステムが使われた。ツァンの方法が深く理解されるにつれて、7000万という数はどんどん小さくなっていった。ジェイムズ・メイナードは7000万を600にまで下げた（エリオット＝ハルバーシュタム予想と呼ばれている予想が正しければ12にまで下がる。306ページを見てほしい）。そして2013年末には、メイナードの新しいアイデアによって270にまで下がった。

　まだ2にはなっていないけれど、7000万よりはずっと近くなっている。

奇数ゴールドバッハ予想

　そのうち解決されるだろう2つめの素数の謎は、1742年、ドイツ人アマチュア数学者のクリスティアン・ゴールドバッハが、レオンハルト・オイラーに宛てた手紙のなかで、素数についていくつか気づいたことを伝えたのに端を発している。そのなかの1つが、「2より大きい整数はすべて、3つの素数の和で表すことができる」というものだった。それ以前にもゴールドバッハはオイラーに、「偶数はすべて2つの素数の和で表すことができる」という似たような予想のことを話していた。

　当時の一般的な取り決めでは、1は素数とされていたので、この2つめの予想からは1つめの予想が導かれる。なぜなら、どんな数でも、nを偶数として$n+1$または$n+2$と書くことができるからだ。このnが2つの素数の和であれば、もとの数は3つの素数の和ということになる。この手紙に対してオイラーは次のように返事した。「[2つめの命題は] 完全に正しい定理だと思うが、私には証明することはできない」。いまでもその状況はほとんど変わっていない。

　でも94ページで言ったように、いまでは1は素数とはみなされていない。そこで、このゴールドバッハの予想は2つに分けて考えられている。

偶数ゴールドバッハ予想
　2より大きい偶数はすべて、2つの素数の和で表すことができる。

奇数ゴールドバッハ予想
　5より大きい奇数はすべて、3つの素数の和で表すことができる。

　偶数ゴールドバッハ予想が正しければ奇数ゴールドバッハ予想も正しいことになるが、逆は成り立たない。

　長年のあいだにいろんな数学者が、これらの予想の解決に向けて歩を進めてきた。偶数ゴールドバッハ予想に関してたぶんもっとも大き

ゴールドバッハがオイラーに宛てて書いた手紙。「2つの素数の和で表される数は、任意の個数（最大その数と同じ個数まで）の素数の和で表すことができる」と書かれている。余白には、「2より大きい数はすべて、3つの素数の和で表すことができる」という予想が書かれている。ゴールドバッハは現代の取り決めと違って、1を素数と定義している。

な成果は、陳景潤が1973年に、「十分に大きい偶数はすべて、素数と半素数（素数または2つの素数の積）の和で表せる」と証明したことだろう。

1995年にフランス人数学者のオリヴィエ・ラマレが、偶数はすべて6個以下の素数の和で、奇数はすべて7個以下の素数の和で表せることを証明した。専門家のあいだでは、奇数ゴールドバッハ予想の証明が手の届くところまで来たという見方が広がって、実際にそのとおりになった。2013年にハラルド・ヘルフゴットが、関連したいくつかの手法を使って奇数ゴールドバッハ予想を証明したと主張し

たのだ。まだ専門家がチェックしている段階だけれど、厳しく吟味しても間違いは見つかっていないようだ。もしこの証明が正しければ、すべての偶数は4個以下の素数の和で表せることになる（nが偶数なら$n-3$は奇数で、それは3つの素数の和$q+r+s$で表せるので、$n=3+q+r+s$と4つの素数の和で表すことができる）。偶数ゴールドバッハ予想にかなり近づくけれど、現在の手法で偶数ゴールドバッハ予想そのものを証明できるとは思えない。まだ道のりは遠そうだ。

素数の謎

数学にはいくつものミステリーがあって、数学者は探偵のようにしてそれを解決しようとする。手掛かりを見つけて、論理的な推理をおこない、それが正しいことを証明しようとするのだ。ソームズが手がけた事件と同じように、一番大事なのは、どうやって手を付けるか、つまり、どうやって考えを進めていけば前進できるかを見極めることだ。多くの問題では、それすらまだ分かっていない。数学者は無知だと認めているように聞こえるかもしれないけれど、確かにそのとおりだ。でも逆に、新しい数学がまだ見つからずに残っていて、この分野はまだ掘り尽くされてはいないという意味でもある。素数は、もっともらしいのに正しいかどうか分かっていない予想の宝庫だ。ここではそのうちのいくつかを紹介する。p_nはn番目の素数という意味。

吾郷=ジューガ予想

pが素数であれば、そのときに限って、$pB_{p-1}+1$の分子はpで割り切れる（B_kはk番目のベルヌーイ数）[Takashi Agoh 1990]。最初のほうのベルヌーイ数を挙げると、$B_0=1$, $B_1=\frac{1}{2}$, $B_2=\frac{1}{6}$, $B_3=0$, $B_4=-\frac{1}{30}$, $B_5=0$, $B_6=\frac{1}{42}$, $B_7=0$, $B_8=-\frac{1}{30}$。もっと知りたければインターネットで検索してほしい。

これと同等な予想として、pが素数であれば、そのときに限って、

$$[1^{p-1} + 2^{p-1} + 3^{p-1} + \cdots + (p-1)^{p-1}] + 1$$

は p で割り切れる [Giuseppe Giuca 1950]。

もし反例があるとしたら、1万3800桁以上の数のはずだ [David Borwein, Jonathan Borwein, Peter Borwein, and Roland Girgensohn 1996]。

アンドリカの予想

p_n を n 番目の素数とすると、

$$\sqrt{p_{n+1}} - \sqrt{p_n} < 1$$

である [Dorin Andrica 1986]。

イムラン・ゴリーが素数どうしの間隔に関するデータを使って、n が最大 1.3002×10^{16} までこの予想が正しいことを確認した。下のグラフは、最初の200個の素数について $\sqrt{p_{n+1}} - \sqrt{p_n}$ をプロットしたものだ。縦軸の一番上が1で、グラフの山はどれもそれより小さい。n が大きくなるにつれて山は小さくなっていくように見えるけれど、もしかしたら、何かとても大きい n のところで1より上に飛び出す巨大な山があるかもしれない。この予想が偽であるためには、連続した2つのとても大きい素数どうしの間隔が、とてつもなく大きくなければならない。到底ありえそうにないけれど、まだ否定はできない。

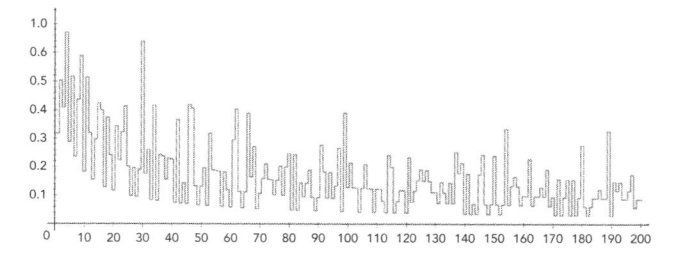

最初の200個の素数について $\sqrt{p_{n+1}} - \sqrt{p_n}$ をプロットしたグラフ

アルティンの原始根予想

−1と平方数を除く整数aはすべて、無限個の素数を法とする原始根である。つまり、1から$p-1$までのすべての数が、aの累乗引くpの倍数になっているということだ。数が大きくなるにつれてこのような素数の割合がどうなっていくかを表す公式が知られている [Emil Artin 1927]。

ブロカールの予想

$n>1$であれば、p_n^2とp_{n+1}^2のあいだには4つ以上の素数が存在する [Henri Brocard 1904]。真であると予想されている。もっというと、さらにずっと強い命題も正しいに違いない。

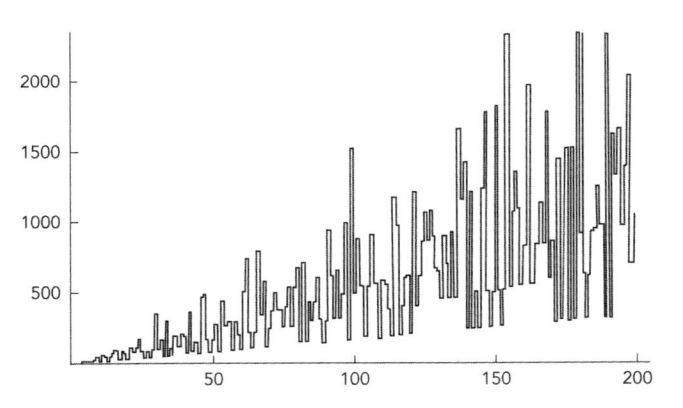

p_n^2とp_{n+1}^2のあいだにある素数の個数をプロットしたグラフ [Eric W. Weisstein, 'Brocard's Conjecture', from MathWorld — A Wolfram Web Resource: http://mathworld.wolfram.com/BrocardsConjecture.html]。

クラメールの予想

連続した素数のあいだの間隔$p_{n+1}-p_n$は、nが大きくなっても$(\log p_n)^2$の定数倍より大きくはならない [Harald Cramér 1936]。

クラメールは、もしリーマン予想が正しければ、この命題の

$(\log p_n)^2$ を $\sqrt{p_n} \log p_n$ に置き換えたものが成り立つことを証明した。リーマン予想は、数学のなかでたぶん一番重要な未解決問題(『数学の秘密の本棚』215 ページ)。

フィローツバークトの予想

$p_n^{1/n}$ の値は狭義単調減少していく [Farideh Firoozbakht 1982]。つまり、すべての n に対して $p_n^{1/n} > p_{n+1}^{1/(n+1)}$ ということだ。最大 4×10^{18} の素数まで正しい。

ハーディー=リトルウッドの第 1 予想

2 を足した数も素数であるような x 以下の素数 p の個数を、$\pi_2(x)$ とする。また、双子素数定数を次のように定義する。

$$C_2 = \prod_{p \geq 3} \frac{p(p-2)}{(p-1)^2} \approx 0.66016$$

(Π は、3 以上のすべての素数について積を取るという意味)。するとこの予想は、

$$\pi_2(n) \sim 2C_2 \frac{n}{(\log n)^2}$$

と表される。記号 $\sim$ は、n が大きくなるにつれて両辺の比が 1 に近づいていくという意味。

ハーディー=リトルウッドの第 2 予想というものもある(のちほど)。

ジルブリースの予想

素数

2, 3, 5, 7, 11, 13, 17, 19, 23, 29, 31, ⋯

からスタートして、隣り合った項の差を計算していく。

1, 2, 2, 4, 2, 4, 2, 4, 6, 2, ⋯

この新しい数列でも同じ計算をする。さらに、符号を無視して同じ

ことを続けていく。最初の5つの数列は、

   1, 0, 2, 2, 2, 2, 2, 2, 4, …
   1, 2, 0, 0, 0, 0, 0, 2, …
   1, 2, 0, 0, 0, 0, 2, …
   1, 2, 0, 0, 0, 2, …
   1, 2, 0, 0, 2, …

となる。ジルブリースとプロトは、この操作を何回やっても数列の最初の項は必ず1であると予想した[Norman Gilbreath 1958, François Proth 1878]。

アンドリュー・オドリツコが1993年に、最初の 3.4×10^{11} 個の数列でこの予想が正しいことを確認した。

偶数ゴールドバッハ予想

2より大きい偶数はすべて、2つの素数の和で表すことができる[Christian Goldbach 1742]。

T・オリヴェイラ・エ・シルヴァがコンピュータを使って、$n \leq 1.609 \times 10^{18}$ までこの予想が正しいことを確かめた。

グリムの予想

連続した合成数からなる集合の各要素に対して、それを割り切るような、それぞれ異なる素数を割り振ることができる[C.A. Grimm 1969]。

たとえば、合成数を 32, 33, 34, 35, 36 とすると、それぞれの数に対して 2, 11, 17, 5, 3 という素数を割り振ることができる。

ランダウの第4問題

1912年にエトムント・ランダウが、素数に関する4つの基本的な問題をリストアップして、いまではそれらはランダウの問題と呼ばれている。最初の3つは、ゴールドバッハ予想（さっき紹介した）、双子素数予想（のちほど）、ルジャンドルの予想（のちほど）。4番目の

問題は、「$p-1$ が平方数であるような素数 p、つまり、x を整数として x^2+1 と表せるような素数 p は無限個存在するか」というものだ。

そのような素数のうち最初のほうのいくつかは、2, 5, 17, 37, 101, 197, 257, 401, 577, 677, 1297, 1601, 2917, 3137, 4357, 5477, 7057, 8101, 8837, 12101, 13457, 14401, 15377。もっと大きい例としては、

$p = 1,524,157,875,323,883,675,049,535,156,256,668,194,500,533,455,$
$762,536,198,787,501,905,199,875,019,052,101$

$x = 1,234,567,890,123,456,789,012,345,678,901,234,567,890$

がある（もちろん最大ではない）。

1997年にジョン・フリードランダーとヘンリク・イヴァニエツが、x と y を整数として x^2+y^4 という形で表せる素数は無限個存在することを証明した。そのような素数のうちの最初のいくつかは、2, 5, 17, 37, 41, 97, 101, 137, 181, 197, 241, 257, 277, 281, 337, 401, 457。イヴァニエツは、x^2+1 と表すことができて、素因数を2個以下しか持たないような数が無限個存在することも証明している。肝心の問題に近づいてはいるけれど、まだ攻め落とせてはいない。

ルジャンドルの予想

アドリアン゠マリ・ルジャンドルは、すべての正の数 n に対して n^2 と $(n+1)^2$ のあいだには必ず素数が存在すると予想した。この命題は、アンドリカの予想（さっき紹介した）とオッパーマンの予想（のちほど）から導かれる。クラメールの予想（さっき紹介した）からは、十分に大きな数に対してルジャンドルの予想が正しいことが導かれる。10^{18} までは真であることが分かっている。

ルモワーヌの予想、またはレヴィーの予想

5より大きい奇数はすべて、奇素数と素数の2倍との和として表すことができる [Émile Lemoine 1894, Hyman Levy 1963]。

D・コービットによって最大 10^9 まで正しいことが確かめられている。

メルセンヌ予想

1644年にマラン・メルセンヌが、2^n-1 は $n=2, 3, 5, 7, 13, 17, 19, 31, 67, 127, 257$ に対しては素数であって、$n<257$ のそれ以外の自然数に対してはすべて合成数であると予想した。結局、そのうちの5つは間違っていたことが分かった。$n=67$ と 257 では合成数になって、$n=61, 89, 107$ では素数になるのだ。このメルセンヌの予想がもととなって、次に説明する、新メルセンヌ予想とレンストラ＝ポメランス＝ワグスタッフ予想が導かれた。

新メルセンヌ予想、またはベイトマン＝セルフリッジ＝ワグスタッフ予想

任意の奇数 p について、次の2つの条件が満たされれば、3番目の命題が成り立つ。

1. ある自然数 k に対して $p=2^k\pm1$ または $p=4^k\pm3$ である。
2. 2^p-1 が素数である（メルセンヌ素数）。
3. $(2^p+1)/3$ は素数である（ワグスタッフ素数）。

[Paul Bateman, John Selfridge, and Samuel Wagstaff Jr. 1989]

レンストラ＝ポメランス＝ワグスタッフ予想

メルセンヌ素数は無限個存在して、x 未満のメルセンヌ素数の個数はおおよそ $e^\gamma \log\log x/\log 2$ である。ただし γ はオイラーの定数で、約 0.577 [Hendrik Lenstra, Carl Pomerance, and Wagstaff, 未発表]。

オッパーマンの予想

$n>1$ のすべての整数に対して、$n(n-1)$ と n^2 とのあいだに素数が少なくとも1つ存在し、n^2 と $n(n+1)$ とのあいだにも別の素数が少なくとも1つ存在する [Ludvig Henrik Ferdinand Oppermann 1882]。

ポリニャックの予想

すべての正の偶数 n に対して、差が n であるような2つの連続した素数のペアが無限個存在する [Alphonse de Polignac 1849]。

$n=2$ であれば、これは双子素数予想になる（のちほど）。$n=4$ であれば、いとこ素数 $(p, p+4)$ が無限個存在するという意味になる。$n=6$ であれば、p と $p+6$ のあいだに別の素数が存在しないようなセクシー素数 $(p, p+6)$ が無限個存在するという意味になる。

レドモンド=スン予想

区間 $[x^m, y^n]$（x^m から y^n までの数の集合）には必ず、素数が1つ以上含まれている。ただし $[2^3, 3^2]$, $[5^2, 3^3]$, $[2^5, 6^2]$, $[11^2, 5^3]$, $[3^7, 13^3]$, $[5^5, 56^2]$, $[181^2, 2^{15}]$, $[43^3, 282^2]$, $[46^3, 312^2]$, $[22434^2, 55^5]$ は除く [Stephen Redmond and Zhi-Wei Sun 2006]。

10^{12} 以下のすべての区間 $[x^m, y^n]$ で正しいことが確認されている。

ハーディー=リトルウッドの第2予想

x 以下の素数の個数を $\pi(x)$ とすると、2以上の x, y に対して

$\pi(x+y) \leq \pi(x) + \pi(y)$

である [Godfrey Harold Hardy and John Littlewood 1923]。

いくつかの専門的な理由からこの予想は偽であると考えられているけれど、最初の反例は x の値がかなり大きく、たぶん 1.5×10^{174} より大きくて 2.2×10^{1198} より小さいと思われる。

双子素数予想

$p+2$ も素数であるような素数 p は無限個存在する。

有志のコンピュータの空き時間を活用する分散コンピューティングプロジェクト PrimeGrid が 2011 年 12 月 25 日、これまで見つけたなかで最大の双子素数のペアは

$3{,}756{,}801{,}695{,}685 \times 2^{666{,}669} \pm 1$

であると発表した。200,700 桁の数である。

10^{18} 未満の双子素数は 808,675,888,577,436 個ある。

最適なピラミッド

　古代エジプトに思いを馳せると、ピラミッドが頭に浮かんでくる。とくに、ギーザにあるクフ王の大ピラミッドが一番大きくて、それより少し小さいカフラー王のピラミッドと、もっとずっと小さいメンカウラ王のピラミッドがその脇に並んでいる。エジプトには、36基の大きいピラミッドと数百基の小さいピラミッドがいまでも残っている。ほぼ完全な形で残っている巨大なものから、地面に空いた穴に玄室の石の破片が何個か残っているだけのものまでさまざまだ。

左：ギーザのピラミッド群。奥から手前へ、クフ王、カフラー王、メンカウラー王の大ピラミッド、さらに女王の3基のピラミッド。遠近法のせいで、後ろのほうのピラミッドが実際よりも小さく見えている。右：屈折ピラミッド。

　ピラミッドの形や大きさや向きにまつわる、とてつもない量の文献が書かれている。そのほとんどはただの空論で、数どうしの関係に基づいてとんでもない主張を展開している。なかでも大ピラミッドはよく取り上げられていて、黄金数や π、果ては光の速さとも関連づけられている。この手の説にはかなり問題が多くて、真面目に受け止めるのは難しい。多くのデータが不正確だし、計算に使える測定値がいくつもあるので、いくらでも好きな結論を導くことができるのだ。

　データの情報源として一番優れている本の1つが、マーク・レーナの『図説ピラミッド大百科』だ。この本には、面の傾斜、つまり三角形の面と正方形の底面とのなす角度がリストアップされている。いく

つか例を挙げよう。

ピラミッド	角度
クフ王	51° 50′ 40″
カフラー王	53° 10′
メンカウラー王	51° 20′ 25″
屈折ピラミッド	54° 27′ 44″（下側）、43° 22′（上側）
赤いピラミッド	43° 22′
黒いピラミッド	57° 15′ 50″

　もっと多くのデータが、
　　http://en.wikipedia.org/wiki/List_of_Egyptian_pyramids
で手に入る。

　このデータを見ると気づくことが2つある。1つめは、これらの角度を秒単位（または分単位）まで表すのは適当でないということだ。ダハシュールにあるアメンエムハト3世の黒いピラミッドは、底面の1辺の長さ105メートル、高さ75メートル。斜面の角度が1秒違っても、高さは1ミリしか変わらない。確かに、底面の縁の跡と一番外側の石の破片はいくつか残っているけれど、現在の状態から見て、もともとの傾斜を5度以内の誤差で見積もるのは難しいだろう。

アメンエムハト3世の黒いピラミッドの現在の状態

もう1つ気づくのは、傾斜にはある程度ばらつきはあるものの、どれも54度に近いということだ（屈折ピラミッドの場合は一方の値）。どうしてだろうか？

1979年にR・H・マクミランは、ほぼ真実だと考えられている次のような事実に基づいて考察した［Pyramids and pavements: some thoughts from Cairo, *Mathematical Gazette* 63（December 1979）251-255］。ピラミッドの一番外側には、トゥーラ産の白い石灰岩や花崗岩など貴重な化粧石が使われていたけれど、その内側には、モカッタム産の質の悪い石灰岩や日干しレンガや荒石などの粗末な材料が使われていた。そこで当時の人々は、使う化粧石の量をなるべく減らしたかった。化粧石にかける費用が決まっているなかで、なるべく大きいピラミッドを建てるには、どういう形にしたらいいだろうか？つまり、4つの三角形の面の面積を一定にしたままで体積を最大にするには、傾斜を何度にしたらいいのだろうか？

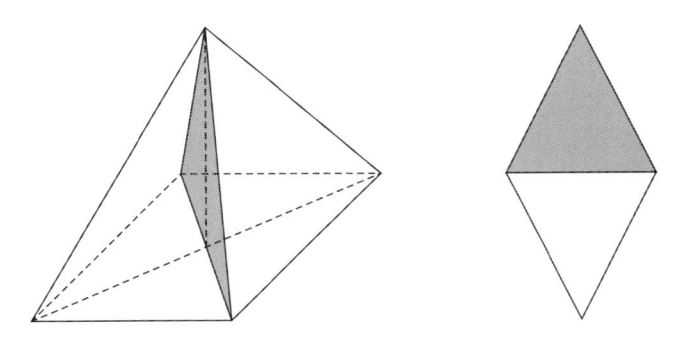

左：ピラミッドの断面。右：辺の長さを一定にしておいて、二等辺三角形または菱形の面積を最大にする。

微積分のいい練習問題になるけれど、ちょっとしたこつを使えば幾何学的にも解くことができる。底面の対角線に沿ってピラミッドを垂直に二等分するのだ（影を付けた三角形）。そうすると二等辺三角形ができる。そしてピラミッドの半分の体積は、この三角形の面積に比

例し、傾斜した面の面積は、この三角形の斜めの辺の長さに比例する。だからさっきの問題は、二等辺三角形の2本の等辺の長さを一定にしたときに、面積を最大にするという問題と同等である。

さらにこの三角形を底面で折り返せば、辺の長さが一定の菱形の面積が最大になるのはどんなときか、という問題と同等になる。その答は正方形だ(45度傾いた向きになる)。だから三角形の切断面の角度は、頂角が90度、2つの底角が45度ということになる。さらに、基本的な三角法を使うと、ピラミッドの面の傾斜角は

$$\arctan\sqrt{2} = 54° \ 44'$$

と、実際のピラミッドの平均値に近くなる。

マクミランは、この考察から実際のピラミッド建設についてどんなことが分かるかについては何も述べていない。ただ単に幾何学の練習問題としてやったのだ。でもモスクワ数学パピルスには、頂点を切り落としたピラミッドの体積を求めるための規則と、エジプト人が相似の考え方を理解していたことが読み取れる問題が書かれている。また、底面と傾斜からピラミッドの高さを計算する方法も説明されている。さらに、このパピルスとリンド数学パピルスのどちらにも、三角形の面積を求める方法が説明されている。だから、古代エジプトの数学者でもこのマクミランの問題は解けたに違いない。

その計算そのものが書かれたパピルスが見つかっていないので、彼ら数学者が実際にその計算をしたと言い切ることはできない。ピラミッドの最適な形を見つけることに関心があったという証拠もない。もし関心があったとしても、粘土の模型さえ使えば最適な形を見つけられただろう。経験から推測することもできただろう。あるいは、設計者やファラオが経験を積むにつれて、だんだんと安上がりな形に変わっていったのかもしれない。または、工学的な理由からこの角度に決まったのかもしれない。屈折ピラミッドがああいう形になったのは、途中まで建てたところで崩れはじめたので傾斜を緩くしたからだと考えられている。とはいっても、光の速さと関連づけるよりは、数学に

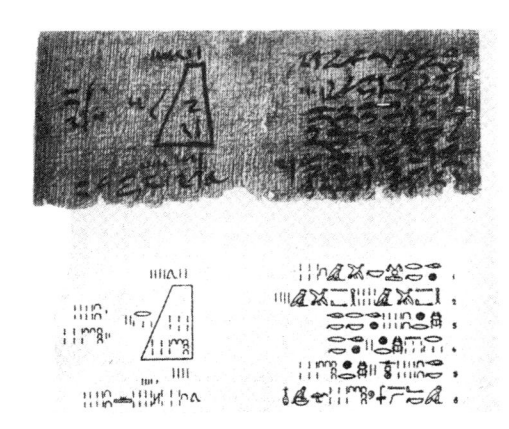

モスクワ数学パピルスの問題14。頂点を切り落としたピラミッドの体積を求める問題。

基づくさっきの説明のほうがまだもっともらしい。

1つの署名 パート2
ドクター・ワツァップの回想録より

　ソームズは取り憑かれたかのように部屋のなかを歩き回りはじめた。私は心のなかで「やった！」と叫んだ。ソームズが夢中になってくれたからだ。これでソームズをふさぎ込んだ状態から救い出せるし、私もボリビアの葬送歌を聞かされなくて済む。

　「もっと体系的にやるべきだ、ワツァップ！」　ソームズは言い放った。

　「どんなふうにだい？　ソームズ」。

　「もっと体系的な方法でだ、ワツァップ」。何も答えなかった私に、ソームズはもっとはっきりと説明してくれた。「2つの1から導くことのできる小さい数をリストアップするんだ。それらを組み合わせれば……、君もすぐに分かるはずだ」。

そう言ってソームズは、次のような式を書いていった。

$0 = 1 - 1$
$1 = 1 \times 1$
$2 = 1 + 1$
$3 = \sqrt{1/.\dot{1}}$
$4 = \lceil \sqrt{1/.1} \rceil$
$5 = \lceil \sqrt{\lceil \sqrt{1/.1} \rceil !} \rceil$
$6 = (\sqrt{1/.\dot{1}})!$

しかしそこでペンが止まった。
「7と8はとりあえず後回しにしよう。気にするな、続けよう」。

$9 = 1/.\dot{1}$
$10 = 1/.1$
$11 = 11$

「実を言うと、まだよく……」。
「大丈夫だ、ワツァップ。じきに分かる。仮に、7と8も2つの1を使って表せるとしよう。すると、0から11までのすべての数を表すことができる。さらに、2つの1を使って表せるどの数nについても、$n - 11$から$n + 11$までのすべての数を4つの1で表せることになる。このリストの式を足したり引いたりするだけだ」。
「ああ、それで分かった」。
「いつも僕が言ってやらないと分からないんだな」。ソームズにチクリと言われた。
「次に、僕が新しく思いついたことを説明してやろう！ 24を2つの1で表す方法はさっき分かった。たとえば$\lceil \sqrt{1/.1} \rceil !$というふうにだ。だから簡単に、$24 - 11$から$24 + 11$までのすべての数を4つの1で表すことができる。13から35までだ」。
「なるほど！ わざわざその式を書く必要もない」。

「そうだ！　もっと先に進めるぞ！　このとおりだ」。

$$36 = ((\sqrt{1/.\dot{1}})!) \times ((\sqrt{1/.\dot{1}})!)$$

「だが喜ぶ前に、まだ7と8を2つの1で表せていないことを忘れてはいけない」。

私はがっかりして見せた。するとある突飛なことを思いついた。「ソームズ？」　おそるおそる聞いた。

「何だ？」

「階乗を取ると数が大きくなるよな？」

ソームズは、当たり前だというようにうなずいた。

「平方根を取ると小さくなるよな？」

「そのとおりだ。何が言いたいんだ？」

「床関数と天井関数を取ると整数になるよな？」

ソームズの顔に、分かってきたぞという表情が読み取れた。「いいぞ、ワァップ！　そうか、分かったぞ。たとえば、24を2つの1で表す方法は分かっている。だから、24!も2つの1で表すことができる。その値は……」。ソームズは眉を寄せた。「620,448,401,733,239,439,360,000。その平方根は……」。顔を赤くしながら暗算をした。「787,685,471,322.94。その平方根は 887,516.46。その平方根は 942.08、そのまた平方根は 30.69」。

「だから、30と31を2つの1で表すことができる」と私は言った。「つまり

$$30 = \lfloor\sqrt{\sqrt{\sqrt{\sqrt{(((\lceil\sqrt{1/.1}\rceil)!)!)}}}}\rfloor$$
$$31 = \lceil\sqrt{\sqrt{\sqrt{\sqrt{(((\lceil\sqrt{1/.1}\rceil)!)!)}}}}\rceil$$

もちろんこれを使っても7と8を表すことはできないけれど、もしそれができたとしたら、4つの1で表すことができる範囲を、31 + 11、つまり 42 まで広げることができる。ソームズ、君が言ったとおり、体系的にやるべきなんだ。2つの1で表すことのできる数の階乗を取

って、その平方根を次々に計算していこう」。

「そうだな！　しかも、もし 7 を表す式があれば 8 を表す式も得られることがすぐに分かる」。

「そうなのかい？」

「もちろんだ。7! = 5040 でその平方根は 70.99、そのまた平方根は 8.42 だから、

$$8 = \lfloor \sqrt{\sqrt{(7!)}} \rfloor$$

昔から言われているだろう？　謎を解く鍵は 7 !」念のために言っておくが、この "!" マークは 7 を強調しているのであって、階乗の意味ではない。さっきも言ったけれど注意してほしい。

ソームズは額にしわを寄せた。「二重階乗を使えばいい」。

「階乗の階乗という意味かい？」

「いや」。

「下位階乗かい？　まだ説明してくれてないぞ……」。

「そうだな。あまり知られていないが簡単だ。二重階乗とは、n が奇数の場合には

$$n!! = n \times (n-2) \times (n-4) \times \cdots \times 4 \times 2$$

で、n が偶数の場合には

$$n!! = = n \times (n-2) \times (n-4) \times \cdots \times 3 \times 1$$

のことだ。たとえば

$$6!! = 6 \times 4 \times 2 = 48$$

で、この平方根は 6.92、その天井関数を取ると 7 だ」。

私は言われたとおりに

$$7 = \lceil \sqrt{(\sqrt{1/.1}!)!!} \rceil$$

と書いたが、ソームズはまだ満足しなかった。

「ワツァップ、あまり知られていない算術関数を次々に使っていけば、どんな数でも簡単に表せるようになるのだ。たとえばペアノを使ったらどうだろうか」。

私は大声で反対した。「ソームズ、うちの大家さんは君のクラリネットの音にさえいつも文句言ってるだろう？　ピアノなんて絶対に認めてくれないぞ！」

「ジュゼッペ・ペアノはイタリア人論理学者だよ、ワツァップ」。

「正直言ってあんまり違いはないと思う。ソープサッズ夫人はきっと認めてくれない……」。

「黙ってくれ！　ペアノによる算術の公理化では、任意の整数 n の後者を

$$s(n) = n + 1$$

と定義する。だから

$$1 = 1$$
$$2 = s(1)$$
$$3 = s(s(1))$$
$$4 = s(s(s(1)))$$
$$5 = s(s(s(s(1))))$$

と書くことができて、このパターンが際限なく続いていく。すべての整数を1つの1で表すことができるのだ。もっと言うと、$1 = s(0)$ だから、1つの0だけで表すことができる。簡単すぎるな、ワツァップ」。

ソームズとワツァップが二重階乗や後者関数を持ち出す前に使っていた記号だけを使って、2つの1で7を表す方法を見つけられるだろうか？　答は307ページ。

この話はまだまだ終わらない。「1つの署名」は122ページに続く。

紛らわしいイニシャル

R・H・ビング

R・H・ビングはテキサス生まれのアメリカ人数学者、のちにテキサストポロジーと呼ばれるようになる分野の専門家だった。R・Hは何の頭文字なのか？　父親の名前はルパート・ヘンリーだったけれど、母親はこの名前がテキサスにしてはイギリスっぽすぎると思って、洗礼を受けたときに頭文字だけの名前にしてしまった。だからR・Hはあくまでも R・H で、何かの略ではない。そのせいでいくつか困ったことがあったけれど、一番問題になったのが外国へ行くためにビザを申請したときだった。名前を聞かれたビングは、いつものように聞き返されることを見越して、「Rオンリー・Hオンリー・ビング」と答えた。

渡されたビザには「Ronly Honly Bing」と書かれていたという。

ユークリッドのいたずら書き

この数学ミステリーは 2000 年以上前に解決されていて、昔は学校でも教えられていたけれど、いまではいくつもの理由で教科書には載っていない。でも知っておく価値はある。ふつうに教えられている代

わりの方法よりもずっと効率的なのだ。しかも、もっと高いレベルのいろんな重要な数学とつながっている。

みんないたずら書きが好きだ。電話しているときやおしゃべりしているときに、何となく新聞のoの字をボールペンで片っ端から塗りつぶしていく。あるいは、くねくねの線を何重にも書いて変な形のらせんを作る。いたずら書きのことを英語で"doodle"というけれど、この単語はもともと「バカ」という意味だった。いたずら書きという意味ではじめて使ったのは、1936年のコメディー映画『オペラハット』の脚本家ロバート・リスキンだろう。主人公のディーズが、考え事をするときの走り書きのことを"doodle"と呼んだのだ。

数学者がいたずら書きをするとしたら、長方形だろう。長方形で何ができるだろうか？ 塗りつぶしたり、まわりに渦巻き模様を描いたり、……あるいは、一方の端から正方形を切り落として長方形を小さくしたりできる。そして、いたずら書きをするときにはごく自然なことだけれど、同じことを何度も繰り返していく。

どうなるだろうか？ 読み進める前にいくつかの長方形でやってみてほしい。

OK、先へ進めよう。僕は細長い長方形からスタートして、下の図のようになった。

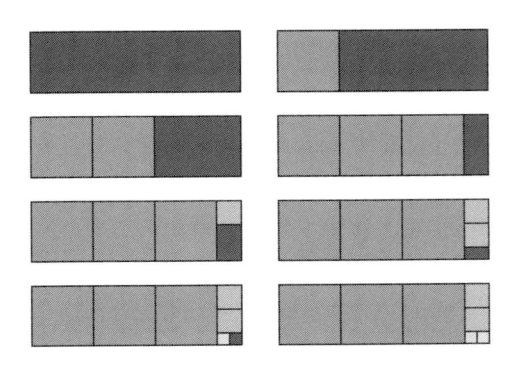

僕のいたずら書き

最後には小さい正方形ができて、長方形が全部埋まってしまった。
　必ずこうなるのだろうか？　どんな長方形でも最後には行き詰まってしまうのか？　数学者が考えるにはちょうどいい問題だ。
　僕が最初に描いた長方形は、どんな大きさだったのか？　最後の図を見れば分かる。

・2個の小さい正方形の辺を合わせた長さは、中くらいの大きさの正方形の辺と等しい。
・2個の中くらいの大きさの正方形の辺と、1個の小さい正方形の辺とを合わせた長さは、大きい正方形の辺と等しく、さらに長方形の1辺と等しい。
・3個の大きい正方形の辺と、1個の中くらいの大きさの正方形の辺とを合わせた長さは、長方形のもう一方の辺と等しい。

　小さい正方形の1辺の長さを1単位とすると、中くらいの大きさの正方形の辺の長さは2、大きい正方形の辺の長さは$2 \times 2 + 1 = 5$となる。長方形の短辺は5、長辺は$3 \times 5 + 2 = 17$。だから最初の長方形は17×5だ。
　おもしろい。正方形がどういうふうに詰め込まれているかを見れば、もとの長方形の大きさが分かるのだ。それだけじゃない。もしこのプロセスが途中で終わったら、もとの長方形のどちらの辺も同じ長さの整数倍であって、その長さは最後に切り落とした正方形の辺に等しいのだ。つまり、2つの辺の比は、pとqを整数としてp/qという形になる。有理数だ。
　これは完全に一般的に成り立つ。いたずら書きが途中で終わってしまったら、長方形の辺の比は有理数である。そしてその逆も成り立つ。長方形の辺の比が有理数なら、いたずら書きは途中で終わるのだ。だから、途中で終わったいたずら書きと「有理長方形」とは、完全に対応していることになる。
　その理由を知るために、さっきの数をもっと詳しく見てみよう。この図は結局、次のようなことを表している。

17 − 5 = 12
12 − 5 = 7
7 − 5 = 2

5×2の長方形が残っているので、中くらいの大きさの正方形を切り落としていく。

5 − 2 = 3
3 − 2 = 1

2×1の長方形が残っているので、小さい正方形を切り落としていく。

2 − 1 = 1
1 − 1 = 0

ストップ！ ここでストップするしかない。どの整数も正で、ステップごとに小さくなっていく。引き算をするか、またはそのままにするのだから、必ず小さくなっていく。そして、正の整数の数列が際限なく小さくなっていくことはありえない。たとえば100万からスタートして徐々に小さくしていくと、最大でも100万回引き算をしたらストップするしかない。

もっと簡潔に言うと、このいたずら書きは次のようなことを表している。

17 割る 5 は 3 で余り 2
5 割る 2 は 2 で余り 1
2 割る 1 はちょうど割り切れて余り 0

余りが0になったらこのプロセスはストップだ。

ユークリッド（エウクレイデス）は、このようないたずら書きを使ってある算術の問題を解いた。2つの整数の最大公約数を計算せよ、という問題だ。最大公約数とは、2つの数の両方を割り切るもっとも大きい整数のことで、hcfとかgcdと略される。たとえば4560と840

の最大公約数は120だ。

僕が学校で教わった方法は、2つの数を素因数分解して共通の素因数を拾ってくるという方法だ。たとえば68と20の最大公約数を知りたいとしよう。それぞれ素因数分解すると

$$68 = 2^2 \times 17 \qquad 20 = 2^2 \times 5$$

となって、最大公約数は$2^2 = 4$だ。

この方法が使えるのは、すぐに素因数分解できるような小さい数に限られる。大きい数だととてつもなく効率が悪いのだ。古代ギリシャ人はもっと効率的な方法を使っていて、その手順はanthyphairesis（互除法）という変わった名前で呼ばれていた。いまの例の場合は次のようにやる。

68割る20は3で余り8
20割る8は2で余り4
8割る4はちょうど割り切れて余り0
ストップ！

17と5を使ったさっきの計算と同じだけれど、数がすべて4倍になっている（割り算を何回やるかは変わらない）。68×20の長方形でいたずら書きをすると、さっきと同じ図ができるけれど、最後の小さい正方形は1×1でなく4×4になるのだ。

この方法を専門的にはユークリッドのアルゴリズムという。アルゴリズムとは計算のレシピのこと。このアルゴリズムは『原論』のなかで説明されていて、素数の理論の基礎として使われている。記号を使って表すと、このいたずら書きは以下のようなプロセスに対応している。$m \leq n$である2つの正の整数を選ぶ。ペア(m, n)からスタートして、それを$(m, n-m)$に置き換える。ただし、小さいほうの数字が最初に来るようにする。つまり、

$$(m, n) \rightarrow (\min(m, n-m), \max(m, n-m))$$

ということだ。minとmaxはそれぞれ、小さいほうの数と大きいほ

うの数という意味。これを繰り返していく。1回やるごとに、大きいほうの数が小さくなるので、最後にはたとえば $(0, h)$ というペアで終わる。この h が、求めたかった最大公約数だ。証明は簡単。m と n の公約数はすべて、m と $n-m$ の公約数でもある。逆も正しい。だから各ステップで最大公約数は変わらない。

この方法は本当に効率的で、かなり大きい数でも手で計算できる。その証拠の例として1つ問題。44,758,272,401 と 13,164,197,765 の最大公約数を求めなさい。

答は 307 ページ。

ユークリッドのアルゴリズムの効率

ユークリッドのアルゴリズムはどのくらい効率がいいのだろうか？

理屈を説明するには正方形を1つずつ切り落としていく方法のほうが単純だけれど、実際に計算するなら割り算の余りを使うのが一番だ。1回の計算で同じ大きさの正方形を全部いっぺんに切り落とせるからだ。

計算の手間のほとんどは割り算にかかるので、このアルゴリズムの効率を見積もるには、割り算を何回やるかを数えればいい。この疑問に最初に取り組んだのは A・A-L・レノーで、1811 年に、割り算の回数は最大でも m 回、つまり2つの数のうちの小さいほうであることを証明した。これは上限値としてかなり大きすぎて、のちにレノーはこの値を $m/2+2$ まで下げたけれど、たいした改善にはならなかった。1841 年に P-J-E・フィンクが、その値をさらに $2\log_2 m + 1$ まで下げた。これは m の桁数に比例する。1844 年にはガブリエル・ラメが、割り算の回数は m の桁数の5倍以下であることを証明した。だから、100 桁の数でも 500 ステップ以内で答を出せることになる。素因数分解を使ったらふつうはそんなに速くは計算できない。

一番手間がかかるのはどんなケースだろうか？ ラメは、m と n がフィボナッチ数列の連続した数の場合に一番時間がかかることを証

明した。フィボナッチ数列とは

　　1　1　2　3　5　8　13　21　34　55　89 …

というもので、それぞれの項がその前2つの項の和になっている。これらの数の場合には、1回の割り算ごとに正方形を1つずつしか切り落とせない。たとえば $m=34, n=55$ であれば、

　55 割る 34 は 1 で余り 21
　34 割る 21 は 1 で余り 13
　21 割る 13 は 1 で余り 8
　13 割る 8 は 1 で余り 5
　8 割る 5 は 1 で余り 3
　5 割る 3 は 1 で余り 2
　3 割る 2 は 1 で余り 1
　2 割る 1 はちょうど割り切れる

となる。こんなに小さい数にしては異常に長くかかるのだ。

　割り算の平均回数についても調べられている。n を一定にしておいて、それより小さいすべての m について割り算の回数の平均を取ると、だいたい

$$\frac{12}{\pi^2}\log 2 \ \log n + C$$

となる。C はポーターの定数と呼ばれている数で、

$$-\frac{1}{2}+\frac{6\log 2}{\pi^2}(4\gamma - 24\pi^2\zeta'(2)+3\log 2 - 2) = 1.467$$

である。このなかで、$\zeta'(2)$ はリーマンのゼータ関数の導関数の2における値、γ はオイラーの定数で約 0.577。1つの公式にこれほどいろんな数学定数が入ってくる問題は、そう簡単には見つからないだろう。この公式の値と正確な値との比は、n が大きくなるにつれて1に近づいていく。

123456789掛けるX

とても単純なアイデアからミステリーが生まれることもある。123456789と1, 2, 3, 4, 5, 6, 7, 8, 9を掛けてみよう。どんなことに気づくだろうか？ うまくいかないのはどんなときだろうか？

答は308ページ。さらにこの先については、154ページを。

1つの署名　パート3
ドクター・ワツァップの回想録より

ソームズの部屋の至るところに、難解な書き込みで埋まった紙の山がまるでキノコのように積み上がっていた。ご想像のとおり、よくあることだった。ソープサッズ夫人には、ゴミが大量に溜まってしまうとしょっちゅう叱られていたが、ソームズは聞く耳を持たなかった。このときは、紙には計算式が書き込まれていた。

「7の式を使わなくても2つの1で8を表すことができたよ」と私は知らせた。「それは

$$8 = \lfloor \sqrt{\sqrt{\sqrt{(11!)}}} \rfloor$$

だ。でもどうしても7は表せない」。

「確かに難しそうだ」とソームズはうなずいた。「でも君のその結果は別のふうに使える。

$$14 = \lfloor \sqrt{\sqrt{(8!)}} \rfloor$$
$$15 = \lceil \sqrt{\sqrt{(8!)}} \rceil$$

もちろん、必要ならば8のところに君の式を代入する。完全な形で書けば……」。

「いやいや、ソームズ。もう分かったよ！」

「だがそうすると、12と13が抜けてしまう。しかしワツァップ、この2つの問題は関係がありそうだ。考えてみよう……。なるほど、

$$32 = \lfloor \sqrt{}\sqrt{}\sqrt{}(15!) \rfloor$$

で、すでに 15 は 2 つの 1 で表せている。そして、

$$12 = \lfloor \sqrt{}\sqrt{}\sqrt{}\sqrt{}\sqrt{}(32!) \rfloor$$
$$13 = \lceil \sqrt{}\sqrt{}\sqrt{}\sqrt{}\sqrt{}(32!) \rceil$$

で、さらに

$$16 = \lfloor \sqrt{}\sqrt{}\sqrt{}(13!) \rfloor$$
$$17 = \lceil \sqrt{}\sqrt{}\sqrt{}(13!) \rceil$$

で、最後に

$$7 = \lceil \sqrt{}\sqrt{}\sqrt{}\sqrt{}(16!) \rceil$$

とすれば、すべてうまく解決できる。だから、それぞれの数を順番に置換していくと、

$$7 = \lceil \sqrt{}\sqrt{}\sqrt{}\sqrt{}((\lfloor \sqrt{}\sqrt{}\sqrt{}(((\lceil \sqrt{}\sqrt{}\sqrt{}\sqrt{}\sqrt{}((\lfloor \sqrt{}\sqrt{}\sqrt{}(((\lceil \sqrt{}\sqrt{}((\lfloor \sqrt{}\sqrt{}\sqrt{}(11!) \rfloor) \rceil)!) \rfloor) \rceil)!) \rfloor)!) \rceil$$

となる。すぐに思いつかなくて悔しいよ」。

「それが一番単純な表し方なのかい？ ソームズ」。私はぐっとこらえて言った。「そんなはずはない！」

「どうだろうか。誰か賢い人間ならばもっといい方法を思いつくかもしれない。この手の問題で何か確実に言い切るのは難しいものだ。力不足な僕たちよりもいい方法を思いついた人がいたら、電報で教えてきてくれるはずだ」。

「ともかくこれで、もし整数 n を 2 つの 1 で表すことができれば、$n-17$ から $n+17$ までのすべての数を表せるようになった」。

「そのとおりだ、ワツァップ。これでやるべきことが単純になった。必要なのは、前の項よりも 35 以上離れていないような数列だけだ。そうすれば隙間はできない。そして、数列のなかで一番大きい数に 17 を足した数まで表すことができる」。

「つまり……」。私は取りかかろうとした。

「体系的にやるべきだ！」

「確かに」。

「すでにできているじゃないか……思い出したよ、ワツァップ。君のあの分厚い手帳を当たってくれ」。

私は紙の山をいくつもひっくり返して、ようやく底のほうから手帳を見つけた。「32までできているよ、ソームズ。7の表し方を探しているときにたまたま見つけたものを含めればね」。

「さらにもちろん

$$33 = \lceil \sqrt{\sqrt{\sqrt{(15!)}}} \rceil$$

だ」とソームズ。「結構。だから理想的には、78, 103, 138 などを 2 つの 1 で表す必要がある。だが、もっと簡単であればそれより小さい数でもいい。増分が 35 以下であればいい」。

何時間も集中して計算し、紙の山がさらに増えたおかげで、短いが肝心要のリストができあがった。

$$71 = \lceil \sqrt{(7!)} \rceil \quad 79 = \lfloor \sqrt{\sqrt{(11!)}} \rfloor \quad 80 = \lceil \sqrt{\sqrt{(11!)}} \rceil \quad 120 = 5!$$

でもまだ足りなかった。

「二重階乗を使わないと決めてしまったのは軽率だったかもしれないな、ワツァップ」。

「そうかもな、ソームズ」。

ソームズはうなずいて

$$105 = 7!!$$

と書いた。すると突然ひらめいて、

$$19 = \lfloor \sqrt{(8!!)} \rfloor$$
$$20 = \lceil \sqrt{(8!!)} \rceil$$

と書き足しながら声を張り上げた。「18 を 2 つの 1 で表す方法が見つ

かれば、ある整数 n の前後で 2 つの 1 を使って表すことのできる範囲を広げることができる。$n-20$ から $n+20$ まで表せるのだ」。ソームズは一息ついてさらに続けた。「それができなくても、隙間は $n-18$ と $n+18$ だけで、それらは別の方法で表せるかもしれない」。

「そろそろ整理しておいたほうがいいだろう」と私は言って、書き込んだ紙を見返した。「どうやら、1 から 33 までのすべての数を 4 つの 1 で表せたみたいだ。さらに、

$$43 = \lfloor \sqrt{\sqrt{(10!)}} \rfloor$$
$$44 = \lceil \sqrt{\sqrt{(10!)}} \rceil$$

は 2 つの 1 だけで表せるので、26 から 61 まではすべて埋められる。62 は埋まっていない（$62 = 44 + 18$ で、1 を 2 つしか使えないとすると 18 は表せないからだ）。でも 63 と 64 は表すことができる。次に、80 をもとにすれば 97 まで表せる。98 は行き詰まっているが、99 と 100 は表せる」。

「要するに」と言ってソームズは式を書き下した。

$$99 = 11/.\dot{1} \times 1$$
$$100 = 1/(.1 \times .1)$$
$$101 = 1/(.1 \times .1) + 1$$

「だから 100 まで完成した」と私。「62 と 98 を除けばね」。

「だが 98 がないと 105 が表せないし、122 までのすべての数も表せない」とソームズ。

「おっと忘れていた。105 は 2 つの 1 で表すことができた」。

「そして $120 = 5!$ で、これも 2 つの 1 で表すことができるから、137 まで表せる。139 と 140 も表せる」。

「ということは、140 までの数のうち表すことができていないのは、62 と 138 か」と私。

「その隙間は何か別の方法で埋められないだろうか？」

ソームズとワツァップがここまで使った記号以外は使わずに、62

と 138 を 4 つの 1 で表す方法を見つけられるだろうか？　答は 308 ページ。

2 人はまだ計算を続ける。でも終わりは近い。「1 つの署名」は 133 ページで完結する。

タクシーのナンバー

シュリニヴァーサ・ラマヌジャン

シュリニヴァーサ・ラマヌジャンは独学で学んだインド人数学者で、公式を考え出す驚異の才能を持っていた。ほとんどはとても奇妙な公式だけれど、独特の美しさを持っている。ラマヌジャンは 1914 年、ケンブリッジ大学の数学者ゴッドフレイ・ハロルド・ハーディーとジョン・エデンサー・リトルウッドに招かれてイングランドにやって来た。ところが 1919 年に重い肺病にかかり、1920 年にインドで亡くなった。ハーディーは次のように書いている。

あるとき、パトニー地区に入院しているラマヌジャンを見舞いに行った。乗ってきたタクシーのナンバーが 1729 だったので、「ずいぶんつまらない数だから縁起が悪くなければいいのだが」と言った。するとラマヌジャンは「そんなことはない」と言い返してきた。「とてもおもしろい数だ。2 つの［正の］立方数の和として 2 通りの形で表すことのできる、もっとも小さい数なんだ」。

$$1729 = 1^3 + 12^3 = 9^3 + 10^3$$

であることを最初に取り上げたのは、ベルナール・フレニクル・ド・ベッシー、1657年のことだった。負の立方数も使っていいのなら、この性質を持ったもっとも小さい数は

$$91 = 6^3 + (-5)^3 = 4^3 + 3^3$$

である。

　数論学者はこの考え方をさらに一般化している。n番目のタクシー数 $Ta(n)$ とは、2つの正の立方数の和として n通り以上の相異なる方法で表すことのできる、もっとも小さい数のことである。

　1979年にハーディーとE・M・ライトは、正の立方数の個数がどれだけ多くなっても、それらの和として表すことのできる数が存在することを証明した。だから、すべての n に対して $Ta(n)$ が存在する。でもいまのところ最初の6つしか見つかっていない。

$Ta(1) = 2 = 1^3 + 1^3$

$Ta(2) = 1729 = 1^3 + 12^3 = 9^3 + 10^3$

$Ta(3) = 87539319 = 167^3 + 436^3 = 228^3 + 423^3 = 255^3 + 414^3$

$Ta(4) = 6963472309248 = 2421^3 + 19083^3 = 5436^3 + 18948^3$
　　　　$= 10200^3 + 18072^3 = 13322^3 + 16630^3$

$Ta(5) = 48988659276962496 = 38787^3 + 365757^3 = 107839^3 + 362753^3$
　　　　$= 205292^3 + 342952^3 = 221424^3 + 336588^3 = 231518^3 + 331954^3$

$Ta(6) = 24153319581254312065344 = 582162^3 + 28906206^3$
　　　　$= 3064173^3 + 28894803^3 = 8519281^3 + 28657487^3$
　　　　$= 16218068^3 + 27093208^3 = 17492496^3 + 26590452^3$
　　　　$= 18289922^3 + 26224366^3$

　$Ta(3)$ は1957年にジョン・リーチが見つけた。$Ta(4)$ は1991年にE・ローゼンスティール、J・A・ダーディス、C・R・ローゼンスティールが見つけた。$Ta(5)$ は1994年にJ・A・ダーディスが見つけ、

1999 年にデイヴィッド・ウィルソンが正しいことを確認した。2003 年にC・S・カルード、E・カルード、M・J・ディニーンが、上に書いた数がたぶん $Ta(6)$ だろうということを示し、2008 年にウーヴェ・ホラーバッハがその証明を発表した。

移動波

ジョン・スコット・ラッセル

馬に乗って数学の研究？

いいじゃないか。ひらめきはいつ何時訪れるかもしれない。選り好みはできないんだ。

1834 年、スコットランド人の土木技師で造船技師でもあるジョン・スコット・ラッセルは、馬に乗って運河沿いを進んでいたときに、あるおもしろいことに気づいた。

> 2頭の馬に引かれて狭い水路を速いスピードで進んでいる船を観察していると、突然その船が止まった。だが船と一緒に動いていた水路の水は止まらずに、舳先(へさき)のまわりで激しく渦を巻いて盛

り上がったかと思うと、突然船から離れてものすごいスピードで前方へ進んでいった。水は1つの大きな盛り上がりになっていて、丸く滑らかなはっきりした形の山を作っていた。そしてほとんど形も変えずに、スピードも落とさずに、水路を進んでいった。馬で追いかけていって追いついたが、まだ時速80か90マイルで進みつづけていて、長さは30フィートほど、高さは1から1.5フィートほどと、最初と変わっていなかった。その後、高さは徐々に下がっていった。1マイルか2マイル追いかけたが、水路が曲がりくねっているところで見失ってしまった。1834年8月、この美しくも風変わりな現象にはじめて出会って、それを移動波と名付けた。

ラッセルがこの発見に興味を持ったのは、ふつうの波なら進むにつれて広がるか、または磯波のように砕けるかするからだ。ラッセルは自宅に水槽を作って何度も実験をおこなった。そして、このような波はとても安定で、形を変えずに長い距離を進むことが分かった。大きさが違うと進むスピードも違う。1つの波が別の波に追いつくと、複雑に影響をおよぼし合った末に追い抜いていく。また、浅い場所でできた大きな波は、中くらいの波と小さい波の2つに分かれる。

これらの発見は当時の流体力学の知識では説明できず、物理学者たちを悩ませた。名高い天文学者のジョージ・エアリや、流体力学の第一人者ジョージ・ストークスは、この現象を信じようとしなかった。でもいまではラッセルが正しかったことが分かっている。適当な条件であれば、当時の数学の範囲を超えていた非線形効果によって、波が広がっていく傾向が抑えられるのだ。それは、波の速さが振動数に比例するからである。このような効果は、1870年頃にレイリー卿とジョーゼフ・ブシネスクによってはじめて解明された。

1895年にディーデリック・コルテヴェークとグスタフ・ド・フリースが、このような効果を考慮したコルテヴェーク＝ド・フリース方程式を導き、その方程式には孤立波の解があることを示した。数理物

理学に使われていたほかのいくつかの方程式からもそれに似た結果が導かれて、この現象はソリトンという新しい名前で呼ばれるようになった。いくつもの大発見を受けてピーター・ラックスは、方程式がソリトン解を持つためのとても一般的な条件を定式化して、「トンネル効果」を正しく説明した。一方、池に広がった２つの波紋が交差したときのように、表面波が影響し合って重なり合う現象は、波の方程式から直接導くことができて、数学的にはソリトン解とはまったく別物である。ソリトンに似た現象は、DNAから光ファイバーまで科学のいろんな分野で見られる。そしてそこから、ブリーザー、キンク、オシロンといった名前で呼ばれるさまざまな新しい現象が見つかっている。

　まだ十分に研究が進んでいない興味深いアイデアもある。量子力学に登場する素粒子は、一見してまったく違う２つの性質を何らかの形で合わせ持っている。量子のレベルでは、素粒子は波であると同時に、粒子に似た塊として１つにまとまっているのだ。物理学者は、量子力学の枠組みを尊重しながらも、ソリトンの存在を認めるような方程式を見つけようとしている。いまのところそれに一番近づいているのが、インスタントンというものを発生させる方程式だ。このインスタントンは、どこからともなくぽっと姿を現してはすぐに消滅する、とても寿命が短い粒子と解釈することができる。

砂の謎

　砂丘はいろんな形のパターンを作る。まっすぐ、斜め、放物線形……。なかでも一番興味深いのが、三日月形をしたバルハン砂丘だ。この名前は中央アジアの言葉から来ていて、1881年にロシア人博物学者のアレグザンダー・フォン・ミッデンドルフが地質学に導入したといわれている。バルハン砂丘が見られるのは、エジプト、ナミビア、ペルー、……そして火星にも見られる。三日月形をしていて大きさはさまざま。そして移動していく。群れをなして互いに影響をおよぼし

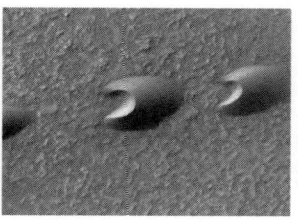

バルハン砂丘。左：ペルー、パラカス国立公園。右：マーズ・リコネッサンス・オービターが撮影した火星のヘレスポントス地域。

合い、バラバラになったり合体したりする。最近の数学的モデリングによって、その形や振る舞いについていろいろなことが分かってきたけれど、まだたくさんの謎が残っている。

砂丘は風と砂粒との相互作用によって作られる。バルハン砂丘の丸いほうの面は、卓越風に面している。風で砂が押し上げられるとともに脇へ転がっていくせいで、両端から前方へ2つの腕が伸び、それで特徴的な三日月形になるのだ。てっぺんでは砂が転がり落ちて、腕のあいだの「滑り面」に呑み込まれる。

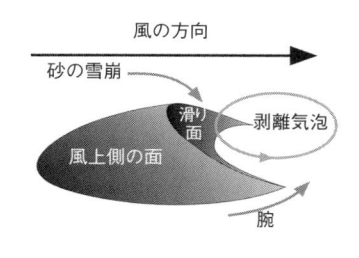

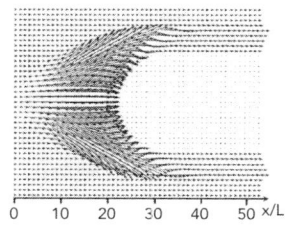

左：バルハン砂丘と剥離気泡の模式図。右：数学モデルを使って砂粒の動きを計算したシミュレーション（バルバラ・ホルバットによる）。

バルハン砂丘はソリトン（前のコラム）に似た振る舞いをするけれど、専門的に言うといくつかの点で違っている。風が吹くと、小さい

砂丘ほど速く移動する。小さい砂丘が大きい砂丘に追いつくと、いったん大きい砂丘に呑み込まれるが、しばらくするとその大きい砂丘が小さい砂丘を吐き出す。まるで小さい砂丘が大きい砂丘を通り抜けたかのようだ。吐き出された小さい砂丘はそのまま先を進みつづけ、後ろの大きい砂丘にどんどん差を付けていく。

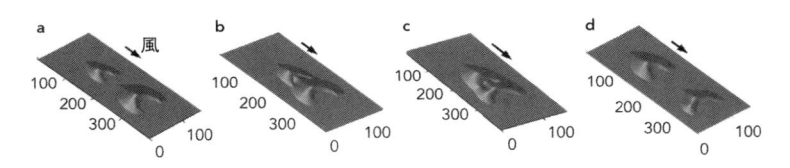

小さいバルハン砂丘と大きいバルハン砂丘の衝突のシミュレーション（ファイト・シュヴェムレとハンス・ヘルマンによる）。(a) 時間0。小さい砂丘が大きい砂丘の後方にある。(b) 0.48年後。小さい砂丘が追いついて衝突する。(c) 0.63年後。2つが合体する。(d) 1.42年後。小さい砂丘が大きい砂丘の前方にある。

ファイト・シュヴェムレとハンス・ヘルマンは論文のなかで、バルハン砂丘の衝突とソリトンとの似ている点や違う点を挙げている。上の図は、大きさの近い2つの砂丘が衝突したときの様子。はじめ (a)、小さい砂丘が大きい砂丘の後方にあって、大きい砂丘よりも速く動いている。大きい砂丘の後ろ側に衝突すると (b)、大きい砂丘の風上側の面を登っていくけれど、途中で立ち往生する (c)。すると大きい砂丘の前方がちぎれて、小さい砂丘ができる (d)。

砂丘どうしの高さの関係によって、新しくできる砂丘がもとの大きさより大きくなることもあれば、小さくなることもある。一方ソリトンではそういうことはなくて、どっちの波も衝突前と同じ大きさになる。砂丘でも、大きさも体積もまったく変わらないような中間的なケースもある。そういうケースでは、砂丘はソリトンと同じように振る舞う。

小さい砂丘が大きい砂丘よりもずっと小さい場合には、そのまま呑

み込まれて1つのさらに大きいバルハン砂丘ができる。高さの違いがあまり大きくない場合には、衝突によって「増殖」が起きることがある。つまり、大きい砂丘の角(つの)のところから2つの小さいバルハン砂丘が出てきて、大きい砂丘の前方を動いていくのだ。実際のバルハン砂丘もこういったいろんな振る舞いを見せる。バルハン砂丘のダイナミクスはソリトンよりも複雑なのだ。

エスキモーの π

どうして北極では π はただの3なのか？
寒いところではあらゆるものが縮んでしまうからだ。

1つの署名　パート4（完）

ドクター・ワツァップの回想録より

「小さいピクルスだな」。私はつぶやいた〔"pretty pickle"（小さいピクルス）には「困っている」という意味もあって、それに引っかけている〕。

「たぶんガーキンという種類だ」とソームズは言って、瓶から酢漬けの野菜を取り出しておいしそうにほおばった。

私は食欲を抑えて、瓶を台所にしまった。

「こういう手がある」とソームズは切り出した。「1をもう1つだけ使って、3, 9, 10を掛けるというやり方だ。$\sqrt{.\dot{1}}$, $.\dot{1}$, $.1$ で割ればいい」。

「それで分かった！

$$62 = 63 - 1 = 7 \times 9 - 1 = 7/.\dot{1} - 1$$

7は2つの1で表せる。少なくとも2つの方法でね」。

「あとは138だけだ」。

「3×46だな」。私はあれこれ考えた。「1を3つだけ使って46を作れるだろうか？　それができれば、君の言ったとおり $\sqrt{.\dot{1}}$ で割ればいい」。

階乗の平方根の床関数と天井関数を順番に調べていったら、思いがけない発見があった。2つの1だけで46を表せるのだ。ここではその答だけを書いておく。何度も行き詰まったり間違えたりした末にやっと見つけた答だ。7を2つの1で表した式からスタートする。たとえば、

$$7 = \lceil\sqrt{}\sqrt{}\sqrt{}\sqrt{}((\lfloor\sqrt{}\sqrt{}\sqrt{}\sqrt{}(((\lceil\sqrt{}\sqrt{}\sqrt{}\sqrt{}\sqrt{}\sqrt{}((\lfloor\sqrt{}\sqrt{}\sqrt{}\sqrt{}((\lceil\sqrt{}\sqrt{}((\lfloor\sqrt{}\sqrt{}\sqrt{}(11!)\rfloor)!)\rceil)!)\rfloor)!)\rceil)!)\rfloor)!)\rceil$$

そうすると、

$70 = \lfloor\sqrt{7!}\rfloor$
$37 = \lceil\sqrt{}\sqrt{}\sqrt{}\sqrt{}\sqrt{}\sqrt{}70!\rceil$
$23 = \lceil\sqrt{}\sqrt{}\sqrt{}\sqrt{}\sqrt{}37!\rceil$
$26 = \lceil\sqrt{}\sqrt{}\sqrt{}\sqrt{}23!\rceil$
$46 = \lfloor\sqrt{}\sqrt{}\sqrt{}\sqrt{}26!\rfloor$
$138 = 46/\sqrt{.1}$

となる。さかのぼっていってそれぞれの数を式に置換していくと、最終的には3つの1だけを使って138を表すことができる。

「完全な形で書いてみようか？ ソームズ」。

「頼むからやめてくれ！ 見たい人は自分でやればいい」。

思いがけない成功に気を良くした私は、さらに先まで続けたくなった。しかしソームズは乗り気でなかった。「これ以上計算を続ける意味があるだろうか。ないだろう」。

私はひらめいた。「証明できないだろうか？ 階乗の平方根を繰り返し取って、床関数と天井関数を何度も使っていったら、4つまたはもっと少ない個数の1ですべての数を表せることを」。

「もっともらしい予想だな、ワツァップ。だが正直言って、どうやって証明を進めればいいか読めない。しかも暗算をやりすぎて堪(こた)えてきた」。

ソームズはまたふさぎ込んでしまった。焦った私は、「対数を使ってみたらどうだろうか、ソームズ」と提案した。

「ちょうど同じことを考えていたよ、ワツァップ。驚くかもしれないが、対数と指数関数と天井関数だけを使えば、どんな正の整数でも1つの1だけで表すことができるんだ」。

「いやいや、対数を計算のために使うと言っただけで、式のなかに使おうってことじゃなくて……」。しかしソームズは私の言葉を無視した。

「指数関数とは

$$\exp(x) = e^x \quad ただし\ e = 2.71828\cdots$$

で、その逆関数が自然対数

$$\log(x) は、\exp(y) = x を満たす y$$

そうだろう？ ワツァップ」。私は自分の知識を総動員してうなずいた。

「すると、

$$n + 1 = \lceil \log(\lceil \exp(n) \rceil) \rceil$$

であることが分かる。証明は簡単だ」。

私は呆然としたが、何とか声を絞り出した。「確かにそうだ、ソームズ」。

「そこで、反復していけば、

$$1 = 1$$
$$2 = \lceil \log(\lceil \exp(1) \rceil) \rceil$$
$$3 = \lceil \log(\lceil \exp(\lceil \log(\lceil \exp(1) \rceil) \rceil) \rceil) \rceil$$
$$4 = \lceil \log(\lceil \exp(\lceil \log(\lceil \exp(\lceil \log(\lceil \exp(1) \rceil) \rceil) \rceil) \rceil) \rceil) \rceil$$

……」。

私は急いでソームズの右手をつかんだ。「ソームズ、分かったよ。さっき、つまらなすぎるから使わないことにしたペアノの方法を、そのまま真似しただけじゃないか」。

「だから指数と対数を使うことにしたら、このゲームは終わりなんだ」。

うなずいた私は、少し悲しくなった。ソームズがクラリネットを手に取って、東欧の名も知れぬ作曲家が作った、リズムも調性もない曲を吹きはじめたからだ。洗濯物を絞るローラーに挟まった猫の鳴き声のように聞こえた。音痴の猫だ。のどが腫れている。

ソームズの暗い気分はもうどうすることもできなかった。

『1つの署名』完。

下位階乗が何であるか、まだ話していなかった。次はそのお話。

攪乱順列

下位階乗について説明しよう。

n 人の人がそれぞれ自分の帽子を持っているとしよう。その全員が帽子をどれか1つずつ手に取ってかぶる。そのとき、自分の帽子をかぶっている人が1人もいないようなケースは、何通りあるだろうか？ そういうケースのことを攪乱順列という。

たとえば、アレクサンドラ（A）、ベタニー（B）、シャーロット（C）の3人がいれば、帽子を割り振る方法は

　　ABC　ACB　BAC　BCA　CAB　CBA

の6通り。ABCとACBはアレクサンドラが自分の帽子をかぶっているので、攪乱順列ではない。BACではシャーロットが自分の帽子をかぶっていて、CBAではベタニーが自分の帽子をかぶっている。残った2つ、BCAとCABが攪乱順列だ。

ディアドリ（D）が入って4人になったら、割り振る方法は

~~ABCD~~	~~ABDC~~	~~ACBD~~	~~ACDB~~	~~ADBC~~	~~ADCB~~
~~BACD~~	BADC	~~BCAD~~	BCDA	BDAC	~~BDCA~~
~~CABD~~	CADB	~~CBAD~~	~~CBDA~~	CDAB	CDBA
DABC	~~DACB~~	~~DBAC~~	~~DBCA~~	DCAB	DCBA

の 24 通りあるけれど、このうちの 15 通り（線で消したもの）では誰かが自分の帽子をかぶっている（1 番目が A、2 番目が B、3 番目が C、または 4 番目が D のケースを消す）。だから攪乱順列は 9 つだ。

n 個のものを並べたときの攪乱順列の個数が、下位階乗である（!n または $n_¡$ と書く）。その定義のしかたはいくつもある。たぶん一番単純なのは、

$$!n = \left\lfloor \frac{n!}{e} + \frac{1}{2} \right\rfloor$$

最初のほうの値は次のとおり。

!1 = 0　　　　　!2 = 1　　　　　!3 = 2　　　　　!4 = 9
!5 = 44　　　　!6 = 265　　　　!7 = 1,854　　　!8 = 14,833
!9 = 133,496　　!10 = 1,334,961

フェアなコインをトスしてもフェアじゃない

コイントス

　表と裏が同じ確率で出るフェアなコインは、確率論には欠かせない。一般的にはランダムさの象徴とみなされている。でもその一方で、コインは単純な力学系としてモデル化することができて、その運動は、トスしたときの初期条件、おもに垂直方向の速度、自転の初期速

度、自転軸の方向によって完全に決定される。だからコインの運動はランダムではない。では、コイントスのランダムさはどこから来るのだろうか？ それに答える前に、ある発見について説明しよう。

パーシー・ダイアコニス、スーザン・ホームズ、リチャード・モンゴメリーは、「フェアな」コインをトスしても実際にはフェアでないことを示した。小さいけれど間違いなく偏りがあるのだ。コインをトスしたとき、最初に親指の上に置いたのと同じ向きに落ちる確率のほうが、わずかに大きい。その確率は約51パーセント。ただしそれはコインが地面で跳ねないとした場合の話で、芝生の上に落としたり手でキャッチしたりするときには通用するけれど、木のテーブルの上に落としたときには成り立たない。

51パーセントという偏りが統計的に意味を持ってくるのは、約25万回以上トスしたときに限られる。このような偏りが出るのは、コインの自転軸が必ずしも水平ではないからだ。極端なケースとして、自転軸がコインの面と垂直だったとしよう。そうすると、コインはろくろのように、自転しながらも水平の向きのままだ。その場合、コインは必ず最初と同じ向きで落ちて、100パーセントの確率で最初と同じ面が上に来る。もう一方の極端なケースとして、自転軸が水平だったとすると、コインの表と裏が何度もひっくり返る。原理的には、手を離れたときの上向きの速度と自転速度から最後の状態が決まるけれど、それらの値に小さな誤差があっただけで、コインが最初と同じ向きで落ちる確率は50パーセントになってしまう。このようなコイントスの場合、力学的なコインの初期状態が、小さな誤差によってランダムになってしまうのだ。

ふつうは自転軸はこの両極端なケースのどちらでもなく、その中間であって、どちらかというと自転軸が水平のケースに近い。だから、最初と同じ向きに落ちるほうにわずかに偏る。そして詳しく計算すると、さっきの51パーセントという値が導かれるのだ。実際にコイントスマシンを使って実験すると、これにかなり近い値が出てくる。

実際のコイントスで表と裏がそれぞれ50パーセントの確率でラン

ダムに出るのは、こういった理由のせいではない。親指の上に置いたときの最初の向きがランダムだからだ。何回もコイントスをやったとき、2回に1回は最初にコインが表を向いていて、2回に1回は裏を向いている。コインをトスするときの初期状態が分からないせいで、さっきの51パーセントの偏りが消えてしまうのだ。

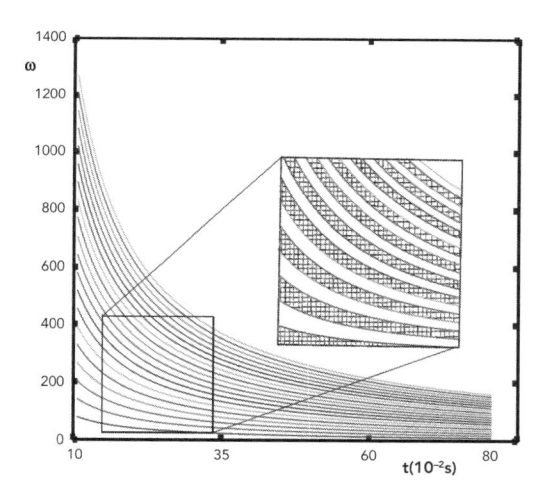

自転軸が水平の場合、表（白）が出るか裏（網掛け）が出るかは、初期の回転速度（縦軸）と落ちるまでの時間（横軸）によって変わってくる。回転速度が速くなると、グラフの縞模様はとても細かくなる。

参考文献は 309 ページ。

郵便でポーカーをやる

暗号のやりとりではおなじみの登場人物、アリスとボブが、ポーカーをやりたがっている。でも、アリスはオーストラリアのアリススプリングスにいて、ボブはイングランドのスタッフォードシャーのボビントンにいる。2人が郵便でトランプをやりとりすることはできるだ

ろうか？　一番問題になるのが、2人に5枚の手札を配るところ。互いの手札を明かさずに、2人が同じトランプの束から手札をもらったことを確かめるには、どうしたらいいだろうか？

　ボブがアリスにトランプを5枚送っただけだと、アリスは、ボブがこの5枚を見ていないと信じることはできない。しかも、ボブが自分の手札でプレーしていると言い張っていても、アリスには、ボブが本当に5枚だけでプレーしているのか、それとも、実は残りのトランプを全部使っていて、最初に配られた5枚の手札しか使っていないふりをしているだけなのかは分からない。

もしこの手札が届けば、ディーラーがずるをしていないと信じられるだろう。でもほとんどの場合には、ずるをしているかどうかはどうしたら見破れるだろうか？

　驚くことに、郵便か電話かインターネットを使って、どっちのプレイヤーもずるをせずにポーカーなどのトランプゲームをすることができる。アリスとボブが数論を使って暗号を生成し、一連の複雑なやりとりをすればいいのだ。その方法はゼロ知識証明プロトコルと呼ばれている。自分がある知識を持っていることを、その内容を伝えずに誰かに信じさせる方法だ。たとえばオンラインバンキングでは、あなたがクレジットカードの裏のセキュリティーコードを知っていることを、そのコードについての情報を何も伝えずに、銀行に納得させることが

できる。

　多くのホテルでは、フロントの金庫のなかに客の貴重品を預かる。セキュリティーのため金庫にはそれぞれ2つの鍵があって、1つはホテルの支配人が、もう1つは客が保管し、両方の鍵がないと金庫は開かない。アリスとボブも同じようなアイデアを使えばいい。

1. アリスは52個の箱にそれぞれ1枚ずつトランプをしまって、自分しか番号を知らない南京錠を掛ける。そして箱をまとめてボブに送る。
2. ボブ（箱を開けてなかのトランプを見ることはできない）は箱を5つ選んで、アリスに送り返す。アリスはそれらの箱を開けて自分の手札5枚を受け取る。
3. ボブはさらに5つ箱を選んで、それらにさらに南京錠を掛ける。それらの南京錠の番号は、ボブは知っているけれどアリスは知らない。ボブはその5つの箱をアリスに送る。
4. アリスはそれらの箱から自分の南京錠を外して、箱をボブに送り返す。ボブはそれらの箱を開けて自分の手札5枚を受け取る。

以上の準備をしたら、ゲームスタートだ。トランプを見せるには、相手に送ればいい。どっちもずるをしていないことを確かめるには、ゲーム終了後にすべての箱を開ければいい。

　次にアリスとボブは、このアイデアのエッセンスだけを取り出して数学に変える。トランプは52個の数の集合として表し、その中身は示し合わせておく。アリスの南京錠はコード A に対応し、それはアリスだけが知っている。このコードは関数、つまり数学的なルールであって、トランプの数 c を別の数 Ac に変える（関数の「合成」という言葉を持ち出さずに済むように、$A(c)$ という書き方はしない）。アリスは、Ac を c に戻す逆コード A^{-1} も知っている。つまり

$\quad A^{-1}Ac = c$

ボブは A も A^{-1} も知らない。

同じように、ボブの南京錠はコード B と B^{-1} に対応し、それはボブだけが知っている。

$B^{-1}Bc = c$

以上のような準備をしておけば、さっきの方法は次のような手順に対応する。

1. アリスがボブに $Ac_1, \cdots, Ac_{52}$ という 52 個の数をすべて送る。ボブは、それらの数がどのトランプに対応するかまったく分からない。これはアリスがトランプをシャッフルしたことに相当する。
2. ボブがアリスの手札を 5 枚、自分の手札を 5 枚選ぶ。そしてアリスに、アリスの 5 枚の手札を送る。簡単のために 1 枚だけを考えて、それを Ac としよう。アリスは、それに A^{-1} を作用させることで c を知ることができるので、自分の手札が何であるか分かる。
3. ボブは自分の 5 枚の手札が何であるか知る必要があるけれど、それを知る方法はアリスしか知らない。でもアリスにその手札を送ったら、アリスにそれが何のトランプかばれてしまう。そこで、自分の手札 Ad それぞれに自分のコード B を作用させて BAd とし、それをアリスに送る。
4. アリスはそれに A^{-1} を作用させて「自分の南京錠を外す」ことができそうに思えるけれど、ここで 1 つ問題がある。A^{-1} を作用させると、

    $A^{-1}BAd$

    となる。ふつうの数の代数なら A^{-1} と B を交換して

    $BA^{-1}Ad$

    とすることができて、

Bd

となる。それをアリスがボブに送り返せば、ボブはこれに B^{-1} を作用させて d を知ることができる。

ところが、関数はこういうふうには交換できない。たとえば $Ac = c + 1$（ゆえに $A^{-1}c = c - 1$），$Bc = c^2$ だったとすると、

$A^{-1}Bc = Bc - 1 = c^2 - 1$

となるのに対して、

$BA^{-1}c = (A^{-1}c)^2 = (c-1)^2 = c^2 - 2c + 1$

となって、違ってしまう。

この問題を解決するには、このような関数を避けて、$A^{-1}B = BA^{-1}$ であるようなコードを使えばいい。このとき、A と B は「交換可能である」という。この式を少し変形すると、$AB = BA$ となる。さっきの物理的な方法なら、アリスの南京錠とボブの南京錠は確かに交換可能だ。どっちを先に掛けても結果は同じ、箱に2つの南京錠が付くだけだ。

結局、アリスとボブが郵便でポーカーをやるには、互いに交換可能な2つのコード A と B を決めて、解読アルゴリズム A^{-1} はアリスだけが、B^{-1} はボブだけが知っているようにすればいい。

そのためには、ボブとアリスのあいだで大きな素数 p を示し合わせておいて、それは2人とも知っているようにする。さらに、それぞれのトランプに対応する52個の数、$c_1, \cdots, c_{52}$（ただし p 未満の数）を示し合わせておく。

アリスは1から $p-2$ までのなかから数 a を選んで、自分のコード関数 A を

$Ac = c^a \pmod{p}$

と決める。基本的な数論を使うと、その逆関数（解読）は

$$A^{-1}c = c^{a'} \pmod{p}$$

となる。a'はアリスが計算できるある数。アリスはaとa'の両方を秘密にしておく。

ボブも同じように数bを選んで、自分のコード関数Bを

$$Bc = c^b \pmod{p}$$

と決める。その逆関数は

$$B^{-1}c = c^{b'} \pmod{p}$$

となる。b'はボブが計算できるある数。ボブはbとb'の両方を秘密にしておく。

ここで、コード関数AとBは交換可能だ。なぜなら、p未満のすべての数に対して

$$ABc = A(c^b) = (c^b)^a = c^{ba} = c^{ab} = (c^a)^b = B(c^a) = BAc$$

が成り立つからだ。だから、アリスとボブはさっき説明したとおりにAとBを使うことができる。

不可能なことを除外する
ドクター・ワツァップの回想録より

「ワツァップ！」
「えーと……分からないよ、ソムーズ。どうした？」
「質問をしてるんじゃない。名前を呼んでるんだ！　この家に『ストランド』誌を持ってくるなって、何度言ったら分かるんだ？」
「でも……どうしてそれを……」。
「僕のやり方は分かっているだろう？　君はいらいらしながら指で机をトントン叩いていた。僕が出ていくのを待っているときはいつも

そうだ。そしてコートのポケットに丸めて突っ込んである新聞をちらちらと見ていた。1面はデイリー・リポーターだが、それにしては分厚すぎるから、なかに雑誌を隠してあるに違いない。君がいつもそうやって隠すのは1つしかないから、絶対に間違いない」。
「悪かったよ、ソームズ。通りの反対側に住んでいる……えーと……ペテン師の相方が書いた記事を読めば、捜査法の違いが何か分かるんじゃないかと思っただけさ」。
「ははっ！ あの男は詐欺師だ！ 探偵を自称するいかさま野郎さ！」
ソームズはときに高圧的になる。いや、考えてみれば、高圧的でないことなどめったにない。「私と同じ立場の人間が書くつまらない記事をときどき読んで、役に立つヒントを集めてるんだよ、ソームズ」と私は言い返した。
「たとえば？」 ソームズはけんか腰の口調で聞いてきた。
「この理屈には感心したなあ。『不可能なことを除外したら、残ったのがどんなにありえないことでも、それは……』」。
「……間違っている」。ソームズはぶっきらぼうに言い放った。「残ったのが本当にありえないことだったとしたら、ほかの説明が不可能だと決めつけたときに何か暗黙の仮定を置いていたに違いない」。
ソームズは言行が一致していない。「そうかもしれないが、でも……」。
「でもじゃない、ワツァップ！」
「でも、君も何度か……」。
「ははっ！ 現実に起こる出来事はありえない出来事ではないぞ、ワツァップ。ありえないように見えたとしても、実際に起こったんだから確率は100パーセントだ」。
「厳密に言うとそうだけれど、でも……」。
「いい例を教えよう。今朝、君があの下品な新聞を買いに行っているときに、思いがけない客がやって来た。バンブルフォース公爵だ」。
「ロンドンの名士か。非の打ち所のない誠実な紳士、みんなの模範

だ」。

「確かに。ところが公爵の話によると……。バンブルフォース邸で晩餐会があって、モーンダリング伯爵が客を楽しませようと、10脚のワイングラスを1列に並べ、最初の5つにワインを注いだ。こういうふうにね」。ソームズは自分のグラスを並べ、捨てようと思っていたかなり酸っぱいマデイラワインを注いだ。「そして伯爵は客たちに、ワインの入ったグラスと空っぽのグラスが交互になるように並べ替えよという問題を出した」。

「簡単じゃないか」。私はグラスを動かしはじめた。

「グラスを4つ動かしていいのなら、確かに簡単だ。2番目と7番目を、4番目と9番目を入れ替えればいい。こういうふうにね」（下の図）。「だが伯爵は、グラスを2個だけ動かしてこれと同じようにせよという問題を出したのだ」。

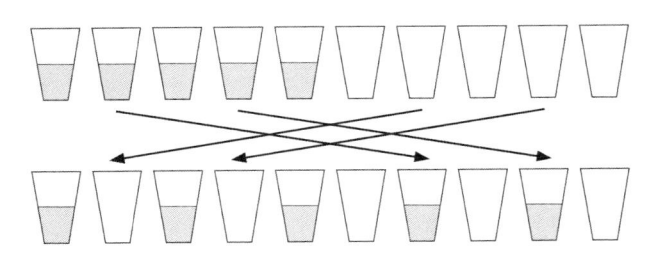

グラスを4回動かしてこのパズルを解く方法

私は両手の指を合わせて考え込み、しばらくして最初と最後の並び方のおおざっぱな図を描いた。「でもソームズ。君が言った4つのグラスはどれも最後は別の場所に来ないといけない！ だから4つとも動かすしかないよ！」

ソームズはうなずいた。「ワツァップ、君はいま、不可能なことを除外した」。

「確かにそうだ、ソームズ！ 言い返す言葉はない」。

ソームズはパイプにたばこを詰めはじめた。「では君はどういう結

論を導くかい？　バンブルフォース公爵の話によると、客がみんな同じようなことを言うと、モーンダリング伯爵は答を実演して見せたんだというんだ」。

「えー……」。

「大英帝国の御曹司で高貴なお方である立派な公爵が……実は卑劣な嘘つきだと結論づけるしかない。君が証明したとおり、答は存在しないのだから」。

私は唖然とした。「そうかもしれない……いや待て、もしかしたら君が嘘を……」。

「ドクター、確かに僕はときどき真実を隠すことがある。君ができるだけ興味を持ってくれるようにと、いつも考えていればこそだ。でも今回は違う。信用してくれ」。

「それなら……公爵の行動にはがっかりしたよ」。

「おいおい、ワツァップ。英国紳士を信用しろ」。

「伯爵がだましたのか？」

「いやいやいや。ぜんぜん違う。君はもっと賢いはずだ。まったく平凡なもう1つの説明を見過ごしているぞ。もうすぐ君は、『何て単純な答なんだ』って言うに違いない」。

そう言ってソームズは、モーンダリングのやり方を教えてくれた。

「なんだ、何て単純な……」。私は口ごもった。お見通しだったことに顔を真っ赤にした。

モーンダリングはどうやったのだろうか？　答は309ページ。

貝のパワー

海辺ののどかな光景だ。静かな入江、波の打ち寄せる岩は貝や海藻で彩られている。でもその物静かな貝の群れは、実は激しい活動を繰り広げている。それを見るには時間を早回しすればいい。タイムラプス映像で見ると、ムール貝はつねに動き回っているのだ。ムール貝は、足から出す特別な糸を使って岩に身体を固定する。その糸を何本か外

して別の場所にくっつけることで、岩の上で場所を変えることができる。ムール貝は、波で岩から引き剥がされないよう、互いに身を寄せ合う。でもその一方で、近くに別の貝がいなければもっと多くの餌を食べることができる。このジレンマに直面しているムール貝は、分別のある生物なら必ずやっていることをする。妥協策を取るのだ。そばにたくさんの仲間がいるようにしながらも、遠くまで仲間がびっしりとはならないように、場所を調節する。つまり、いくつもの塊に集まる。その塊は見ることができるけれど、どうやってその塊を作るのかは見ただけでは分からないのだ。

ムール貝の塊

2011年にモニク・デ・ヤーガーらが、ランダムウォークの数学を使って、ムール貝が塊を作るという戦略がどうやって進化したのかを導いた。ランダムウォークはよく、道を歩いている酔っ払いにたとえられる。はっきりしたパターンなしに、前へ進んだり後ろに下がったりするということだ。もっと次元の数を上げてみると、平面内でのランダムウォークは、歩幅と方向がランダムに選ばれる歩き方に相当する。その選び方のルール、つまり移動距離と方向の確率分布を変えると、ランダムウォークの性質も変わってくる。たとえば、移動距離が

正規分布に従って、ある決まった平均距離のまわりに分布すると、ブラウン運動になる。一方、ある歩幅の一歩を踏み出す確率がその歩幅の定数乗に比例する、レヴィウォークの場合には、何度も短く進んだかと思うとときどき遠くまで進む。

ムール貝の移動距離を観察して統計解析をすると、潮間帯の干潟に棲むムール貝の動きはレヴィウォークに当てはまって、ブラウン運動には一致しないことがはっきりと分かる。それは生態学的なモデルにもかなっている。レヴィウォークのほうが個体の散らばり方が速くて、もっと多くの場所に分布を広げ、しかもほかの種の貝との競争を避けることができるのだ。自然選択によって、移動戦略とそのための遺伝情報はフィードバック的に進化していく。1個1個の貝は、餌を採るチャンスが増えて波にさらわれる確率が下がるような戦略を取ることで、生き延びる確率が高くなるからだ。

デ・ヤーガーのチームは、ムール貝の野外観察の結果と、進化過程の数学モデルのシミュレーションを使って研究をおこなった。シミュレーションからは、このような集団レベルのフィードバックではレヴィウォークが進化する可能性が高いことが分かった。さらに、その戦略が進化的に安定であるための条件、つまり、違う戦略を取る変異種に侵略されないための条件に基づいて推測すると、確率分布の指数は2であるはずだと分かった。実際に野外データからその指数を計算してみると、2.06という値になった。

ムール貝の群れの特徴として新たに分かったのは、個体の移動戦略がどれだけ効率的かが、ほかの個体の行動によって左右されるということだ。1つ1つの個体の戦略はそれ自身の遺伝子によって決まるけれど、その戦略がどれだけ残るかは、個体群全体の集団的な振る舞いによって決まる。ほかの個体の作る環境が、1つ1つの個体の遺伝的「選択」と相互作用して、集団レベルでのパターンを生み出すということだ。そうした様子がムール貝から読み取れるのだ。

参考文献は309ページ。

地球が丸いことを証明する

　ほとんどの人は地球が丸いことを知っている。ただし完全な球体ではなくて、北極と南極がわずかにつぶれている。しかも地球にはあちこちに起伏があって、回転楕円体からのずれを約1万倍に拡大するとジャガイモのように見える。でもごく一握りの頑固な人たちは、地球は平らだと信じつづけている。2500年前の古代ギリシャ人でさえ、地球が丸いことの証拠をたくさん集めていた。中世の聖職者も結局それに納得するしかなかったし、それ以降もますます多くの証拠が集まっている。地球は平らだという考え方はほとんど姿を消したけれど、1883年頃に懐疑論者協会が設立されたことで甦った。この協会は1956年に地球平面協会と名前を変えて、いまでも活動している。インターネットで見つけられるし、フェイスブックやツイッターでフォローすることもできる。

　ユークリッド幾何学を使えば、地球が平らではありえないことを簡単確実に確かめることができる。そのためには、インターネットを使うか懐の広い旅行会社に掛け合うかしないといけないけれど、特別な道具は必要ないし、ウィキペディアで調べる必要もない。その方法自体では地球が丸いことを証明はできないけれど、それを慎重に体系的に拡張すれば証明できるかもしれない。のちほど、その証拠を論破するための方法をいくつか紹介する。地球は平らだと信じている人にとっては、けっして八方塞がりではなくて、言い逃れする方法は必ずあるものだ。でもこの場合、ありふれた手を使っていてはますます説得力がなくなる。ともかくここからの話では、地球が丸いことに対するふつうの科学的な証拠は忘れて、まったく新しい見方をしていくことにしよう。

　丸い地球を写した衛星写真なんて気にしない。それはもちろん捏造だ。NASAは一度も月に行っていなくて、すべてハリウッドで作られた映像だなんて、誰でも知っている。だから捏造なんだ。科学的測定に基づく証拠も全部捏造だ。科学者連中はペテン師だ。進化論も地

球温暖化も真実だと言い張っているけれど、どっちも左翼ならではの策略で、清く生きる高潔な人たちが神から認められた金儲けをするのを邪魔しているだけなんだ。

僕が考えているのは、ビジネスの世界の証拠だ。それは旅客機の飛行時間である。インターネットで調べることができるから、地球が丸いことを前提にした飛行時間計算ソフトでなくて、実際の飛行時間を使うことにしよう。

大型旅客機はどれも、経済的な理由からほとんど同じスピードで飛んでいる。もしスピードが違えば、時間のかかる航空会社は客を奪われてしまうからだ。また同じような理由から、旅客機は各地域の規制が許す限り最短ルートを飛ぶ。だから、飛行時間を使えば距離をかなり正確に表すことができる（風の影響を減らすには、往復の飛行時間の平均を取ればいい。ふつうの算術平均でも十分だけれど、正しくは309ページを見てほしい）。さらに、三角形のネットワークを作っていく三角測量の手法を使えば、空港の位置を地図に表すことができる。さて、地球が平らではうまくいかないことを証明するために、はじめに地球は平らだと仮定して、そこからどんなことが導かれるか調べてみよう。測量ではふつう、最初に基線の長さを測って、それ以外の距離はすべて三角形の角度を使って計算していくけれど、いまの場合は実際の距離を使うことができる（単位は飛行時間）。

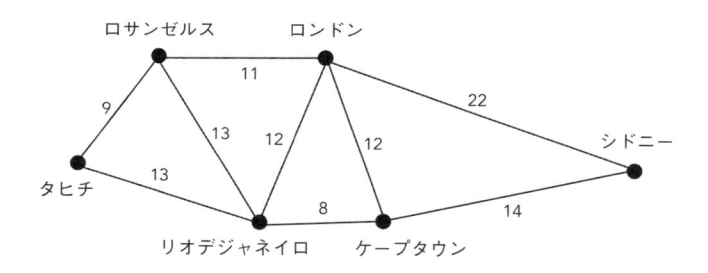

平らな地球での航空図

前ページの図は、6つのおもな空港の三角測量の図だ。平面上で飛行時間にうまく当てはまるような並べ方はこれしかない。ロンドンからスタートして、12単位離れた場所にケープタウンを書く。さらにリオデジャネイロとシドニーを書く。ここまでの並べ方は、鏡に映したものを除いてこの1通りしかない。鏡に映すかどうかはどうでもいいけれど、リオデジャネイロとシドニーが、ロンドンとケープタウンを結ぶ線の互いに反対側にあるようにはしないといけない。もし同じ側に書いたら、リオデジャネイロとシドニーのあいだの飛行時間は約11時間ということになるけれど、実際は18時間だ。さらに、飛行時間を考慮してうまく当てはめながら、ロサンゼルスを書いて、最後にタヒチを書く。

　ここまで来たら次に、地球は平らだという仮説を前提にある予測をしてみよう。この地図でタヒチからシドニーまでの距離を測ると、約35時間（リオデジャネイロとケープタウンを経由するコースが偶然にもほぼ直線で、そのあいだの距離を足すと35となる）。これが、平らな地球でタヒチからシドニーへノンストップで行くのにかかる最短時間ということになる。

　でも実際の飛行時間は8時間だ。多少の誤差があったとしても、あまりにも大きな食い違いなので、地球は平らだという仮説は捨てるしかない。もっとたくさんの空港のネットワークともっと正確な飛行時間を使えば、地球のおおまかな形をかなり正確に地図に表せるだろう（ただし飛行時間を単位として）。縮尺を合わせるには、飛行機の飛行スピードを調べるか、または何か別の方法で少なくとも1か所の距離を測らないといけない。

　地球は平らだと信じている人たちは、こうした結論を「説明」できるような詭弁や風変わりな物理学を用意している。もしかしたら、何らかの歪んだ場のせいで地球の幾何が変わっていて、ふつうに距離を測ることができる平面というイメージは間違っているのかもしれない。確かにそれで辻褄が合う。地球を北極点の側から方位図法で投影した地図が、まさにそれだ。平らな円盤に投影すれば、物理法則を含めて

国連のマーク。方位図法によって丸い地球を平らな円盤に投影してある。

あらゆる性質を、丸い地球から平らな地球に合わせて変換できる。ただし、南極点のまわりの領域は無視するしかない。国連のマークはそのようになっていて、地球平面協会はそれを使って自分たちの考え方が正しいことを「証明」している。でもこの手の変換操作には意味がない。理屈上は、ふつうの幾何を持った丸い地球とまったく同等なモデルだからだ。数学的に見れば、「地球は平らではない」と正直に言っていることにしかならないのだ。だから、幾何が変わっているといった屁理屈は通用しない。

風の影響はどうだろうか？　もしかしたらタヒチからシドニーに向かってものすごい風が吹いているのかもしれない。計算すると時速750マイルにもなるけれど、それだとますます辻褄が合わなくなってしまう。タヒチとシドニーを結ぶ直線は、タヒチ－リオデジャネイロ－ケープタウン－シドニーというルートにとても近く、これらのあいだの距離はすでに分かっている。風に乗って短い時間でタヒチからシドニーまで行くには、このルートのうちの少なくとも1区間がものすごく長くないといけないのだ。

科学を否定する人たちは次なる手として、全部陰謀だと言い張る。そうかもしれないが、でも誰が？　毎日何百万もの人が飛行機に乗っていて、予定時間がしょっちゅう大きくずれればほとんどの人が気づくだろうから、インターネットの予約サイトに出ている飛行時間の表

が大きく間違っていることはありえない。でももしかしたら、すべての航空会社が口裏を合わせて一部のルートで必要以上にゆっくり飛び、さっきの地図を歪めさせてタヒチからシドニーまでたった8時間で行けるように見せかけているのかもしれない。そのためには飛行スピードを4分の1以下に落とさないといけない。地球は丸いと信じ込ませるためにわざとのろのろ飛んでいるのだとしたら、実際にはふつうの旅客機でもロンドンからシドニーまで5時間で着けるのかもしれない。

　科学者が陰謀を張り巡らせているという主張は、科学を知らない人には通用するけれど*、いまの屁理屈にはかなり致命的な欠陥がある。ほとんどの航空会社が、従来の半分以下の時間で飛んで競争に勝つという道を捨てて、毎日燃料を無駄にしながら大損を出しつづけるしかないのだ。飛行時間の値を使って地球は丸いと信じ込ませるには、何百もの民間企業が自ら大金をどぶに捨てないといけない。頭がおかしいんじゃないのか？

　もちろん、どんなに分が悪くなっても言い逃れはできる。手も足も出なくなったら、証拠を無視するのだ。

123456789掛けるX、続編

　9でやめる必要はない（122ページを見てほしい）。123456789に10, 11, 12などを掛けてみよう。今度はどんなことに気がつくだろうか？
　答は310ページ。

---

* ほとんどの科学者が正直だといっているわけじゃない。科学者はみんな、ほかの科学者が間違っていることを証明するのに喜びを感じていて、それで昇進できることもある。たとえ科学者が全員悪党だったとしても、全員が陰謀を張り巡らせているというのはやっぱり筋の通らない話だ。

名声の代償

ヴワジスワフ・オルリッチ

ポーランド人トポロジー学者のヴワジスワフ・ロマン・オルリッチは、いまではオーリッチ空間と呼ばれている概念を考え出した。関数解析の分野のとても高度な概念だ。ある日、オルリッチの名声が思いがけない結果を招いた。多くの同僚と同じくかなり小さいアパートに住んでいたオルリッチは、ある日、市の職員に、もっと大きいアパートに移れるよう申請した。するとこういう返事が返ってきた。「貴殿のアパートがとても小さいことは認めるが、貴殿は自身の空間を持っているので、要求は退けざるをえない」。

黄金のひし形の謎

ドクター・ワツァップの回想録より

ソームズとの探偵稼業が華々しい成功を収めたことで、再び医者の仕事に戻る気になった私は、自宅に小さな手術室を作った。しかし、ソームズに突然呼び出されたときのために、かなり融通が利くようには手はずを整えていた。だからあの電報が届いたとき、私は患者を代

理のドクター・ジェキルに任せ、辻馬車を呼んでベーカー街222B番地へ向かった。

ソームズの部屋に着くと、部屋には紙切れが散乱していた。ソームズの手にははさみが握られていた。

「ちょっとしたパズルだ」とソームズ。「長方形の紙を一つ結びにする。信じられないだろうが、ある男の運命がかかっているかもしれないのだ」。

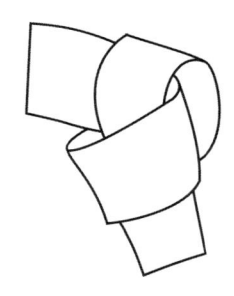

結んだ紙切れ

「何だって、ソームズ！ いったいどうして？」

「卑劣な恐喝事件だよ、ワツァップ。この結び目をできるだけきつく引っ張って平らに潰すと、どんな形ができるのか？ 事件の証拠はそれにかかっている。ある秘密結社のシンボルではないかとにらんでいて、もしそれが証明できれば事件は解決する」。ソームズは私の目の前に結び目を掲げた。「さあワツァップ、どんな形が見えるかい？」

私は急いで手帳に一つ結びの絵を描いた。

「よく知られているように、閉じた輪っかで一つ結びを作ると3回対称になる」。私はいつになく頭が冴えていた。「だから三角形か六角形ができると思う」。

「では実験してみよう」とソームズ。「そうしたら次に、見たとおりが真実であることを証明するという、もっと難しい課題に取り組むことになる」。

輪っかにしたひもの一つ結び

平らに潰した結び目の形は？ 試してみよう。答と証明は311ページ。

パワフルな等差数列

パワフルな等差数列（差が一定の数列）とは、第2項が平方数、第3項が立方数、などとなっている数列のことだ。つまり、第 k 項が k 乗(パワー)数になっている（どんな数もそれ自体の1乗なので、第1項には何の条件もない）。たとえば 5, 16, 27 という数列は、長さ3で公差11、そして

$$5 = 5^1 \qquad 16 = 4^2 \qquad 27 = 3^3$$

となっている。

長さ n のパワフルな数列を作る単純な方法が、$2^{n!}$ を n 回繰り返し書くというものだ。この数は、1乗数、平方数、立方数……、n 乗数のどれでもある。公差は0だ。

2000年にジョン・ロバートソンが、公差0で同じ数が繰り返されるような数列を除けば、もっとも長いパワフルな等差数列は5つの項を持つ（長さ5）ことを証明した〔John P. Robertson, The maximum length of a powerful arithmetic progression, *American Mathematical Monthly* 107（2000）951〕。その数列を導くには、1, 9, 17, 25, 33 とい

う公差 8 の等差数列からスタートして、それぞれの項に $3^{24}5^{30}11^{24}17^{20}$ という数を掛ける。その答も等差数列になって、公差はこの数の 8 倍。具体的に書くと次のようになる。

(1) 10529630094750052867957659797284314695762718513641400204048794141411781311035 15625

(2) 94766670852750475811618938175558832261864466622772601836403914727270603179931640625

(3) 17900371161075089875528021655383334982796621473190380346876295004040002822875 9765625

(4) 26324075236875132169894149493210786739406796284103500510112198535352945327758789 0625

(5) 347477793126751744642602773310382384960169710950166206733481020666658878326416015625

公差は

  842370407580004229436612783782745175661017481091312016323590353131294250488281250 00

この 5 つの項を a_1, a_2, a_3, a_4, a_5 とすると、

a_1 はそれ自体の 1 乗。
$a_2 = 30784195758984913882888441291708374023 4375^2$ で平方数。
$a_3 = 56357797471169485761035 15625^3$ で立方数。
$a_4 = 716288998461106640625^4$ で 4 乗数。
$a_5 = 51072299355515625^5$ で 5 乗数。

すごい！

（素因数分解をすれば、それぞれの項がこのとおりの累乗数になっていることを簡単に確かめられる）。

ギネスビールの泡はどうして沈んでいくのか？

　ギネスなどの黒ビールを飲んでいると、従来の物理学を無視しているような現象が目に飛び込んでくる。ビールの泡が沈んでいくのだ。少なくともそういうふうに見える。でも泡はまわりの液体より軽いのだから、上向きの浮力を受けているはずだ。

　正真正銘のミステリーだ。少なくとも、2012年にある数学者チームが解明するまでは。解き明かしたのはまさにその役にぴったりの、アイルランド人（またはアイルランドで研究している人）だ。リメリック大学のウィリアム・リー、ユージーン・ベニロフ、ケイサル・カミンズである。

　同じ現象を起こす液体はほかにもあるけれど、黒ビールだと色の薄い泡が際立つので見やすい。しかも、黒ビールの泡には二酸化炭素に加えて窒素も含まれていて、窒素の泡のほうが小さくて長持ちするので、さらに効果が強まる。

　途中までは簡単に解き明かせる。見えるのはガラスの近くにある泡だけだ。なかのほうの泡は黒ビールに隠れて見えない。だから、浮かび上がっていく泡もあれば沈んでいく泡もあるのかもしれない。でも、なぜ沈んでいく泡があるのかは説明できない。そんなはずはないのだ。

　数年前まで、この現象がただの錯覚なのかどうかさえ分かっていなかった。ある説によると、この現象は密度波（泡が密集した領域）が引き起こしているのだという。泡は浮かび上がっていくけれど、密度波は下がっていくというのだ。そのような振る舞いは波ではよく見られる。たとえば、海水は波と一緒に動いていくことはなくて、ほとんど同じ場所を行き来している。動いていくのは海水が盛り上がった場所だけだ。確かに、海岸に打ち寄せる波は浜辺を駆け上がっていく。でもそれは浅瀬の影響であって、海水は再び海に引いていく。もし海水が波と一緒に動いていくとしたら、海岸に海水がどんどん溜まっていくことになるけれど、そんなのはおかしい。確かに海水が波と反対方向に大きく動くことはないが、この身近な例から、水の動く方向と

波の動く方向は違うことがよく分かる。ではいよいよ泡について考えてみよう。

この説は確かにもっともらしいけれど、2004年、アンドリュー・アレキサンダー率いるスコットランド人科学者のグループが、カリフォルニアの科学者たちと協力して、実際に泡が沈んでいくことを証明する動画を撮影した。その結果は、3月17日、聖パトリック〔アイルランドの守護聖人〕の日に発表された。アレキサンダーらは、ハイスピードカメラを使って1個1個の泡の動きを追いかけた。すると、泡がガラス壁に触れるとそこにくっついて、浮かび上がっていけなくなることが分かった。でも内側のほうの泡はそのまま浮かび上がっていくので、それによって中心部ではビールが上昇し、逆に端のほうでは下降して、それにつられて泡が沈んでいくのだ。

アイルランド人チームはこの説をさらに詰め、泡が壁にくっつくことが原因ではないことを証明した。グラスの形がこの現象を引き起こしていたのだ。黒ビールのグラスはふつう壁面がカーブしていて、底よりも上のほうが広がっている。流体力学の計算と実験によると、壁面近くの泡は予想どおり垂直に浮かび上がっていく。でも壁面が垂直でないので、泡は壁面から離れていく。そのために、壁面近くのビールは中心部よりも密度が高くなって、壁面に沿って沈んでいき、そのときに周りのビールを引きずっていく。そうしてビールは、中心部では上向き、壁面近くでは下向きの対流を起こすのだ。

泡はビールに対しては必ず浮かび上がっているけれど、壁面近くのビールは泡の上昇速度よりも速いスピードで沈んでいくので、泡も下向きに動いていくのだ。泡は目で見えるけれど、ビールの動きは簡単には見えない。

参考文献は 315 **ページ。**

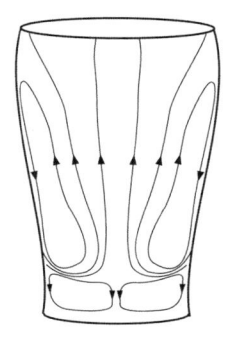

グラスのなかでのギネスビールの流れ。端のほうでは下降している。

ランダムな調和級数

無限級数

$$1+\frac{1}{2}+\frac{1}{3}+\frac{1}{4}+\cdots+\frac{1}{n}+\cdots$$

を、数学者は調和級数と呼んでいる。何となく音楽と関係のある名前だ。振動する弦の倍音の波長は、基本波長の 1/2, 1/3, 1/4 などとなっている。でも、この級数そのものに音楽的な意味はない。この級数は発散することが知られている。n を大きくしていくと、n 項までの和がいくらでも大きくなるという意味だ。発散の速さはとてもゆっくりだけれど、確かに発散し、最初の 2^n 個の項を足し合わせると $1+n/2$ より大きくなる。でも、1 項おきに符号を変えていってできる交代調和級数

$$1-\frac{1}{2}+\frac{1}{3}-\frac{1}{4}+\cdots+(-1)^{n+1}\frac{1}{n}+\cdots$$

は収束する。この和は $\log_e 2$、約 0.693 だ。

バイロン・シュムランドは、この符号をランダムに選んでいったらどうなるだろうかと考えた。フェアなコインを投げて、表が出たらプラス、裏が出たらマイナスにするということだ。シュムランドは、その級数は確率1で収束することを証明した（調和級数は「表表表表表表……」と永遠に続く場合に対応するが、コイントスの結果がそのようになる確率は0である）。でも和の値は、コイントスの結果次第で変わってくる。

そこで、和がある決まった値になる確率はどれだけか、という疑問が出てくる。和は正負どんな実数にもなりえるので、ちょうどある決まった値になる確率は0だ（「連続確率変数」では一般的にそうなる）。そこで、確率分布関数（または確率密度関数）というものを導入する。これは、和がある範囲内の値、たとえば a と b という2つの数のあいだに来る確率を表す。$x=a$ から $x=b$ までの、分布関数の下側の面積が、その確率になるのだ。

ランダムなコイントスで符号を決める調和級数の場合、確率分布は次ページの図のようになる。有名な正規分布に似ているけれど、上が平らになっている。また左右対称で、それはコインの表と裏が対称的だからだ。

この問題は、コンピュータ計算でおもしろそうな予想を見つけるという、「実験数学」のいい実例だ。このグラフを見ると、中央の高さが0.25、つまり1/4であるように見える。また、-2 と $+2$ での値は0.125、つまり1/8であるように見える。ケント・モリソンは1995年に、このどちらも真であるという予想を立てたけれど、1998年にもっと詳しく検討して考えを変えた。$x=0$ での密度関数の値は、小数第10位までで0.2499150393と、1/4よりわずかに小さかったのだ。でも $x=2$ での値は小数第10位までで0.1250000000と、まだ1/8に等しいように見えた。ところが小数第45位まで調べたところ、

0.124999999999999999999999999999999999999999764

と、1/8より 10^{-42} 足らず小さかったのだ。

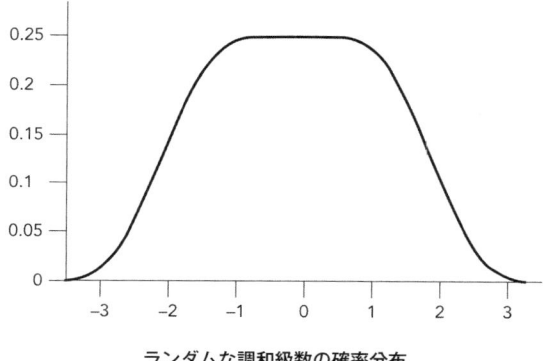

ランダムな調和級数の確率分布

シュムランドの論文［Random harmonic series, *American Mathematical Monthly* 110 (2003) 407-416］には、この確率が 1/8 に近いが等しくはない理由が説明されている。実験に基づくとてももっともらしいこの予想は、実は間違っていたのだ。だからこそ数学者は証明にこだわる。ヘムロック・ソームズが証拠にこだわるのと同じように。

公園で喧嘩する犬

ドクター・ワツァップの回想録より

パブ『犬と三角形』にほど近い、メリルボーン街の外れにある正三角形公園で日課の朝の散歩をしていた私は、あるおもしろい出来事を目撃した。ベーカー街 222B 番地に到着すると、相棒に話さずにはいられなかった。

「ソームズ、たったいまおもしろい……」。

「出来事を目撃した。君は公園で 3 匹の犬を見た」とソームズはまばたきもせずに言った。

「でもどうして……そうか！　私のズボンの裾に泥が付いていて、その飛び散った様子から……」

ソームズはくすくすと笑った。「違うぞ、ワツァップ。別の根拠に基づく推理だ。君が公園で3匹の犬を見たというだけでなく、犬が喧嘩していたことも分かる」。

「そのとおりだ！　でも、おもしろい出来事っていうのはそのことじゃない。もし犬が喧嘩していなかったらおもしろい出来事になっていたがね」。

「確かに。その言葉、覚えておこう、ワツァップ。名言だ」。

「おもしろいのは喧嘩の前だ。その3匹の犬は、公園の3つの角から同時に姿を現した……」。

「その公園は正三角形で、1辺の長さは60ヤード」とソームズが口をはさんできた。

「ああ、そうだ。犬は姿を現したとたんに、それぞれ左隣の犬のほうへ向かって走り出したんだ」。

「秒速4ヤードという同じスピードで」。

「君の推理には恐れ入るよ。3匹の犬はカーブしながら走っていって、公園の中心で同時にぶつかった。そしてすぐに喧嘩を始めたから、私は引き離そうとしたんだ」。

「だから君のコートとズボンは裂けていて、足には噛まれた跡があるんだ。それを見ると、1匹はアイリッシュセッター、1匹はレトリーバー、1匹はブルドッグとアイリッシュウルフハウンドの混血。左前足が不自由だ」。

「ああ」。

「そして赤い革の首輪を付けていた。それには鈴が付いていた。錆びていて鳴らない。犬どうしがぶつかるまでにどれだけの時間がかかったか、君はきちんと観察したか？」

「懐中時計を見損ねたんだ、ソームズ」。

「おいおい、ワツァップ！　見たけれど分からなかったんだろう？　でもこの場合、分かっている事実からその時間を導くことができる」。

犬は点とみなそう。答は316ページ。

3匹の犬

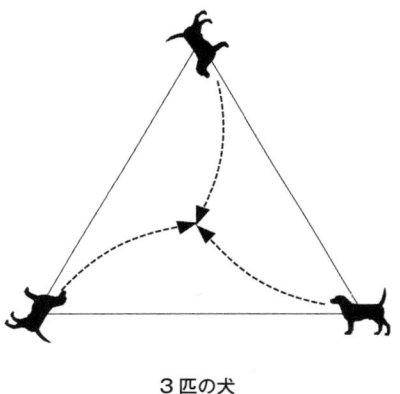

あの木の高さは？

　木に登らずに、また測量道具も使わずに木の高さを測るための、古い木こりの技がある（技が古いのであって、木こりが古いんじゃない）。近所に大きい木があったら、野外パーティーのいい出し物になる。僕はその方法を、トビー・バックランドの雑誌記事で知った (Toby Buckland, Digging deeper, *Amateur Gardening* (20 October 2012) p.59)。やるときにはズボンを履くことをお薦めする。

　木からある程度の距離のところで、木に背中を向けて立つ。そして身体を曲げて足のあいだから後ろを振り返る。木のてっぺんが見えなければ、見えるところまで遠ざかっていく。余裕で見えたら、見えるか見えないかのところまで近づいていく。そうすると、木の根元からそこまでの距離が、その木の高さとだいたい等しくなる。

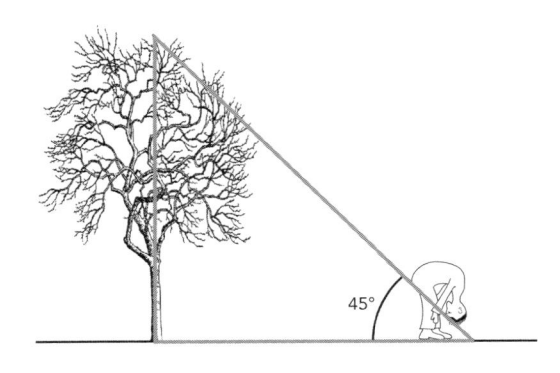

木の高さを測る

　僕に言わせれば、ユークリッド幾何学の簡単な応用だ。たいていの人だと、足のあいだから見上げた角度はだいたい45度になる。だから、木のてっぺんまでの視線は直角二等辺三角形の斜辺になって、ほかの2本の辺は長さが等しい。

　もちろん、どれだけ正確な値が出るかは身体の柔らかさによって決まるけれど、ほとんどの人ではそう遠くない値が出る。バックランドは次のように書いている。「やってみよう。ヨガよりも安上がりだし、大人になってから一度も味わっていない景色が見えるぞ！」

どうして友達には僕よりもたくさん友達がいるのか？

　何てこった！　みんな僕よりもたくさん友達がいるらしい。
　フェイスブックでもそうだし、ツイッターでもそう。どんなソーシャルメディアでもそうだし、実生活でもそうだ。仕事のパートナーを数えても、異性の友達を数えてもそう。友達に何人の友達がいるかを調べはじめると、プライドがずたずたになる。ほとんどの友達じゃなくて、友達全員があなたよりもたくさんの友達を持っているんだ。
　どうしてあなたはそんなに人気がないんだろうか？　気になってしょうがない。でも落ち込む必要はない。ほとんどの人は、友達よりも

友達の数が少ないんだから。

　変だと思ったかもしれない。社会ネットワークのなかでは、誰もが平均で同じ人数の友達を持っている。その人数は平均の人数、その値は1つしかない。多い人もいれば少ない人もいるけれど、平均は平均だ。だから直感的に考えれば、友達も平均で同じ人数の友達を持っているように思える。でも本当にそうだろうか？

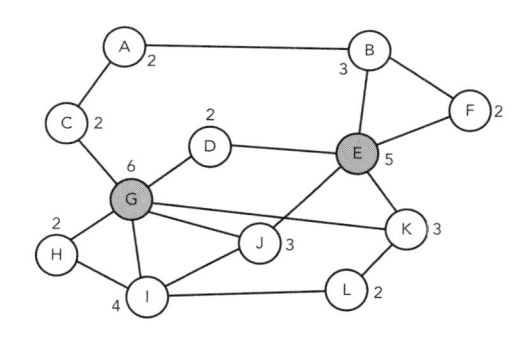

友人関係のネットワークの例

　例で試してみよう。不自然にこしらえた例ではない。ぱっと思いついたとおりに書いてみた。ほとんどどんなネットワークも似たようになっているはずだ。上の図のネットワークには12人の人がいて、友達どうしは線で結ばれている（友達関係はすべて両方向だと仮定している。ソーシャルネットワークでは必ずしもそうじゃないけれど、それでも同じことが起きる）。友達の人数を表にしてみよう（次ページ）。

　一番右の列の値のうち、2列目の値よりも大きいものは太字で書いた。友達の持っている友達の人数の平均が、本人の持っている友達の人数よりも多いケースだ。12人中8人で太字になっていて、あと1人は2つの値が等しい。

　2列目の値の平均は3。つまり、この社会ネットワーク全体での友達の平均人数は3だ。でも、4列目の値のほとんどはそれよりも大き

名前	友達の人数	この人の友達が持っている友達の人数	その平均
アリス（A）	2	3, 2	**2.5**
ボブ（B）	3	2, 5, 2	3
クレオ（C）	2	2, 6	**4**
ディオン（D）	2	5, 6	**5.5**
エセル（E）	5	3, 2, 2, 3, 3	2.6
フレッド（F）	2	3, 5	**4**
グウェン（G）	6	2, 2, 2, 4, 3, 3	2.67
ヘムロック（H）	2	6, 4	**5**
アイヴィー（I）	4	6, 2, 3, 2	3.25
ジョン（J）	3	5, 6, 4	**5**
ケイト（K）	3	5, 6, 2	**4.33**
ルーク（L）	2	4, 3	**3.5**

い。直感はどこが間違っていたのだろうか？

その答は、エセルやグウェンのように飛び抜けて大勢の友達を持っている人が握っている。いまの場合、この2人が持っている友達の人数はそれぞれ5人と6人だ。そのせいで、友達が何人の友達を持っているかを調べているときには、2人の名前がしょっちゅう出てくる。そして3列目の値に何度も数え上げられて、平均値に大きな影響を与える。一方、友達の少ない人はたまにしか名前が上がらないので、平均にはほとんど影響しない。

あなたの友達集団は、平均的なサンプルではない。友達が大勢いる人は、あなたの友達である可能性が高いので、サンプルのなかでより大きなウエイトを占める。一方、友達の少ない人はより小さなウエイトしか占めない。これによって、平均値が大きいほうに歪められるのだ。

表の3列目を見ればよく分かる。エセルのそれぞれの友達の行に、5という値が1回ずつ、計5回現れている。同じように、グウェンのそれぞれの友達の行に6という値が計6回現れている。一方アリスで

は、2がボブとクレオで1回ずつ、計2回しか現れていない（アリスの行にではなくて、アリスの友達の行に）。結果、エセルは25、グウェンは36もの寄与を果たすけれど、かわいそうなアリスは4しか寄与しない。

「持つ者には与え給え」。

2列目ではこんなことは起きない。全員が平等に平均値に寄与するので、その値は3になる。

4列目の値をすべて平均すると3.78となって、3よりかなり大きい。重み付け平均を使ったほうが良かったかもしれない。各行ごとに3列目の値をすべて足して、その行に何個の値があるかで割るのだ。そうすると3.33となって、やっぱり3より大きい。

少しは気が楽になっただろうか？

317ページに証明を載せた。

統計は素晴らしい？

統計によると、毎年4200万個のワニの卵が産み落とされているという。そのうち孵るのは半分だけ。孵った子ワニのうちの4分の3は、1か月以内に食べられてしまう。残った子ワニのうち1年後まで生き延びるのは、わずか5パーセント。

もし統計がなかったら、みんなワニに食べられてしまうんだ！

6人の客

ドクター・ワツァップの回想録より

以前から困っているのだが、ソームズはディナーパーティーが心底嫌いだ。おしゃべりをバカにしているし、女性、とくに私の友人ベアトリクスのような魅力的な女性と一緒だと、落ち着かなくなる。でもときには、ぐっとこらえて困難に立ち向かい、平凡な人間を装って、女性も参加する社交パーティーに出席するしかない。そんなときには、

無口になったり、不愉快な態度を取ったり、人当たりが良くなったり、おしゃべりになったりと、ころころと人格を変える。

今回は、オーブリーとベアトリクスのシープシアー兄妹、クリスピンとドリンダのラムシャンク夫妻との、ちょっとした内輪の集まりだった。私はもちろん4人とも知っていた。ベアトリクスは感じのいい女性で、まだ結婚しておらず、いまのところ誰にもプロポーズされていない、と私は信じている。ソームズは私しか知らなかったので、悪い性格が表に出てくるのではないかと心配もしたが、これで人付き合いの輪が広がればと思った。シープシアー兄妹とラムシャンク夫妻は互いに初対面だったが、オーブリーとクリスピンの男性どうしは同じクラブに所属していた。

ソームズは、客が入ってくるなりそれをすべて見抜いてしまった。すぐにみんな席に着いた。ソームズがいるせいで会話がなかなか弾まなかったので、私は、さほど上等ではないが飲めなくもないシェリー酒を何杯か注ぎ、ソームズには2杯渡した。

「何て珍しいんだ！　知り合いどうしの3人組と、初対面どうしの3人組がいるんだな」と私は言って、何とかその場を盛り上げようとした。

「3は単数ではない」とソームズはつぶやいたが、私のしぐさを見て口をつぐんだ。私はソームズのグラスにシェリー酒をなみなみ注いだ。

ベアトリクスが説明してほしいというので、私は急いで答えた。「君、オーブリー、私は、互いのことを知っている。知り合いどうしの3人組だ」。

「ただの知り合いじゃないと思うわよ、ジョン」とベアトリクスは言った。

「そう言ってくれて嬉しいよ、お嬢さん。でも、3人ともに当てはまりそうな言葉はそれしか思いつかなかったんだ。一方、ソームズ、君、ドリンダは互いに初対面だ。いままでちゃんと会ったことがないという意味だ。もちろんソームズの評判は伝わっているだろう」。

「もちろんだ」とクリスピンは言いながら、不機嫌そうな目で私を

見てきた。
「さて、この事実は少々珍しいもので……」。
「そんなはずはないぞ、ワツァップ」とソームズが口をはさんできた。「知り合いか初対面か、少なくともどちらか一方の3人組がいることを、珍しいなんて言うべきじゃない」。
「どうしてだい？」 オーブリーが尋ねた。
「6人の人間が集まれば、そういう3人組が必ず1組はできるからだ。誰と誰が知り合いかは別としてだが」。
「そうか、がっかりしたよ。どこが珍しいんだ」とオーブリー。
「どうしてお分かりなの？ ソームズさん」。ベアトリクスは目を輝かせながら質問した。何かある、私はそう思った。
「なぜならば、お嬢さん。証明できるからです」。
「まあ、もっと聞かせてください、ソームズさん。そういうお話は大好きなの」。ソームズはうなずいたが、私には一瞬微かに微笑んでいるのが見えた。女性の魅力にはけっしてなびかないふりをしているが、それはただの見せかけだ。自信がないだけなんだ。このまま会話が続いてほしいと思った。ベアトリクスは美しくて品があり、馬の合う男にとってはいいお相手になる。たとえば私とか。
「その証明を簡単に理解するには、図を使うといい」とソームズは言った。そして立ち上がって食卓のところへ向かい、私がやめろというのを無視して、小皿を何枚かとカトラリーを何本か、ナプキンを何枚かとマスタード、そして鉢植えのランを持ってきた。
「皿が僕ら6人を表しています」とソームズは言いながら、ドーランで1人1人のイニシャルを書き込んだ。舞台俳優を目指そうと思ったときからずっと取ってあった、記念の品だろう。「2枚の皿をつないでいるフォークは、互いに知り合いという意味で、ナイフは初対面という意味です」。
「お互い相手に剣を向けているということね」とベアトリクスは言った。私はすぐにそのユーモアを褒め、ベアトリクスのグラスにシェリー酒を注いだ。

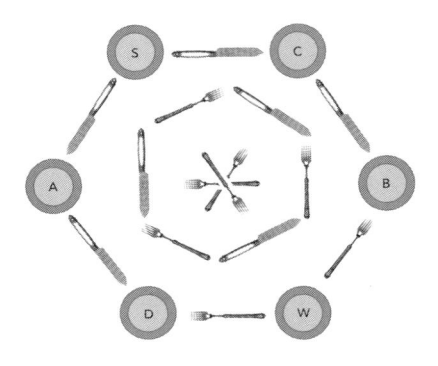

ソームズが作った図

「たとえば、僕はワツァップとテーブルの真ん中のフォークでつながっているが、ほかの人とはナイフでつながっている」。

「さて、ワツァップがあれほど鋭く指摘したとおり、WABの三角形はフォークでできていて、SBDの三角形はナイフでできている。だが僕の主張としては、ナイフとフォークをどんなふうに並べたとしても、1種類のカトラリーだけからできた三角形が少なくとも1つはある」。

「両方ということはありえるのですか？　ソームズさん」とベアトリクスは聞いた。その視線はソームズの一挙手一投足を追いかけていた。

「そういうこともあるが、必ずそうなるというわけではありません、お嬢さん。極端なケースとして、もし全部フォークだったら、ナイフでできた三角形は存在しないし、全部ナイフだったらフォークでできた三角形は存在しない」。

ベアトリクスは真剣な顔をしてうなずいた。「ということは、フォークをナイフに置き換えていくと、フォークの三角形ができている可能性が減って、ナイフの三角形ができている可能性が増えるのかしら」。

ソームズはうなずいた。「そのとおりです、お嬢さん。だから証明

としては、フォークの三角形がなくなる前にナイフの三角形ができはじめることを示せばいいのです。正確を期すために、皿を1枚選びましょう。どれでも結構。その皿には5本のカトラリーが向いています。そのうち少なくとも3本は同じ種類のはずだ。なぜでしょう？」

「フォークもナイフもどちらも2本以下だったとしたら、そのお皿にはカトラリーが最大でも4本しか向いていないことになってしまうからです」とベアトリクスは即答した。

「素晴らしい！」　私はソームズが言うより先に褒めた。

「さて、3本の同じ種類のカトラリーを考えます。仮にフォークとしましょう。ナイフの場合も同様です。そして、それらのフォークが向いている3枚の皿に注目します。もちろん、最初に選んだ皿とは違う皿です。すると、それらの皿のうちの1枚が、もう1枚の皿とフォークでつながっているか、または……」

「3枚ともナイフでつながっている！」とベアトリクスは叫んだ。「第一のケースの場合、フォークの三角形が見つかった。第二のケースの場合はナイフの三角形。まあ、ソームズさん、これだけはっきりと説明してくださったから……」。

「ばかげているほど自明です」とソームズはため息をつきながら、シェリー酒をぐいと飲み込んだ。

その言葉にベアトリクスは少々傷ついたようだったので、私は手を振って友人の無礼を詫びた。ベアトリクスがすぐに微笑んでくれたのでほっとした。

このような数学分野をラムゼー理論という。詳しくは318ページ。

巨大な数の書き方

この宇宙には砂粒が何個あるのだろうか？　古代ギリシャ最高の数学者アルキメデスは、その答は無限であるという一般的な考え方を覆すために、巨大な数を表す方法を見つけることにした。そこで著書『砂の計算者』のなかで、ギリシャ人哲学者たちが考えていた大きさ

の宇宙が砂で埋め尽くされていると仮定した。そして、その砂粒の個数は最大でも 1000⋯000 と 0 が 63 個並んだ（10 進法で）数であると計算した。

大きい数だけれど無限ではない。もっと大きい数はあるのだろうか？

最大の整数というものは存在しないことが分かっている。好きなだけ大きくできるのだ。その理由は単純。もし最大の数が存在したら、それに 1 を足すことでもっと大きい数を作れるからだ。10 進法を身につけた子供ならすぐに気づくように、最後に 0 を付け足せば必ずもっと大きい数（10 倍の数）を作ることができる。

でも、原理的には数の大きさに上限はないといっても、現実的には数の書き方には限界があるものだ。たとえばローマ人は、数を書くのに I (1)、V (5)、X (10)、L (50)、C (100)、D (500)、M (1,000) という文字を使い、途中の数はこれらの文字の組み合わせで表していた。1 から 4 は I, II, III, IIII と書いたけれど、IIII は代わりに IV (5−1) と書くことが多かった。この数体系で書くことのできるもっとも大きい数は、

　　MMMMCMXCIX = 4,999

で、ここから M を 3 つに減らせば 1000 を引くことができる。

でも、ローマ人でももっと大きい数が必要になることがあった。100 万を記号で表すには、M の上に横線（括線という）を引いて $\overline{\text{M}}$ とした。ほかの記号でも上に横線を引くとその値が 1000 倍になるけれど、この表記法はめったに使われなかった。使うときでも 1 本しか使わなかったので、ローマ人は数百万までしか表すことができなかった。ローマ人の数体系にこのような限界があることからも分かるとおり、書き下せる数の大きさは使う記数法によって変わってくる。

いまではもっとずっと大きな数を書くことができる。100 万は 1,000,000、たいしたことはない。最後に 0 を足していって、必要なら 3 桁ずつ区切るカンマを打っていけば、もっとずっと大きな数も

表すことができる（数学者はふつうカンマは使わずに、1 000 000 のように少し隙間を空けることが多い）。西洋で大きい数を表す言葉として辞書に載っているものを見ると、この3桁ずつ区切るという慣例がよく分かる。million, billion, trillion と続いていって、最後は centillion だ。こと数学になると人は難しく考えてしまうもので、これらの単語は大西洋の両岸で違う意味を持っている（少なくとも昔は）。アメリカでは billion は 1,000,000,000 だけれど、イギリスでは 1,000,000,000,000 で、アメリカ人はこの数を trillion と呼ぶ。でも誰もがつながっている現代の世界では、アメリカ式の用法が広まっている。それはたぶん、イギリスで10億を表す "milliard" という単語がほとんど使われなくなっていて、しかも "million" ととても紛らわしいからだろう。しかも billion は、国際金融市場ではちょうど切りのいい数だ。でも金融危機によって大銀行が大損を出してからは、trillion（1兆）単位でものを考えるのに慣れるしかなくなった。

こうした数をもっと単純に書くには、10の累乗を使えばいい。10^6 は、1のあとに0が6個付いて100万だ。右肩の6を指数という。billion は 10^9（イギリスの古い用法では 10^{12}）。centillion は 10^{303}（イギリスの用法では 10^{600}）。辞書に載っている単語をさらに拡張していくと、millimillion（10^{3003}）まで作れる。表し方は何通りもあって、一生のうちにそれを全部調べるか、または違いを見分けるのは無理だ。

大きい数を表す単語としてほとんどの辞書に載っているものではほかに、googol（グーゴル）と googolplex（グーゴルプレックス）の2つがある。googol は 10^{100}（1のあとに0が100個続く）。この名前は、ジェイムズ・ニューマンの当時9歳の甥、ミルトン・シロッタが考えた。シロッタはもっと大きい数である googolplex も提案して、それを「1のあとに疲れるまで0を書いていった数」と定義した。でもちょっと正確でないので、「1のあとに0が googol 個続く数」と改められた。

そのほうがおもしろい。ローマ人と同じ問題にぶち当たってしまうからだ。ただしローマ人のほうがずっと早く行き詰まったけれど。

googolplex を 10 進法で実際に 1,000,000,000, . . . と書き下そうとすると、死んでも終わらない。現在の宇宙の年齢のうちにも終わらない。標準的な宇宙論による計算によれば、宇宙が終わるまでにも書き終えられない。いずれにしても、たとえ 0 をクォークの大きさで書いたとしても、全部書き終える前にスペースがなくなってしまうだろう。

でも、googolplex を書き下すもっと簡単な方法がある。指数を重ねるのだ。つまり

$$10^{10^{100}}$$

と書けばいい。この考え方をもっと突き詰めていけば、ものすごく大きい数でも表せるようになる。1976 年にコンピュータ科学者のドナルド・クヌースが、理論計算科学の分野に登場するとても大きい数を表す表記法を考え出した。「とても大きい」とは、まさにとても大きくて、従来の記数法で書き下す方法はないという意味だ。1 のあとに 0 が 10^{100} 個続く googolplex も、クヌースの矢印記数法を使って表すことのできる数に比べたらちっぽけだ。

クヌースはまず、

$$a \uparrow b = a^b$$

と定義した。たとえば、10↑2 = 100, 10↑3 = 1000, 10↑100 は googol、10↑(10↑100) は googolplex となる。指数を取る一般的な順序の規則（右から左へ取っていく）をそのまま引き継げば、もっと単純に 10↑10↑100 と書ける。すると、たいして頭を使わなくても、たとえば 10↑10↑10↑10↑10↑10↑10 という数を考えることができる。

でもまだスタートにすぎない。次に

$$a \uparrow\uparrow b = a \uparrow a \uparrow \cdots \uparrow a$$

と定義するのだ。右辺には a が b 個ある。指数は右から取っていくので、

$a↑↑4 = a↑(a↑(a↑a))$

となる。たとえば

$2↑↑4 = 2↑(2↑(2↑2)) = 2↑(2↑4) = 2↑16 = 65,536$
$3↑↑3 = 3↑3↑3 = 3↑27 = 7,625,597,484,987$

だ。あっという間に、いちいち書き下せないような数になってしまう。たとえば $4↑↑4$ は 155 桁だ。でもまさにそれが狙いで、矢印記数法は巨大な数を簡潔に表す方法になる。でもまだまだスタートしたばかりだ。次に

$a↑↑↑b = a↑↑a↑↑ \cdots ↑↑a$

と定義する。右辺には a が b 個ある。やはり ↑↑ は右から左へ取っていく。もうお分かりだろう。さらに続けて

$a↑↑↑↑b = a↑↑↑a↑↑↑ \cdots ↑↑↑a$
$a↑↑↑↑↑b = a↑↑↑↑a↑↑↑↑ \cdots ↑↑↑↑a$

などとするのだ。必ず右辺には a が b 個あって、また演算は右から左へ取っていく。

R・L・グッドシュタインはこのクヌースの記数法をさらに発展させて単純化し、ハイパー演算子という表記法を編み出した。ジョン・コンウェイもそれに似た、横向きの矢印と括弧を使う「チェーン表記法」を考え出した。

相対論と量子力学の統一を目指す理論物理学の 1 分野、弦理論には、$10↑10↑500$ という数が出てくる。これは、時空が取りうる構造の種類である。ドン・ペイジによると、物理学で具体的に計算された有限の時間のなかで一番長いのは、たった

$10↑10↑10↑10↑10↑1.1$ 年

だという。これは、宇宙全体と同じ質量を持つブラックホールの量子

グレアム数

　数学ではときどき、物理学よりも大きい数が必要になることがある。お遊びのためだけじゃなくて、実際の問題にそういう数が出てくるのだ。アメリカ人のロン・グレアムにちなんで名付けられたグレアム数は、ものを並べる方法、またはいくつかの条件を満たす方法が何通りあるかを数える分野、組み合わせ論に登場する。

　1978年にグレアムとブルース・ロスチャイルドは、立方体の多次元版である超立方体に関するある問題に取り組んでいた。正方形には頂点が4つ、立方体には8つ、4次元超立方体には16個、n次元超立方体には2^n個ある。これらの数は、n個の座標を持つ系で0と1を並べるやり方が何通りあるかに相当する。

　n次元超立方体を考えて、そのすべての頂点を線で結んでみよう。そしてそれぞれの線を赤か青に塗る。このとき、どんな塗り方をしても、同じ平面上にあるどれか4つの頂点がすべて同じ色の線で結ばれているようにするためには、nは最低どれだけの大きさでなければならないだろうか？

　グレアムとロスチャイルドは、そのような数nが存在することを証明した。けっして簡単な証明ではない。グレアムはそれ以前にもっと単純な証明を見つけていたけれど、そのときにはもっと大きい数を使わなければならなかった。クヌースの矢印記数法を使えば、最大でも

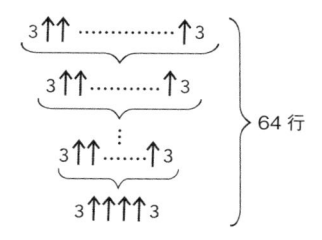

$$\left.\begin{array}{c}\underbrace{3\uparrow\uparrow\cdots\cdots\cdots\uparrow 3} \\ \underbrace{3\uparrow\uparrow\cdots\cdots\uparrow 3} \\ \vdots \\ \underbrace{3\uparrow\uparrow\cdots\cdot\uparrow 3} \\ 3\uparrow\uparrow\uparrow\uparrow 3\end{array}\right\}64\text{行}$$

となる。それぞれの行に矢印が何個あるかは、横長の中括弧の下の数で表されている。一番下の行から見ていくと、その1つ前の行(63行目)には上矢印が $3\uparrow\uparrow\uparrow\uparrow 3$ 個ある。次に、その行で表される個数の矢印を62行目に使って、新しい数を得る。さらに、その行で表される個数の矢印を61行目に使って、……。ふつうの10進法ではどの行も書き下すことはできない。そういう意味では googolplex よりもずっとたちが悪い。でもそこが魅力だ……。

これがグレアム数である。ものすごく巨大な数だ。しかも意味がある。グレアムとロスチャイルドが新たに見つけた数は、これより小さいけれどまだとてつもなく大きく、しかも説明するのが難しいので、ここでは紹介しない。

皮肉なことに、この分野の研究者は、この数をもっとずっと小さくできると予想している。実は $n = 13$ でもうまくいきそうなのだ。でもそれはまだ証明されていない。グレアムとロスチャイルドは、n は6以上でなければならないことを証明した。2003年にはジェフ・エクソーがその値を11にまで引き上げた。いまのところ一番進んでいる結果としては、2008年にジェローム・バークレーが、n は13以上でなければならないことを証明した。

参考文献は319ページ。

頭を抱えてしまう

　科学者が宇宙の年齢（137億9800万年、約 4.35×10^{21} 秒）とか一番近い恒星までの距離（4.243光年、約40兆1400億キロ）といった大きい数のことを話し出すと、ふつうの人は「頭を抱えてしまう」と言いたくなるものだ。世界金融危機による損失額も同じで、一番大きい推計値によると、イギリス経済は1兆1620億ポンドの損失をこうむったという*。ここでは四捨五入して 10^{12} ポンドとしよう。

　万、億、兆……、ほとんどの人にとってはあんまり変わらない。大きすぎて頭を抱えてしまうのだ。

　このように大きい数を正しく理解できないせいで、いろんな事柄、とくに政治に対する見方が歪んでしまう。アイスランドのエイヤフィアトラヨークトル火山から火山灰が噴出して、イギリスでほとんどの飛行機が離陸できなくなったとき、とくに航空会社からはかなりの不満の声が上がった（僕も困った。エディンバラに飛行機で行くことにしていたので、急いで予定を変更して車で行くしかなかった）。損害額は1日あたり1億ポンドと推計された。10^8 ポンドだ。

　実を言うと、損失をこうむった企業は比較的少なかった。でも抗議の声は、金融危機のときよりもたぶん大きかった。

　大きな数どうしを比較するときの秘訣は、頭を抱えないことだ。抱えないのが一番だろう。そういうときには、数学、というより基本的な算数が役に立つ。たとえば、飛行禁止措置がどれだけの期間続くと、金融危機と同じ額の損失が出るかという問題を考えてみよう。次のような計算になる。

　金融危機による損失額：10^{12} ポンド
　噴火1日あたりの損失額：10^8 ポンド
　$10^{12}/10^8 = 10^4$ 日 ＝ 27 年

＊この値は最終的な損失額よりも大きい。銀行が返済し、その一部は財政支援によるものだからだ。2011年3月の時点で最終損失額は4500億ポンド、この値の半分ほどだ。

とてもよく理解できる数値で、1日よりもずっと長いことは簡単に分かる。飛行禁止措置によって金融危機と同じ額の経済的損失が出るまでに27年かかる。大きい数に頭を抱えなくても計算できるのだ。

そのために数学はあるんだ。頭を抱えないで数学を使おう。

平均以上の御者

ドクター・ワツァップの回想録より

私はむかついて新聞をテーブルにたたきつけた。「なあ、ソームズ……、このばかげた統計を見てみろ！」

ヘムロック・ソームズはぶつぶつ言って、パイプに火を付けるのに集中した。

「辻馬車の御者の75パーセントが、自分は平均より能力が上だと思っているんだそうだ！」

ソームズは顔を上げた。「どこがばかげているんだ？ ワツァップ」。

「えーと……ソームズ、こんなことはありえない！ 自分を買いかぶっているに違いない！」

「どうしてだ？」

「平均は真ん中のはずだからだ」。

ソームズはため息をついた。「よくある誤解だ、ワツァップ」。

「誤解……どこがおかしいんだ？」

「すべてだ、ワツァップ。たとえば100人の人間に0から10までの点数を付けたとしよう。99人が10点で残り1人が0点だったら、平均はいくつだ？」

「えー……990/100で……9.9だ、ソームズ」。

「では、平均より上の人間は何人いる？」

「えー……99人だ」。

「言ったとおり誤解だ」。

私はそう簡単には納得しなかった。「でも平均より少し高いだけだし、典型的なデータじゃない」。

辻馬車の御者、John Thompson and Adolphe Smith, *Street Life in London*, 1877 より

「極端な例を出して、確かにこういうことが起きるのを証明したんだ、ワツァップ。歪んでいる、つまり対称的でないどんなデータでも、似たようなことが起きる。たとえば、ほとんどの御者は中くらいの能力で、少なからぬ御者がとんでもなくだめで、ごくわずかな御者だけが優れていたとしよう。その場合、平均より上なのはどんな御者だ？」

「えーと……だめな御者が平均を引き下げて、優れた御者はそれを挽回できない……。そうか！　中くらいの御者と優れた御者はみんな平均より上になる！」

「そのとおりだ」とソームズは答えた。そしてくず紙にグラフを書いた。「このようなもっと現実的なデータの場合、平均は 6.25、御者の 60 パーセントが平均より上になる」。

平均以上の御者 ―― 183

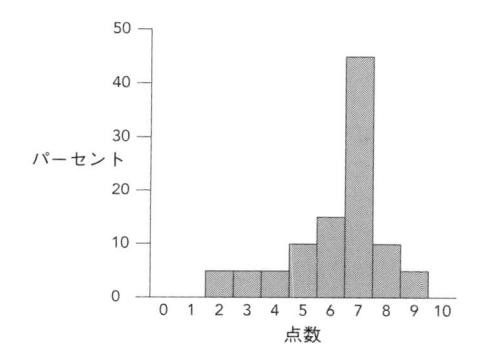

ソームズが考えた架空の御者の能力値。60パーセントの御者が平均より上になる。

「ということは、『マンチェスター・ミログラフ』のこの記事は間違っているんだな?」 私は尋ねた。

「驚いたか? ワツァップ。はっきり言ってこの新聞に正しい記事などほとんどない。でもこの記事は、よくある落とし穴にはまっている。平均と中央値を混同しているんだ。中央値は、半数がそれより上で半数がそれより下の値と定義される。平均値と中央値が同じであることはほとんどない」。

「ということは、御者の75パーセントが中央値より上ということはありえないのかい?」

「御者の人数が0でない限りな」。

「でも、御者の75パーセントが平均より上ということはありえるのか?」

「そうだ」。

「ということは、御者が自分の能力を買いかぶっているわけじゃないのか?」

ソームズはまたため息をついた。「なあ、ワツァップ、それはまったく別の問題だ。『優越の錯覚』という、よくある認識の偏りが存在

する。人は、自分は他人よりも優れていると思い込む。たとえ実際には優れていなくてもね。ほとんどの人間はそういう偏った認識を持っているが、私自身はその重要な例外だ。雑誌『計量骨相学と知覚』の先月号の記事によると、スウェーデンの御者の69パーセントが自分は中央値より上だと評価したそうだ。これは間違いなく錯覚だ」。

現代の実際のデータは319ページ。

ねずみ取りの立方体

ジェレミア・ファレルは、23ページで紹介した単語魔方陣と同じルールに則った、単語魔法立方体を考え出した。もとの単語はMOUSETRAP（ねずみ取り）、各文字に割り振る数はM＝0, O＝0, U＝2, S＝6, E＝9, T＝18, R＝3, A＝1, P＝0だ。単語のなかには人の名前もあるし、あまり使われないものもある。たとえばOSEは悪魔の名前で、日本、ナイジェリア、ポーランド、ノルウェー、スカイ島の地名でもある。それでも、こんなものが作れるとは驚きだ。

一番上の層		
MOP	RUE	SAT
RAT	SOP	EMU
USE	MAT	PRO

真ん中の層		
EAR	SOT	UMP
SUP	MAE	ROT
TOM	PUR	SEA

一番下の層		
STU	MAP	ORE
MOE	RUT	SAP
RAP	OSE	TUM

ねずみ取り単語魔法立方体のそれぞれの層

シェルピンスキー数

大きい素数を探している数論学者は、$k2^n+1$という形の数について考えることが多い。ある決まったkを選んで、nを変えていくのだ。

実験によると、ほとんどの k に対して素数が少なくとも 1 個、たいていは 2 個以上存在するらしい。たとえば $k=1$ の場合、$1 \times 2^n + 1$ は、$n = 2, 4, 8$ のときに素数になる。$k = 3$ の場合、$3 \times 2^n + 1$ は、$n = 1, 2, 5, 6, 8, 12$ のときに素数になる。$k = 5$ の場合、$5 \times 2^n + 1$ は、$n = 1, 3, 7$ のときに素数になる（一般的に、k を 2 の倍数で割って奇数にし、その倍数を 2^n のなかに含めてしまうことができる。だから、k は奇数であるとしても一般性は失われない。たとえば、$24 \times 2^n = 3 \times 2^3 \times 2^n = 3 \times 2^{n+3}$ とすればいい）。

そこで、2 以上のどんな k に対しても $k2^n + 1$ という形の素数が 1 つ以上は存在する、という予想を立てたくなる。ところが 1960 年にヴァツワフ・シェルピンスキーは、$k2^n + 1$ の形の数がすべて合成数であるような奇数 k が無限個存在することを証明した。それらの数 k はシェルピンスキー数と呼ばれている。

1992 年にジョン・セルフリッジが、$78557 \times 2^n + 1$ の形の数はすべて 3, 5, 7, 13, 19, 37, 73 のうちの少なくとも 1 つで割り切れることを示して、78557 はシェルピンスキー数であることを証明した。これらの除数は "covering set" と呼ばれている。知られているシェルピンスキー数のうち小さいほうの 10 個は、

78,557　271,129　271,577　322,523　327,739
482,719　575,041　603,713　903,983　934,909

78557 は最小のシェルピンスキー数だと考えられているけれど、まだ証明も反証もされていない。ウェブサイト www.seventeenorbust.com は 2002 年から、$k2^n + 1$ の形の素数を探して k がシェルピンスキー数でないことを証明する取り組みを続けている。開始時点では 78557 より小さいシェルピンスキー数の候補が 17 個あったけれど、1 つ 1 つ消えていって、いまでは 10223, 21181, 22699, 24737, 55459, 67607 の 6 個しか残っていない。その過程でとても大きい素数がいくつも見つかっている。

k	$k2^n+1$ の形の素数
4847	$4847 \times 2^{3321063} + 1$
5359	$5359 \times 2^{5054502} + 1$ (当時、知られている素数のなかで4番目に大きかった)
10223	
19249	$19249 \times 2^{13018586} + 1$
21181	
22699	
24737	
27653	$27653 \times 2^{9167433} + 1$
28433	$28433 \times 2^{7830457} + 1$
33661	$33661 \times 2^{7031232} + 1$
44131	$44131 \times 2^{995972} + 1$
46157	$46157 \times 2^{698207} + 1$
54767	$54767 \times 2^{1337287} + 1$
55459	
65567	$65567 \times 2^{1013803} + 1$
67607	
69109	$69109 \times 2^{1157446} + 1$

ジェイムズ・ジョセフ・何?

　ジェイムズ・ジョセフ・シルヴェスターはイギリス人数学者。アーサー・ケイリーとともに行列理論や不変理論などを研究した。生涯、詩が好きで、数学の研究論文に詩の一節を引用することも多かった。1841年にアメリカへ移住したけれど、まもなく帰国した。1877年には再び大西洋を渡って、ジョンズ・ホプキンス大学で初の数学教授の職に就き、いまだに権威のある学術雑誌 American Journal of Mathematics を創刊した。そして1883年にイングランドへ戻ってきた。

ジェイムズ・ジョセフ・シルヴェスター

もともとはジェイムズ・ジョセフという名前だった。兄がアメリカへ移住したとき、入国管理局の職員に、ファーストネーム、ミドルネーム、ラストネームの3つの名前がないとだめだと言われた。すると兄はなぜか「シルヴェスター」というラストネームを付け加えた。ジェイムズ・ジョセフもそれに倣(なら)ったのだ。

バフルハムの泥棒

ドクター・ワツァップの回想録より

バフルハム卿の立派な屋敷に泥棒が押し入り、金庫からエメラルドとルビーを盗んでいった。捜査に呼び出されたソームズは、すぐに2人の客が怪しいとにらんだ。エスメラルダ・ニケット夫人とルビー・ロブハム男爵夫人だ。2人とも生活が苦しく、誘惑に負けたに違いない。でも証明するにはどうしたらいいのか？

2人とも宝石を持っていることは認めたが、自分のものだと主張した。捜索令状があれば事件は解決するはずだが、まだルーレード警部が首を縦に振らないので、夫人たちの宝石箱を調べることはできなかった。

「事件が解決するかどうかは、2 人の夫人が宝石を何個持っているかにかかっている」とソームズは言った。「盗まれた数と一致すれば、決定的な証拠になる。ルーレードは、2 人が持っている宝石の数を言わないと捜索令状を取ってくれない」。

「エスメラルダはエメラルドしか持っていないと言っている」。私は上の空でつぶやいた。「ルビーはルビーしか持っていないと言っている」。

「そのとおりだ。2 人とも本当のことを言っているはずだ。お手伝いの証言によると、エメラルドとルビーの数はそれぞれ 2 個から 101 個のあいだ、ただし 2 個と 101 個は除くという」。

「料理人はあまり話そうとしない。でも説得して、2 つの数の積は答えてくれた」と私。

「執事も無口だが、ソヴリン金貨を 10 枚渡したら口を開いて、2 つの数の和を答えた」とソームズは言った。

「なら、2 次方程式を解けば 2 つの数が分かる！」 私は興奮して叫んだ。

「もちろんだ。だが、2 つの数のどちらがエメラルドの個数で、どちらがルビーの個数かは分からない」と言ってソームズは考え込んだ。「データは対称的だ。しかし、どちらをどちらに当てはめてもルーレード警部が捜索令状を取るには十分だろう。それで結構だ」。

「和の値を教えてくれれば方程式を解こうじゃないか」と私は言った。

「なあ、ワツァップ、君は本当におおざっぱだな」。ソームズに文句を言われた。「君に積の値を教えてもらわなくても 2 つの数を導き出せるかもしれない。…… 君には 2 つの数が分かったか？」

「いいや」。

「僕は分かった」とソームズが言うので、私はいらいらした。分かったのならなぜ聞くんだ？ すると突然ひらめいた。

「私にも分かったよ」と言ってやった。

「この場合、私もそうだ、ワツァップ」。

2つの数は何か？　答は319ページ。

πの1000兆桁目

　現在のところ、10進法で表した π の値は 12,100,000,000,050 桁まで分かっている。2013年に近藤滋が94日間かけて計算した。その答そのものに関心がある人は誰もいないけれど、この手の記録競争はこれまでいくつか新しい考え方にもつながったし、新たなスーパーコンピュータをテストするのにいい方法でもある。もっとおもしろい発見の1つとして、π のある特定の桁の数字を、それより前の桁を求めずに計算することができる。でもいまのところ、16進数でしかできない。8進数、4進数、2進数での数字はそこからすぐに導ける。このアイデアは、π 以外の定数や3進数にも一般化されているけれど、体系的な理論はまだない。10進数でそうした方法は見つかっていない。

　最初に見つかったBBP（ベイリー゠ボーワイン゠プラウフ）の公式というものを、これから説明しよう（『数学の秘密の本棚』210ページも見てほしい）。その公式は無限級数の形をしていて、これを使うと、16進数で表した π のある特定の桁の数字を、それより前の桁を求めずに計算することができる。そしてプロジェクトPiHexによって、π の1000兆桁目は0であることが明らかになったし、ヤフーのある社員が23日間かけて計算して、2000兆桁目も0であると分かった。でも、それより前の桁を知るには、また同じ大量の計算をしないといけない。

　2011年にデイヴィッド・ベイリー、ジョナサン・ボーワイン、アンドリュー・マッティングリー、グレン・ワイトウィックが、この分野の概説論文を書いた［The computation of previously inaccessible digits of π^2 and Catalan's constant, *Notices of the American Mathematical Society* 60 (2013) 844-854］。その論文には、64進数で表した π^2 の各桁、729進数で表した π^2 の各桁、そして、4096進数で表したカタラン定数の10兆桁目以降の数字を計算する方法が説明されている。

話はオイラーが導いた級数

$$\log 2 = \frac{1}{1 \cdot 2} + \frac{1}{2 \cdot 4} + \frac{1}{3 \cdot 8} + \frac{1}{4 \cdot 16} + \cdots = \sum_{k=1}^{\infty} \frac{1}{k 2^k}$$

にさかのぼる。和は記号Σを使って表されている。この式は2の累乗を使っているので、2進数で表したlog 2のある特定の桁の数字を計算する方法に変えることができる。計算は可能だけれど、桁の位置が後ろになればなるほど長い時間がかかる。

BBPの公式は

$$\pi = \sum_{n=1}^{\infty} \left(\frac{4}{8n+1} - \frac{2}{8n+4} - \frac{1}{8n+5} - \frac{1}{8n+6} \right) \left(\frac{1}{16} \right)^n$$

というものだ。16の累乗が使われているので、16進数で表したπのある特定の桁の数字を計算できる。$16 = 2^4$なので、2進数の数字も求めることができる。

この方法はこの2つの定数にしか使えないのだろうか？ 1997年以降、数学者たちは別の定数でも似たような無限級数がないかを探し、

$\pi^2 \quad \log^2 2 \quad \pi \log 2 \quad \zeta(3) \quad \pi^3 \quad \log^3 2 \quad \pi^2 \log 2 \quad \pi^4 \quad \zeta(5)$

などかなりの数の定数で見つけた。ζはリーマンのゼータ関数で、

$$\zeta(n) = \frac{1}{1^n} + \frac{1}{2^n} + \frac{1}{3^n} + \frac{1}{4^n} + \frac{1}{5^n} + \cdots$$

である。さらに、カタラン定数

$$G = \frac{1}{1^2} - \frac{1}{3^2} + \frac{1}{5^2} - \frac{1}{7^2} + \frac{1}{9^2} + \cdots$$
$$= 0.9115965599417722 \cdots$$

でも見つかっている。このうちのいくつかの定数では、3進数または、3の何らかの累乗を底とした記数法で表した場合の数字を求めることができる。たとえば、デイヴィッド・ブロードハーストが導いた驚きの公式

$$\pi^2 = \frac{2}{27}\sum_{k=0}^{\infty}\frac{1}{729^k}\left(\frac{243}{(12k+1)^2} - \frac{405}{(12k+2)^2} - \frac{81}{(12k+4)^2}\right.$$
$$- \frac{27}{(12k+5)^2} - \frac{72}{(12k+6)^2} - \frac{9}{(12k+7)^2} - \frac{9}{(12k+8)^2}$$
$$\left.- \frac{5}{(12k+10)^2} + \frac{1}{(12k+11)^2}\right)$$

を使うと、$729 = 3^6$ を底とする記数法で表した π^2 のある桁の数字を計算できる。

πは正規か？

πの数字はランダムに見えるけれど、計算するたびに必ず同じ数が出てくる（誤差がなければ）ので、真にランダムではない。でも、ほとんどあらゆるランダムな数字列の場合と同じように、10進法で表したπにはどんな有限数字列もどこかに必ず含まれていると、一般的に考えられている。それどころか、その有限数字列は無限個含まれていて、それらのあいだには長いランダムな数字列が挟まっており、またそれぞれの有限数字列が占める割合はランダムな数字列で予想される値と等しいという。

正規性と呼ばれるこの性質は「ほぼすべての」数について当てはまることを証明できる。つまり、十分に大きい範囲を取れば、そのうち正規である数の割合を好きなだけ100パーセントに近づけられるということだ。でもそこには落とし穴がある。ある決まった数、たとえばπは例外かもしれないのだ。πは例外なのだろうか？　それは分かっていない。最近まで解決の望みはなかったけれど、さっき挙げたような公式によって新しい攻略の道筋が開け、2進数（または16進数）についてはもうすぐ解決できるかもしれない。

こうした性質は、また別の数学的手順からも出てくる。反復だ。ある数からスタートして、それにあるルールを当てはめて別の数を求め、それを繰り返しおこなって数列を作るという方法だ。たとえば2から

スタートして、「2乗せよ」というルールを使ったら、

    2   4   16   256   65,636   4,294,967,296 …

という数列ができる。

　2進数で表した $\log 2$ などの値は、$x_0 = 0$ からスタートして

$$x_{n+1} = 2x_n + \frac{1}{n} \pmod{1}$$

という反復式で作っていくことができる。(mod 1) という記号は「整数部分を引く」という意味で、たとえば $\pi \pmod{1} = 0.14159\cdots$ となる。この式を使って出てきた数字が0から1の範囲に一様に散らばっていれば、2進数で表した $\log 2$ は正規であると証明できる。そのような「均等な分布」はかなり多くのケースに見られる。ただし残念ながら、上の反復式でそうなることを証明するにはどうすればいいか、それは分かっていない。でもうまくいきそうなアイデアで、いずれは証明できるかもしれない。

　π については、これと似ているけれどもっと複雑な反復式がある。

$$x_{n+1} = \left(16x_n + \frac{120n^2 - 89n + 16}{512n^4 - 1024n^3 + 712n^2 - 206n + 21}\right) \pmod{1}$$

　もしこれが均等な分布であれば、π は2進数で正規ということになる。

　この式からは、とても奇妙だけれど決定的なことが分かった。0から1までの範囲を16倍に引き伸ばして、$y_n = 16x_n$ が0から16までの範囲に来るようにしたとしよう。すると、それぞれの y_n の整数部分は0から15になる。実験をしてみると、それらの値は16進数で表した $\pi - 3$ の各数字と完全に一致するのだ。コンピュータで1000万桁目まで確かめられている。これを使うと、16進数で表した π の n 桁目の数字を求める公式ができそうだ。あとのほうへ行くほど計算はどんどん難しくなり、1000万桁目まででは120時間かかった。

　これが正しいと考えられる確かな理由はいくつもあるけれど、厳密

な証明にはなっていない。食い違いがあったとしてもとても少ないことは分かっている。最初の1000万回の反復では1回も食い違いが起きていないので、それ以降でも、食い違いが起こる確率は10億分の1くらいだろう。でも証明にはなっていない。証明を見つけられそうだ、と期待するしかない。

最後に紹介する予想も、しっかりとした証拠に基づいていて、この分野がどんなに奇妙であるかを物語っている。もう1つの有名な定数である自然対数の底 e （約 2.71828）では、こういうことはできないらしいのだ。e に比べて π は何か特別なようだ。

数学者、統計学者、工学者が……

……競馬場に行った。終わってから3人はバーで会った。工学者はやけ酒を飲んでいた。「どうしてすっからかんになったんだろう。馬の大きさを測って、どの馬が力学的に一番効率的で力強いかを計算し、どれだけ速く走れるかをはじき出したのに……」。

「そこまでは問題ない」と統計学者が言った。「でも、1頭1頭の調子が変化することを忘れている。私はこれまでのレースの統計解析をして、ベイズ法と最尤推定値を使い、どの馬が一番勝つ確率が高いかを導いたんだ」。

「それで勝ったのかい？」

「いや」。

「おごらせてくれ」と数学者は言って、膨らんだ財布を取り出した。「今日はだいぶ勝ったよ」。

この男は馬のことをよく知っているらしい。ほかの2人は秘密を聞きたがった。

数学者はしぶしぶ教えはじめた。「無限個の同一な球形の馬を考え……」。

和田の湖

トポロジーという分野には、直感を裏切るような事柄が多い。だから難しいのだけれど、逆にそこがおもしろい。ここでは、数値解析に応用されているトポロジーのある奇妙な事実を紹介しよう。

平面上の2つの領域が共通の境界線を持つ場合がある。イングランドとスコットランドの境界線や、アメリカとカナダの国境を思い浮かべてほしい。3つ以上の領域は共通の境界点を持つ場合がある。アメリカのアリゾナ州、コロラド州、ニューメキシコ州、ユタ州は、フォーコーナーズと呼ばれる1点で接している。

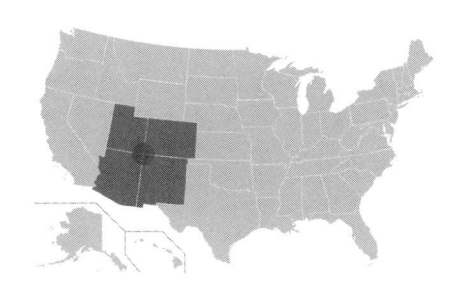

フォーコーナーズ

工夫をすれば、どんな個数の領域でも共通の境界点を2つ持っているように並べることができる。でも、3つ以上の領域が共通の境界点を2つ以上持つようにすることができるとは、どうしても思えない。ましてや、すべての領域がまったく同じ境界を持つようにすることなど無理そうだ。

でもそれは可能なのだ。

はじめに、境界とは何かを正確に定義しないといけない。平面上にいくつかの領域があったとしよう。多角形でなくてもいい。とても複雑な形でもいいし、どんな点の集合でもいい。ある点を中心として、半径が0でないどんなに小さい円盤を取っても、問題としている領域

内のどこかの点を必ず含んでいるとき、「その点はその領域の閉包に含まれる」と言う。ある点を中心として、半径が0でない何らかの円盤を取ったとき、その円盤が、問題としている領域に含まれているとき、「その点はその領域の内部に含まれる」と言う。するとその領域の境界は、閉包には含まれるけれど内部には含まれないすべての点からなる、ということになる。

分かっただろうか？ 平たく言うと、端に乗っているけれど内側にはない点ということだ。

多角形の領域はまっすぐな線分に囲まれていて、それらの線分が境界になるので、この場合には、さっきの定義はふつうの境界の概念と一致する。3つ以上の多角形領域がすべて同じ境界を持つのは不可能だということは証明できる。でももっと複雑な形の領域だと、話が違ってくる。1917年に日本人数学者の米山国蔵が、3つの領域がまったく同じ境界を持つという例を発表した。米山は、そのアイデアは師の和田健雄が思いついたのだと語った。そのため、このような種類の領域は「和田の湖」と呼ばれている。

その3つの領域は、無限プロセスを使って1段階ずつ作っていく。はじめに3つの正方形領域からスタートする。

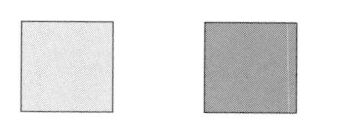

3つの正方形からスタート……

そして一番左の領域に、3つの領域すべてをぐるっと取り囲む溝を付け足す。このとき、それぞれの正方形の境界上の各点に溝が近づくようにする。また、溝が1周してつながってしまわないように、どこかに隙間を空けておく。

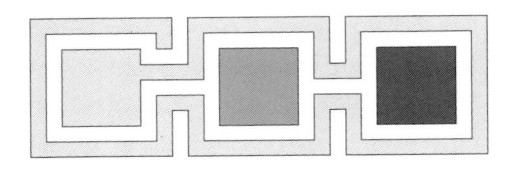

溝を掘って……

次に2つめの領域に、ここまでできた3つの領域すべてをぐるっと取り囲む、もっと細い溝を付け足す。

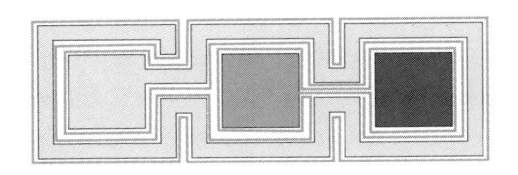

もっと細い溝を掘って……

同じように、一番右の領域にもさらに細い溝を付け足す。そうしたら、一番左の領域に戻って、もっと細い溝を付け足す。

この操作を無限回繰り返す。そうしてできる領域は無限に入り組んでいて、無限に細い溝を持っている。でも、操作をするごとに領域どうしがどんどん近づいていくので、3つの領域はすべて同じ（無限に複雑な）境界を持つことになる。

4つ以上の領域からスタートしても同じことができて、すべての領域が同じ境界を持つようになる。

もともと和田の湖が考え出されたのは、平面のトポロジーは思ったほど簡単ではないということを示すためだった。それから何年も経って、代数方程式を解くための数値的手法によって自然とこうした領域ができてくることが分かった。たとえば3次方程式 $x^3 = 1$ は、実数解は $x = 1$ の1つだけだけれど、複素解は $x = -\frac{1}{2} + \frac{1}{2}\mathrm{i}\sqrt{3}$ と $x = -\frac{1}{2} - \frac{1}{2}\mathrm{i}\sqrt{3}$ と2つある（$\mathrm{i} = \sqrt{-1}$）。複素数は平面上の点として

表すことができて、$x + iy$ は座標 (x, y) の点に対応する。

　数値近似解を求めるための一般的な方法として、ランダムに選んだ複素数からスタートし、ある決まった手順で2つめの数を計算し、それを値がほとんど変わらなくなるまで何度も繰り返すという方法がある。その最終的な値は解に近くなる。3つの解のうちどれに近づいていくかは、どこからスタートしたかによって決まるが、その様子はとても複雑になっている。複素平面上の各点を、どの解に近づいていくかに応じて色分けしたとしよう。たとえば、$x = 1$ に近づいていくなら中間の濃さの灰色に、$x = -\frac{1}{2} + \frac{1}{2}i\sqrt{3}$ に近づいていくなら薄い灰色に、$x = -\frac{1}{2} - \frac{1}{2}i\sqrt{3}$ に近づいていくなら濃い灰色にする。そして、互いに同じ色で塗られたすべての点を1つの領域と定義する。このとき、3つの領域がすべて同じ境界を持つことを証明できるのだ。

　和田の湖と違って、それぞれの領域は1つにつながっていない。無限個の部分に分かれているのだ。でも、こんなに基本的な数値解析の問題からこんなに複雑な領域が出てくるというのは驚きだ。

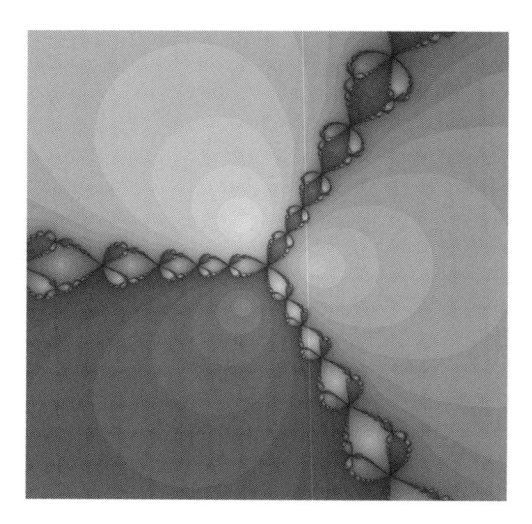

3つの領域は3次方程式のそれぞれの解に対応している。

フェルマーの最終5行詩

長年のある難題が
天才たちや賢人たちを困らせてきた。
でもついに光が差した。
フェルマーは正しかったらしい……
その余白には 200 ページが付け足された。

マルファッティの間違い

ドクター・ワツァップの回想録より

「おかしいぞ！」 私は大声を出した。

ソームズは私のほうをちらりと見た。リスの足跡の石膏型の膨大なコレクションを調べていたのを邪魔されて、明らかに迷惑そうだった。

「答は当たり前に見えるのに、どうやら間違っているんだ！」 私は叫んだ。

「当たり前のことはたいていそうだ」とソームズは言った。そして、「間違っている」とはっきり付け加えた。

「ジャン・フランチェスコ・マルファッティという名前を聞いたことはあるかい？」 私は聞いた。

「斧で何人も殺した男か？」

「いや、ソームズ。それは"ハッカー"・フランク・マカヴィティだ」。

「ああ、申し訳ない、ワツァップ。そのとおりだ。上の空だった。ラトゥファ・マクロウラの足跡の標本が壊れてしまったんだ。シモフリオオリスさ」。

「マルファッティはイタリア人幾何学者のことだよ、ソームズ。1803 年にマルファッティは、くさび形の大理石から円柱を 3 本切り出して、合計の体積がもっとも大きくなるようにするにはどうしたらいいか、という問題を思いついた。そしてその問題は、くさび形の三角形の断面の内側に 3 つの円を描いて、その合計の面積がもっとも大

きくなるようにするにはどうしたらいいか、という問題と同等なはずだと考えたんだ」。

「単純だがおそらく正しい仮定だな」とソームズは答えた。「でも円柱は斜めにも切り出せるかもしれない」。

「そうか、それは気がつかなかった……。でもとりあえず、マルファッティの仮定が正しいとしよう。そのほうが問題をうまく言い換えられるからね。マルファッティは当然、3つの円のそれぞれがほかの2つの円と三角形の1辺に接している状態が答だと考えたんだ」。私はおおざっぱな図を描いた。

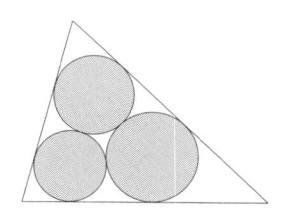

マルファッティの円

「僕には間違いが分かった」とソームズは言った。ほとんどの人には分からない複雑な事柄を理解したときによく取る、いらいらするほどぶっきらぼうな言い方だった。

「正直、分からないんだ」と私は言った。「1つの円が三角形の内側にあって、ほかの円と重なっていないで、いま言ったように接していなかったら、その円はもっと大きくできるじゃないか」。

「確かにそうだ」とソームズ。「だがそれだと、接していることが十分条件だというのを証明しているだけで、必要条件ではない」。

「それは分かっているよ、ソームズ。でも……、ほかにどういうふうに円を並べられるんだい？」

「もちろん、互いに接するように並べる方法はほかにもあるかもしれない。たとえば、一番単純なケースとして正三角形で考えてみたか？」

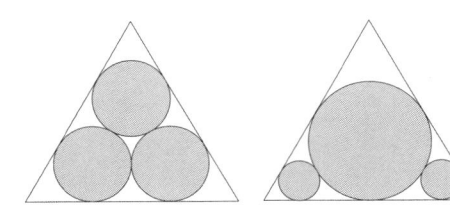

正三角形の場合の2通りの並べ方

「まず、マルファッティの並べ方がある。左の図だ。では右の図はどうだ？　この場合も円はこれ以上大きくできないが、接し方のパターンは違っている。2つの小さい円は、大きい円には接しているが互いには接していない。その代わり、それぞれ三角形の2本の辺に接している」。

私は図をにらんだ。「見た目、最初の並べ方のほうが面積が大きそうだぞ、ソームズ」。

するとソームズは笑い出した。「ワツァップ、このとおり人の目は簡単にだまされてしまうんだ。三角形の辺の長さを1単位としよう。マルファッティの並べ方では面積は 0.31567、だがもう一方は 0.31997。ごくわずかに大きいんだ」。

ソームズの博学ぶりにはたびたび言葉を失う。「差は小さいかもしれないが決定的な違いだ、ソームズ。マルファッティは間違っていたんだな」。

「そのとおりだ、ワツァップ。しかも、マルファッティの並べ方と正解の並べ方との差がもっとずっと大きくなる場合もある。たとえば細長い二等辺三角形の場合、正解の並べ方は3つの円を縦に並べるやり方で、面積はマルファッティの並べ方の2倍近くになるのだ」。

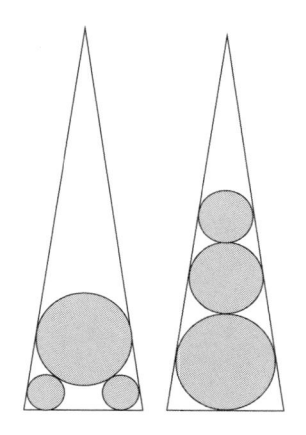

細長い二等辺三角形。左：マルファッティの並べ方。右：面積が最大になる並べ方

ソームズはいったん口を閉じて、部屋中に散らばったラトゥファ・マクロウラの足跡の壊れた石膏型を暖炉に投げ込んだ。そしてこう付け加えた。「皮肉なことに、マルファッティの並べ方が一番大きくなることは絶対にない。三角形の内側になるべく大きい円を1つ描いて、その残った隙間にはまるなるべく大きい円を見つけ、最後に3つめの円で同じことをする。そういう貪欲アルゴリズムのほうが必ず大きくなって、それが正解になるんだ」。

詳しくは 321 ページ。

平方数の余り

平方数の最後の数字は、0, 1, 4, 5, 6, 9 のいずれかだ。2, 3, 7, 8 で終わることはない。もっというと、ある数の 2 乗の最後の数字は、もとの数の最後の数字だけで決まる。

もとの数の最後の数字が 0 なら、2 乗の最後の数字は 0。

もとの数の最後の数字が 1 か 9 なら、2 乗の最後の数字は 1。

もとの数の最後の数字が 2 か 8 なら、2 乗の最後の数字は 4。
もとの数の最後の数字が 5 なら、2 乗の最後の数字は 5。
もとの数の最後の数字が 4 か 6 なら、2 乗の最後の数字は 6。
もとの数の最後の数字が 3 か 7 なら、2 乗の最後の数字は 9。

数論学者はこの手の事実を、ある数を法とする整数を使って言い換えたがる（次ページの表）。法が 10 なら、0 から 9 までの数だけを考えればいい。どんな数でも 10 で割ると、余りは 0 から 9 になる。これらの数の平方数（法を 10 として）は

0 1 4 9 6 5 6 9 4 1

となって、上の規則のリストと同じことを違う方法で表していることになる。

法を 10 とした平方数のこのリストは、最初の 0 を除けば対称的だ。1496 という数が、5 の後ろに逆の順番で 6941 と並んでいる。このように対称的になるのは、法を 10 とすると n の 2 乗と $10-n$ の 2 乗が同じになるからだ。なぜなら、$10 - n = -n \pmod{10}$ で、$n^2 = (-n)^2$ だからだ。だから、さっきの 4 つの数はこのリストに 2 回ずつ登場して、0 と 5 は 1 回登場する。2, 3, 7, 8 はまったく登場しない。あんまり平等ではないけれど、どうしようもない。

法を変えたらどうなるだろうか？　ある法のもとで平方数になる値を、平方剰余という（剰余とは、法で割った余りという意味）。それ以外の値を、平方非剰余という。

たとえば法を 11 としよう。11 未満の数の 2 乗は

0 1 4 9 16 25 36 49 64 81 100

で、これを 11 を法として還元すると

0 1 4 9 5 3 3 5 9 4 1

となる。だから、11 を法とする平方剰余は

0 1 3 4 5 9

平方非剰余は

2 6 7 8 10

だ。

表にすると次のようになる。

法 m	m を法とする平方数	平方剰余
2	0 1	0 1
3	0 1 1	0 1
4	0 1 0 1	0 1
5	0 1 4 4 1	0 1 4
6	0 1 4 3 4 1	0 1 3 4
7	0 1 4 2 2 4 1	0 1 2 4
8	0 1 4 1 0 1 4 1	0 1 4
9	0 1 4 0 7 7 0 4 1	0 1 4 7
10	0 1 4 9 6 5 6 9 4 1	0 1 4 5 6 9
11	0 1 4 9 5 3 3 5 9 4 1	0 1 3 4 5 9
12	0 1 4 9 4 1 0 1 4 9 4 1	0 1 4 9

 一見すると、さっき言った以外にははっきりしたパターンはほとんどないように思える。でも、それこそがこの分野の魅力だ。パターンはいくつもあるのに、それを見つけるには少し掘り下げていかないといけないのだ。オイラーやカール・フリードリッヒ・ガウスなど、何人もの偉大な数学者がこの分野にかなりの関心を示した。

 2乗するというのはそれ自身と掛け合わせるということで、数論の世界では、掛け算で一番重要なのは素数だ。そこでまず、上のリストのなかで法が素数のもの、2, 3, 5, 7, 11に注目しよう。法2は例外で、剰余は0と1しかありえず、どっちも平方数だ。ほかの素数ではすべて、剰余のうちの約半数が平方数で残りが平方数でない。もっと正確

に言うと、p を素数とすると、$(p+1)/2$ 個の相異なる平方剰余があって、平方非剰余は $(p-1)/2$ 個ある。ほとんどの平方剰余は 2 つの異なる数の 2 乗であって、適当な n に対して n^2 と $(-n)^2$ の両方になっている。でも 0 は、$-0=0$ なので 1 回しか出てこない。

法が合成数だと話は複雑になる。その場合、1 つの平方剰余が 2 つより多い個数の数の 2 乗になることがある。たとえば法が 8 の場合には、1 は 1, 3, 5, 7 の 2 乗なので 4 回登場する。これをうまく理屈づけるには現代の抽象代数学を使うのが一番だけれど、その前に法 15 のケースを見てみるといい。15 には 2 つの素因数、$15 = 3 \times 5$ がある。そして平方数のリストは、

n	0	1	2	3	4	5	6	7	8	9	10	11	12	13	14
n^2	0	1	4	9	1	10	6	4	4	6	10	1	9	4	1

となる。

だから、法 15 の平方剰余は

$0 = 0^2$
$1 = 1^2, 4^2, 11^2, 14^2$
$4 = 2^2, 7^2, 8^2, 13^2$
$6 = 6^2, 9^2$
$9 = 3^2, 12^2$
$10 = 5^2, 10^2$

となる。1 回しか出てこないものもあれば、2 回、4 回出てくるものもある。1 回か 2 回しか出てこないものは、15 の素因数である 3 または 5 で割り切れる数の 2 乗だ。それ以外の数は、2 乗すると同じになる 4 つ組として出てくる。

このパターンは、p と q を互いに異なる奇素数として pq という形のすべての法に当てはまる。0 から $pq-1$ までの数のうち、p でも q でも割り切れないものは、2 乗すると同じになる 4 つ組に分かれる (素因数の一方が 2 だとそれは成り立たない。たとえば $10 = 2 \times 5$ で

は、さっき見たように平方数はペアまたは単独で出てくる)。

　代数学では、すべての正の数は2つの平方根を持っている。正の数と負の数だ。でも pq を法とする算術では、多くの数 (p でも q でも割り切れない数) は4つの異なる平方根を持っているのだ。

　このおもしろい事実はうまい形で応用されている。次にその話をしよう。

電話でコイントスをやる

　アリスとボブが確率五分五分のコイントスをやりたがっているとしよう。前に話したように (139ページ)、アリスはアリススプリングスにいて、ボブはボビントンにいる。2人が電話でコイントスをすることはできるだろうか？　一番の問題はポーカーの場合と同じ。アリスがコインを投げるか、または確率の等しい2つの結果が出る何らかの操作をして、その結果をボブに伝えても、ボブにはアリスが本当のことをいっているかどうか分からない。最近ならスカイプを使ってコイントスの様子を見ることができるけれど、それでも、前もってコイントスの様子を何度も撮影しておいてその動画のうちの1つを送信すれば、八百長することができる。

　コイントスはトランプ2枚でポーカーをするようなものなので、140ページで説明した方法を使うこともできる。でも平方剰余を使うと、別の鮮やかな方法で同じことができる。それは次のようにやる。

　まずアリスが、2つの大きい奇素数 p と q を選ぶ。それ自体は秘密にしておくけれど、それらの積 $n = pq$ はボブに送信する。それだとボブは n を素因数分解して p と q を知ることができるように思えるかもしれないけれど、2つの数が十分に大きければ、たとえば p も q も100桁の数であれば、素因数分解する実用的な方法はいまのところ知られていない。現在最速のアルゴリズムを使って最速のコンピュータで計算しても、宇宙の年齢よりも長くかかってしまうのだ。だから、ボブが実際の素因数を知ることはできない。でも、ある100桁の数が

素数かどうかを素早く調べる方法はある。だからアリスは、pとqを試行錯誤で見つけることができる。

一方ボブは、n未満のあるランダムな整数xを選んで、それを秘密にしておく。

ボブが物知りなら、xがpとqの倍数かどうかを素早くチェックすることができる。pとqで割ってみてチェックするのではない。pとqは知らないのだからそれはできない。ユークリッドのアルゴリズム（115ページ）を使って、xとnの最大公約数を求めるのだ。最大公約数が1でなかったら、pとqのどちらかが分かってしまうので、新しいxを選んで最初からやり直さないといけない。でも実際にはそれを気にする必要はない。pとqは100桁の数なので、ランダムに選んだxがpとqのどちらかで割り切れる確率は2×10^{-100}しかないからだ。

次にボブは$x^2 (\mathrm{mod}\, n)$を計算する。それは素早く計算できて、その結果をアリスに送信する。このとき前もって、アリスがxまたは$-x$を正しく導けたらアリスの勝ち（「表」）、導けなければアリスの負け（「裏」）と決めてある。

前のコラムで説明したように、法pqのもとで、pでもqでも割り切れない整数は、ちょうど4つの平方根を持っているのだった。xの2乗と$-x$の2乗は同じなので、4つの平方根は、適当なaとbに対して$a, -a, b, -b$という形をしている。アリスはp, q, xを知っているので、その4つの平方根を素早く計算できる。そのうちの2つはボブが選んだxと$-x$で、残り2つはそれとは違う。だから、アリスが$\pm x$を正しく言い当てられる確率は50パーセントとなって、フェアなコインを投げるのと同じだ。アリスは4つの平方根のうちの1つ、たとえばbを選んで、それをボブに送信する。

それを受けてボブはアリスに、$b=\pm x$かどうかを知らせる。つまり、アリスが正解したかどうかを教える。

おっと……でもボブがずるをできないようにするにはどうしたらいいのか？ また、アリスがやるべきとおりにやったかどうかを、ボブ

はどうやったら知ることができるのか？

$b = \pm x$ だったかどうかに関係なく、ボブは $b^2 \pmod{n}$ を計算することで、アリスがずるをしなかったかどうかを確かめることができる。その値は x と同じのはずだ。

アリスが負けた場合は、n の素因数 p と q を送信してもらうことで、ボブが嘘をついていなかったかどうか確かめることができる。ふつうボブには p と q は分からないけれど、アリスが負けた場合には x^2 の4つの平方根がすべて分かるので、数論の手法を使うとそこから p と q を素早く計算することができる。実は a と b の最大公約数が p と q のどちらか一方で、それはユークリッドのアルゴリズムを使えば見つけることができる。それが分かればもう一方は割り算で求めることができる。

邪魔な反響の止め方

平方剰余はまさに純粋数学の難解な概念だと思われたかもしれない。まったく実用にならない知的ゲームみたいだ。でも、日常生活の実用的な問題から導かれたのではないからといって、その数学的概念が役に立たないとは限らない。しかも、日常生活が見かけどおり単純だと考えるのも間違っている。スーパーに並んでいる瓶入りジャムのような単純なものにさえ、ガラス製造、サトウキビやテンサイの栽培、砂糖の精製、さらには、病気に強い果物を試験するための統計的仮説検定、それぞれの材料や製品を世界中に輸送するための船の設計など、いろんなことが関わっている。70億人が住んでいるこの世界では、ブラックベリーを少し摘んで煮詰めるだけでは食品の大量生産はできないのだ。

確かに、最初に平方剰余のアイデアを思いついた数学者は、実用的な応用については何も考えていなかった。平方剰余はおもしろい、と思っただけだ。でもそれと同時に、平方剰余のことを理解すれば新しい強力な数学的道具になるとは信じていた。道具を使いたくても、そ

もそもその道具がなければ使うことはできない。ちょうどいい道具が発明されるまで使うのを待っていればいいじゃないかと思えるかもしれないけれど、もしそうしていたら人類はいまだに洞窟に住んでいただろう。「石と石をぶつけて時間を無駄遣いしなくてもいいじゃないか。ほかの連中がやっているように、棒でマンモスの頭を叩いたほうがいいぞ」。

平方剰余にはいくつもの使い道がある。僕が気に入っている応用法の1つが、コンサートホールの設計だ。音が平らな天井で反射すると、大きな反響が起き、音が歪んで不快な音になってしまう。だからといって、音を吸収する天井にすると、演奏の音が小さくこもってしまう。良い音響効果を生み出すには、音は反射するけれど、鋭く反響するのでなくて、拡散して広がっていくようにしないといけない。そこで天井には拡散体というものが取り付けられている。では、その拡散体はどういう形にすればいいのだろうか？

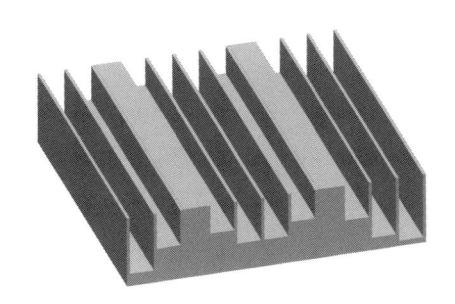

平方剰余拡散体（法 11）

1975 年にマンフレッド・シュレーダーが、溝が平行に並んだ形をした拡散体を発明した。その溝の深さは、ある素数を法とする一連の平方剰余から導かれている。たとえば法が 11 だったとしよう。さっき見たように、0 から 10 までの数の 2 乗を 11 を法として還元すると、

0 1 4 9 5 3 3 5 9 4 1

となって、それより大きい数でもこれらの値が周期的に繰り返される。法がどんな素数であっても $x^2 = (-x)^2$ なので、この数列は中央（2つの3のあいだ）を中心に対称的になっている。これらの数を棒グラフで表した下の図と、前ページの拡散体を見比べてほしい。この拡散体の場合には、ある定数から平方剰余を引いた値が溝の深さになっている。でもそれによって、数学的に重要なポイントが損なわれることはない。

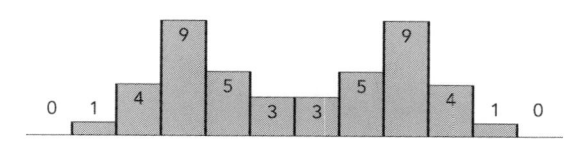

法を 11 とした平方剰余のグラフ

平方剰余はどこが特別なのだろうか？　音波を特徴付ける値の1つが、耳に波が1秒あたり何回やってくるかを表す振動数だ。振動数が大きいと高い音になって、振動数が小さいと低い音になる。それに関連した値が波長で、これは山と山のあいだの距離に相当する。振動数が大きいと波長は短く、振動数が小さいと波長は長い。ある決まった波長の音波は、その波長に近い大きさのくぼみで反響しやすい。だから、振動数が違う音波はそれぞれ、壁に当たったときに違う振る舞いをする。

この平方剰余拡散体は、素晴らしい数学的性質を持っている。互いに振動数の違う音波が、その拡散体に当たるとすべて同じふうに振る舞うのだ。専門的に言うと、音波のフーリエ変換がある振動数の範囲にわたって一定であるということだ。シュレーダーは、この形を使うとさまざまな振動数の音波がすべて同じふうに拡散すると指摘した。実際の拡散体では、溝の幅は人間の耳で聞こえる波長の範囲を避けるように選ばれていて、溝の深さと幅との比が平方剰余の定数倍になっている。

図のように溝が平行だと、音波は真横に、そして溝の方向と垂直に拡散する。2次元版の拡散体もある。平方剰余に基づいた形で棒が格子状に並べられていて、音波を全方向に等しく拡散する。そのような拡散体はレコーディングスタジオでよく見られ、音のバランスを良くして余分な雑音を取り除くのに使われている。

　オイラーやガウスは、自分たちの考え出したものがいったい何に使われるのか、そもそも何かに使われるのか、見当も付かなかった。でも、クラシック、ジャズ、カントリー、ロック、ヒップホップ、クロスオーバー・スラッシュ、またはお気に入りのどんな音楽でさえ、録音された音楽を聴いているときには、その舞台裏では平方剰余が大切な役割を果たしているのだ。

　参考文献は 322 ページ。

何にでも使えるタイルの謎
ドクター・ワツァップの回想録より

　「犯罪を解決していくのは、ジグソーパズルを組み立てていくのに似ているものだ」。ソームズが突然口を開いた。その頭のまわりを、パイプから出てくる青い煙が覆っていた。

　「うまいたとえだな！」　私は新聞から頭を上げて言った。

　ソームズは意地悪っぽく微笑んだ。「そんなことはない、ワツァップ。逆にとてもひどいたとえだ。犯罪を捜査しているときには、どんな形のピースかも分からないし、全部揃っているかも分からない。どんなパズルか分からないで、どうして答が分かるだろうか？」

　「でもソームズ、分かっているピースが何かきれいなパターンでかみ合えば、答ははっきりするはずだ」。

　ソームズはため息をついた。「だがピースの数があまりにも多いかもしれない。そうしたらパターンもあまりにも多くなってしまう。そのなかでどれが正しいかを見極めるには……、僕には分からない」。

　そのとき、扉をノックする音がして1人の女性が駆け込んできた。

「ベアトリクス！」 私は叫んだ。

「ジョン！ 盗まれたの！」 ベアトリクスは泣きながら私の腕の中に飛び込んできた。私は何とかベアトリクスを落ち着かせようとしたが、正直言うと自分のほうがどきどきしていた。

しばらくするとベアトリクスは落ち着いてきた。「どうか助けてください、ソームズさん！ 亡くなった母から受け継いだルビーのペンダントです。今朝探したらなくなっていたんです！」

「心配しなくていい」。私はベアトリクスの肩を叩きながら言った。「ソームズと私で泥棒を捕まえて宝石を取り戻してあげよう」。

「辻馬車で来たのですか？」 とソームズが聞いた。

「ええ。外に待たせてあります」。

「ではすぐに犯行現場を捜索しよう」。

ソームズは30分かけて床を這い回り、いくつもの部屋の隅からほこりを採取し、戸口の踏み段や花壇を詳しく調べた末に、首を横に振った。「押し入った形跡はありません、シープシアー嬢。だが宝石箱に小さなひっかき傷が付いている。付いたばかりで、しかもあなたが付けたものではない。左利きの人物が付けたものです」。ソームズは宝石箱を下ろした。「最近、誰か見知らぬ人が訪ねてきませんでしたか？ 職人とか」。

「いいえ……あっ！ タイル職人が来ました！」

タイル職人を名乗る2人の男が、浴室の改装をしないかと言って裏口にやって来たという。「新しいデザインです、ソームズさん。真っ白な正方形のタイルのあいだに、もっと複雑な形のタイルで青い模様がかたどられています。ディムワーシー夫妻が先月やってもらったそうで、父は……」。声が小さくなっていった。ベアトリクスは首をうなだれて泣きそうになった。私は手を握ってあげた。

「戸口にやって来た見知らぬ職人を雇うことはよくあるのですか？」 ソームズは尋ねた。

「いいえ、とんでもない、ソームズさん。ふつうはある評判のいい会社にしか頼みません。でも何か月も予約で埋まっていました。しか

も、やって来た2人は誠実できちんとした人に見えました」。

「たいていはそう見えるものです。誰も立ち会わないでどちらかを1人きりにしましたか？」

ベアトリクスはしばらく考えた。「はい。助手のほうに浴室の大きさを測らせておいたまま、親方に模様のサンプルを見せてもらいました」。

「小さいけれど高価なものを盗むには十分な時間です。ずるがしこい連中です。欲張らないようにして、盗まれたことがすぐには気づかれないようにしています。連中は何か書類を置いていきましたか？」

「いいえ」。

「そのあと再び訪ねてきましたか？」

「いいえ。見積書を待っていたんですが」。

「見積書は来ないと思いますよ、お嬢さん。泥棒業界で『気を逸らせる盗み』と呼ばれている手口です」。

次の週、似たような話をする女性が次々とソームズに依頼をしに来た。職人の外見はさまざまだったが、ソームズは驚かなかった。「変装しているのさ」。

13件目で突破口が開けた。アメリア・フォザーウェル夫人の屋敷だ。ソームズは、浴室の床に残っていた泥のなかに小さな骨の破片を見つけた。泥の成分と骨の素性から、アルバート埠頭の奥の迷路のような一角にある缶詰工場の隣の、ぬかるんだ裏庭が浮上してきた。

「では、踏み込んで証拠を探そうじゃないか」。私は拳銃に手を伸ばしながら言った。

「いや、犯人が警戒するかもしれない。ベーカー街に戻って事件を整理しよう」。

「答えてみてくれ、ワツァップ」。一緒にポートワインをやっていたソームズが口を開いた。「これらの盗みすべてに共通している特徴は何だろうか？」 私は頭に浮かんだことを並べた。「結構。だが君は、一番大事な特徴を見落としている。模様だ。もちろんリストにしてあるだろ？」

私は手帳を取り出して読み上げた。

- ウォットン夫人：3枚のタイルが三角形の穴の開いた正三角形を作っている。
- ベアトリクス：4枚のタイルが正方形を作っている。
- メイクピース嬢：4枚のタイルが、正方形の穴の開いた正方形を作っている。
- クランフォードの双子：4枚のタイルが、長方形の穴の開いた長方形を作っている。
- ブロードサイド夫人：4枚のタイルが凸六角形を作っている。
- プロバート夫人：4枚のタイルが凸五角形を作っている。
- カニンガム嬢：4枚のタイルが等脚台形を作っている。
- ウィルバーフォース嬢：4枚のタイルが平行四辺形を作っている。
- マカンドリュー夫人：4枚のタイルが風車の羽根の形を作っている。
- タシンガム夫人：6枚のタイルが、六角形の穴の開いた六角形を作っている。
- ブラウン嬢：6枚のタイルが、各頂点から三角形を切り落とした正三角形を作っている。
- ジェンキン゠グレイズワージー夫人：12枚のタイルが、対称的な一二芒星の穴の開いた正一二角形を作っている。
- フォザーウェル夫人：12枚のタイルが、丸鋸の刃のような形をした一二芒星の穴の開いた正一二角形を作っている。

「注目すべきリストだ」とソームズ。「そろそろベーカー街のわんぱく坊主をルーレード警部のところにやって、アルバート埠頭近くのあの建物に踏み込めと伝えるべきだろう」。

「警察は何を見つけてくるのかな？」

「思い出すんだ、ワツァップ。どの女性も、模様は何枚かの同じタイルでできていると言った」。

「ああ」。

「でも模様はそれぞれまったく違う。1つの模様には1種類の形しか使っていないが、違う模様には違う形のタイルが必要だ。女性たちはタイルの形を『不規則』としか言えなかったから、それぞれの模様に同じタイルが使われていたという証拠はない。だから警察は、奇妙な形をしたタイルの入った13個の箱を見つけるだろう。1つの模様に1種類ずつだ」。

2時間ほど経つとソープサッズ夫人が上がってきた。「ルーレード警部ですわ、ソームズさん」。

警部は、箱を1つだけ抱えた巡査を連れて入ってきた。「2人の容疑者を逮捕した」。

「ローランド・"ザ・ラット"・ラッツェンバーグと"バグフェイス"・マッギンティだろう？」

「そうだ、でもなぜそれを……いや、どうでもいい。2人は24時間しか拘留できない。でも証拠が弱いんだ」。

ソームズはショックを受けているように見えた。「当然タイルの箱は全部見つけたんだろうな？ それだけじゃないんだろう？」

警部は首を横に振った。「いいや、これだけしかなかった」。

ソームズは箱のところに歩いていって箱を開けた。そこには12枚の互いにまったく同じタイルが入っていた。「何てことだ」とソームズは言った。

「事件は振り出しに戻ったようだな」と私は思いきって言った。「こんなにいろいろな模様を全部1種類の形のタイルで作れるとは思えない」。

すると突然ソームズが手を動かしはじめた。「君の言うとおりかもしれないが、しかし……」。と言って、物差しと分度器を取り出してタイルを測りはじめたのだ。

しばらくすると笑みが浮かんできた。「見事だ！ とても見事だ」。ソームズは私のほうに振り向いた。「僕は何て愚かだったんだ、ワツァップ。広い心を持ちつづけなければならないときに、物事を決めつけてしまった。ベアトリクスが助けを求めにやって来たとき、僕たち

が何を話していたか覚えているかい？」

「えーと……ジグソーパズルのことだ」。

「そう。この事件の鍵は、僕が見たことのあるなかで一番驚くべきジグソーパズルにあるんだ。このタイルを見てみろ」。

「ごくふつうの四角形に見える」と私。

「いいや、ワツァップ。とても特別な四角形だ。見ていてくれ」。ソームズは図を描きはじめた。

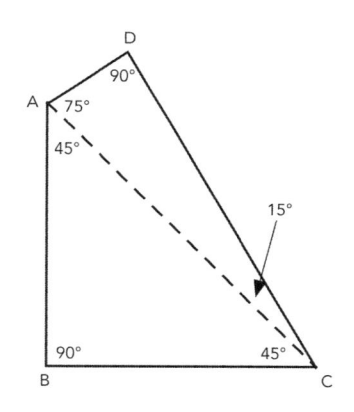

何にでも使えるタイル（破線は説明のための線）

「辺 AB と BC の長さが等しくて ABC は直角だから、角 BAC と BCA は 45 度だ。角 ACD は 15 度で、BCD は 60 度。角 ADC も直角で、角 CAD は 75 度になる」。

警部と私はまだ訳が分からなかった。するとソームズにタイルを 4 枚手渡された。「ワツァップ、これを組み合わせて何か美しい図形を作ってみてくれ。君の以前のたとえを借りれば、探偵が手掛かりを組み合わせて見事な結論を導くようにね」。

「ひっくり返してもいいのかい？」

「素晴らしい質問だ！　必要なら何枚ひっくり返してもかまわない」。

私はしばらく試してみた。すると突然、答が目の前に現れた。「ソ

ームズ！　正方形……ベアトリクスの言っていた模様だ！　何てきれいなんだ！」

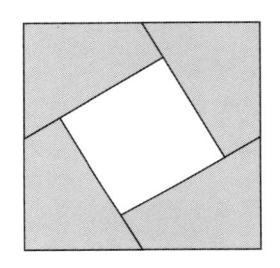

ワツァップの並べ方

ソームズは私の並べたタイルを見つめた。「そのとおりだ。これでもまだ君は言い張るつもりかい？　いくつかの手掛かりを1通りに組み合わせただけで、あの2人が犯人だという決定的な証拠になると？」

「ほかにどうやって組み合わせられるんだい？　ソームズ」。

「ほかに？」　私は、ソームズがたとえを言っているのだと気づいた。「君の説明には穴がある、ワツァップ」。私が何も答えなかったのでソームズは話しつづけた。「その穴を塞ごうじゃないか」。ソームズは腰をかがめてタイルを並べなおし、穴の開いていない正方形を作った。

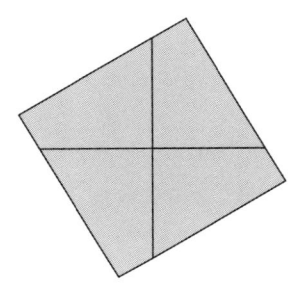

ソームズの並べ方

「おお」。私はばつの悪い思いをした。「ベアトリクスの言っていた模様はこれか」。

「そうだと思う。だががっかりするな。君が作ったのはメイクピース嬢の言っていた模様だ」。

私は気を取りなおした。「この1種類のタイルで13種類の模様をすべて作れるっていうのかい？」

「そのはずだ。見てみろ、ウォットン夫人の言っていた正三角形に三角形の穴が開いた模様も、このタイル3枚で作れる」。

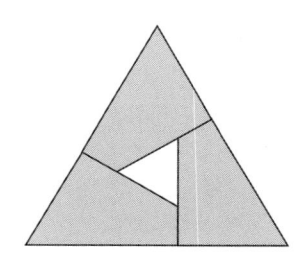

3つめの並べ方

「すごいな、ソームズ！」

「驚くほどいろいろな模様が作れる。ちょうどうまい形のせいでね」。

「するとあとやるべきは……」と私は切り出した。

「残り10種類の模様になる並べ方を見つけるだけだ！」 ルーレードが代わりに言った。

ソームズはパイプの灰を取り出しはじめた。「君に任せても問題ないはずだ」。

その晩、私は辻馬車で宝石店に立ち寄って、あるものを受け取ってから、ベアトリクスの父親の家へ向かった。そして応接間でベアトリクスに出迎えられた。

私はテーブルに細長い箱を置いた。「開けてみてくれ」。

ベアトリクスは、その美しい顔に期待をにじませながら、おそるお

そる手を伸ばした。

「まあ！ ジョン、私のペンダントを取り戻してくれたのね！」 ベアトリクスは私の手を握ってきた。「何てお礼を言ったらいいんでしょう」。すると突然黙り込んだ。「でも……これは私のじゃないわ」と言って、箱に手を入れてきらめく宝石を取り出した。「婚約指輪だわ」。

「そう。君のものだ」と私は言いながらひざまづいた。

残り10通りの並べ方を見つけてほしい。答は322ページ。

スラックル予想

グラフとは、点（ノード）とそれをつなぐ線（エッジ）の集まりのことだ。平面上にグラフを描くと、エッジどうしが交差することがある。どの2本のエッジを見ても、1つのノードで出会っていてそれ以外の場所では交差していないか、または、ノードでは出会っていなくてほかの場所で1回だけ交差しているようなグラフを、スラックルという。1972年にジョン・コンウェイが付けた名前だ。あるスコットランド人漁師が「釣り糸が絡まっちまった」と文句を言っていたのを聞いてひらめいたという。

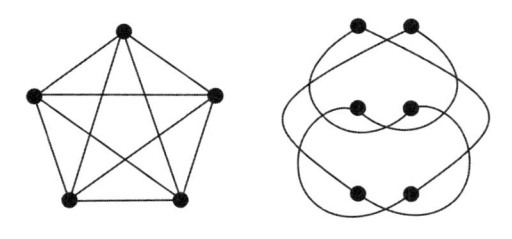

2種類のスラックル

上の図は2種類のスラックル。左はノードが5個でエッジが5本、右はノードが6個でエッジが6本。コンウェイは、どんなスラックルでもエッジの本数はノードの個数以下であるという予想を立てた。そ

して、それを証明または反証した人に賞品としてビール1本を贈ることにしたけれど、何年か経っても誰1人解決できなかったので、賞品を1000ドルに引き上げた。

どっちのスラックルも、閉じたループ（円周上に並んだノード）がからまってできている。ノードの個数 n が5以上の閉じたループを使えば、必ずスラックルを作れることが分かっている。その場合、エッジの本数 E を必ず n と等しくなるようにすることができる。ポール・エルデシュは、エッジが直線のグラフではコンウェイの予想が正しいことを証明した。2011年にはラドスラフ・フレックとヤノシュ・パッフが、E の上限は

$$E \leq \frac{167}{117} n$$

であることを証明した。

参考文献は322ページ。

悪魔との契約

リーマン予想の証明に挑戦したが10年間何の成果も上げられなかったある数学者が、証明と引き替えに悪魔に魂を売ることにした。悪魔は1週間以内に証明を教えると約束したが、なしのつぶてだった。

1年後、暗い顔をした悪魔が再び姿を現した。「申し訳ない、証明できなかった」と悪魔は言いながら、数学者の魂を差し出した。するとそのとき、悪魔の顔が明るくなった。「でも、とてもおもしろい補題を見つけたんだ……」。

話を遮って申し訳ないが、補題とは何か説明しておいたほうがいいだろう。定理と呼ぶにふさわしい興味深い事柄にたどり着くための、踏み石にすることをおもな目的としたちょっとした命題のことを、補題という。定理と補題に理屈上の違いはないけれど、心理的にいうと「補題」という言葉には、本当に目指している事柄への道半ばにすぎ

ないという意味が込められている。
　僕はごめんだ。

周期的でないタイリング

　隙間や重なりがないように平面を埋め尽くす図形は何種類もある。でも正多角形でそれができるのは、正三角形、正方形、正六角形だけだ。

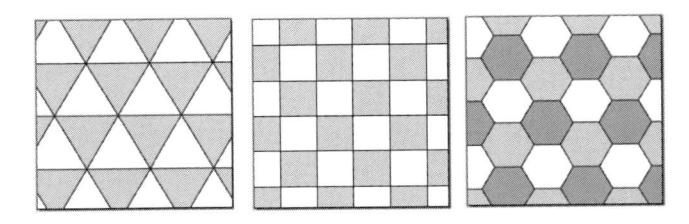

平面を埋め尽くすことのできる３種類の正多角形

　正多角形でない図形で平面を埋め尽くせるものは、とてつもなくたくさんあって、たとえば次の図のような七角形もそうだ。この図形は、正七角形の３つの辺を、その両端を結ぶ直線で折り返すことでできる。

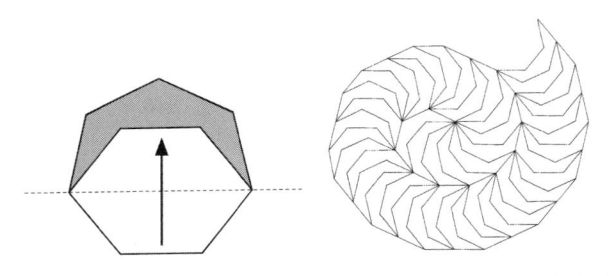

左：正七角形から七角形のタイルを作る方法。右：らせん状のタイリング

正多角形によるタイリングは、周期的、つまり、壁紙のように2つの方向に際限なく繰り返されていく。らせん状のタイリングは周期的ではない。でもこの七角形は、平面を周期的に埋めていくこともできる。

どうしたらできるだろうか？　答は 323 ページ。

平面を埋め尽くすことはできるけれど、周期的に埋め尽くすことはできないようなタイルはあるのだろうか？　この疑問は数理論理学と深く結びついている。1931 年にクルト・ゲーデルが、算術には決定不可能な問題、つまり、真か偽かを決定できるアルゴリズムがないような命題が存在することを証明した（アルゴリズムとは、停止して正しい答をはじき出すことが保証されている体系的なプロセスのこと）。このゲーデルの定理からは、もっと衝撃的な結論が導かれる。算術には、証明も反証もできない命題が存在するのだ。

そうした命題の例としてゲーデルが挙げたのがかなり不自然な代物だったので、論理学者は、もっと自然な問題で決定不可能なものはないだろうかと考えた。そこで 1961 年にハオ・ワンが、ドミノ問題というものを思いついた。有限個の種類のタイルが与えられたときに、それらのタイルで平面を埋め尽くせるかどうかを決定するアルゴリズムは存在するか、という問題だ。ワンは、平面を埋め尽くすことはできても周期的に埋め尽くすことはできないタイルの組み合わせがもしあれば、そのようなアルゴリズムは存在しないことを示した。論理法則をタイルの形に置き換えて、ゲーデルの定理に相当する結果をそこに当てはめようというもくろみだったのだ。そしてそのもくろみもうまくいった。1966 年にロバート・バーガーが、20426 種類のタイルを含むそのような組み合わせを発見して、ドミノ問題は確かに決定不可能であることを証明したのだ。

2万種類はちょっと多すぎる。バーガーはその数を 104 にまで減らし、ハンス・レウフリは 40 にまで減らした。さらにラファエル・ロビンソンは、それを 6 種類にまで減らした。そしてロジャー・ペンロ

ーズは1973年に、いまではペンローズタイルと呼ばれているものを発見して(『数学の秘密の本棚』115ページ)、その数をわずか2にまで下げた。そうしておもしろい数学ミステリーが残された。平面を埋め尽くせるけれど、周期的に埋め尽くすことはできない、たった1種類のタイルは存在するか、という問題だ(鏡で反転させたものは使ってかまわない)。その答は2010年にジョシュア・ソコラーとジョアン・テイラーが見つけた[An aperiodic hexagonal tile, *Journal of Combinatorial Theory Series A* 118 (2011) 2207-2231]。答は「イエス」だ。

そのタイルを下の図に示してある。追加の「組み合わせルール」を持つ「模様を付けた六角形」で、鏡で映すと違う模様になる。模様は図のとおりにつなぎ合わせないといけない。

次ページの図は、このタイルで埋めていった平面の中央部分。周期的でないことが分かる。論文には、このタイルで平面全体が埋め尽くされる理由と、それが周期的になりようがない理由が説明されている。詳しくは論文を見てほしい。

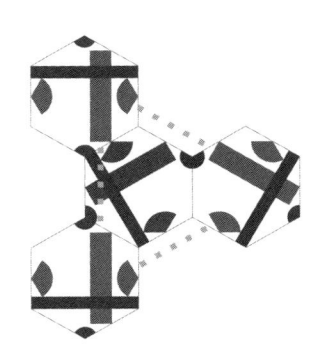

ソコラー=テイラーのタイルを4つ、組み合わせルールに従ってつなぎ合わせたもの

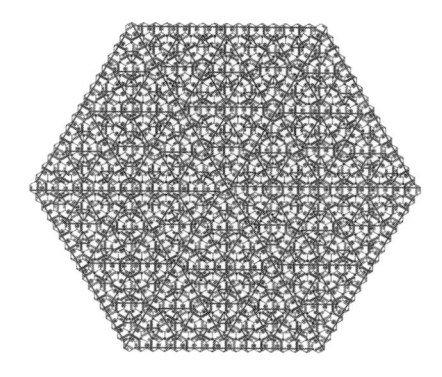

ソコラー゠テイラーのタイルで埋め尽くした平面の中央部分

2色定理

ドクター・ワツァップの回想録より

「なあ、ソームズ。このちょっとした問題で気分を明るくしてくれよ」。私は、あと少しで有名人になりそうな相棒の探偵に『デイリー・リポーター』紙を投げ渡した。通りの向こうのライバルのほうが間違いなく有名で、このまま逆転できそうにないことに落ち込んでいたのだ。

ソームズは鼻であしらいながら新聞を投げ返してきた。「ワツァップ、読む気力がないんだ」。

「なら読んでやろう。有名な数学者アーサー・ケイリーが『王立地理学会紀要』に、ある問いかけをする論文を発表したという……」。

「隣り合った領域が互いに違う色になるように地図を塗り分けるには、最大4色で済むかどうか」とソームズが口をはさんだ。「昔からある問題だ、ワツァップ。生きているうちには答は出ないだろう」。私は黙って次の言葉を待った。ソームズは1週間近く、こんなに長い文章を口に出したことはなかったからだ。駆け引きは成功した。気

まずい沈黙があってから、ソームズは続きを話し出した。「フランシス・ガスリーという名前の若者が、僕が生まれる2年前に出した問題だ。ガスリーは自分では解けなかったので、オーガスタス・ド・モルガン教授の学生だった弟のフレデリックの力を借りた」。

「ああそうだ、ガッシーだ」。私は口をはさんだ。*A Budget of Paradoxes* の著者で、変人数学者たちを悩ませているその尊敬すべき奇人の家族と、私はちょっとした知り合いだったのだ。

ソームズは続けた。「ド・モルガンも解けなかったので、偉大なアイルランド人数学者のウィリアム・ハミルトン卿に尋ねたが、ほとんど相手にされなかった。そうしてこの問題は棚上げにされたが、ケイリーによって再び取り上げられた。どうしてその雑誌を選んだのか見当も付かない」。

「もしかしたら地理学者は地図に興味があるからかもな」と私は言ってみたが、ソームズはけっしてうなずかなかった。

そして「そんなことはない」と息巻いた。「地理学者は地図を政治体制に応じて色分けする。隣り合っているかどうかは関係ない。ケニア、ウガンダ、タンガニーカはどれも隣り合っているが、大英帝国のどんな地図でもすべてピンクに塗られているんだ」。

私はそのとおりだと認めた。親愛なる我らが女王は、それ以外の塗り分け方はお気に召さないだろう。「でもソームズ、1つおもしろい問題が残っているぞ。誰にも解けそうにないからなおさらだ」。

ソームズは渋々相づちを打った。

「挑戦してみよう」と私は言って、すぐにある地図を描いた。

「おもしろい」とソームズ。「どうしてすべての領域が円になっているんだ？」

「穴の開いていない領域はすべてトポロジー的に円と同形だからさ」。

ソームズは口をすぼめた。「確かにそうだが、それは良くないな、ワツァップ」。

「どうして？　私には……」

「ワツァップ、君は自分のことを博学だと思っているらしいが、実

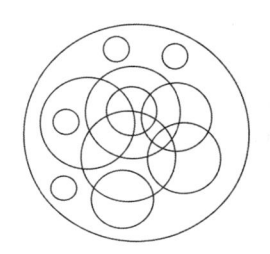

ワツァップが描いた地図と、その塗り分け方

はほとんど分かっちゃいない。1つの領域はすべて円と同形だが、2つ以上の領域は、2つ以上の円には不可能な形で重なり合う場合がある。その証拠に、君のこの地図はたった2色で塗り分けられる」。ソームズはおよそ半分の領域に影を付けた。

「ああ、確かにそうだ。でもきっと、同じたぐいのもっと複雑な地図なら……」。

ソームズは頭を振った。「いやいや、ワツァップ。円形の領域だけからなる地図は、たとえ領域の大きさがそれぞれ違っていても、たとえ領域どうしが複雑な形で重なり合っていても、必ず2色で塗り分けられるんだ。この手の問題では必ずそうだが、『隣り合った』というのは、1点だけで接しているのではなく、ある長さの境界線を共有しているという意味だとしよう」。

私は唖然とした。「2色定理か！ 驚きだ！」 ソームズは律儀にも肩をすくめた。「でもそんな定理、どうしたら証明できるんだ？」

ソームズは椅子の背もたれに身を預けた。「僕のやり方は分かっているだろう？」

答は 323 ページ。

空間内での4色定理

　ソームズが言っていたのは、有名な4色定理のことだ。それによると、平面上のどんな地図でも、境界線を共有する領域どうしを互いに違う色に塗り分けるには、最大でも4色あれば十分だという（ここで「境界線を共有する」とは、長さが0でない境界線を共有しているという意味。1点で接しているのは考えに入れない）。この結論は1852年にフランシス・ガスリーが予想して、1976年にケネス・アッペルとヴォルフガング・ハーケンがコンピュータに大きく頼って証明した[*]。その後、その証明はもっと単純な形に改良されたけれど、型どおりの複雑な計算を大量におこなうにはいまだにコンピュータが欠かせない。

　これに似た定理で、平面上でなく空間内での「地図」に関する定理はないのだろうか？　その場合、領域は立体的な塊に置き換わる。少し考えれば、いくらでもたくさんの色が必要な地図が存在することが分かる。たとえば、6色必要な地図を作りたいとしよう。まず6つの球体からスタートする。球体1から5本の細い触手を伸ばして、球体2, 3, 4, 5, 6に接するようにする。次に球体2から4本の細い触手を伸ばして、球体3, 4, 5, 6に接するようにする。同じことを球体3などでもやる。こうすると、触手を伸ばしたどの領域もほかの5つすべての領域に接しているので、それぞれの領域に別々の色が必要になる。100個の球体で同じことをやれば100色、100万個の球体でやれば100万色が必要だ。つまり、必要な色の数に上限はない。

---

[*] この問題とその最終的な答については、『数学の秘密の本棚』10-17ページを見てほしい。

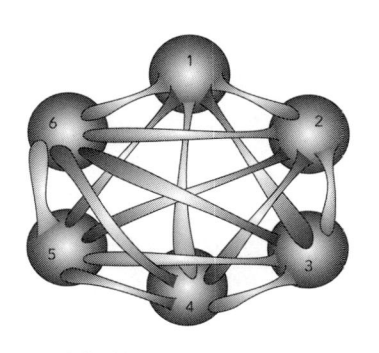

6色が必要な空間内の「地図」

2013年にバスカル・バグチとバスデブ・ダッタが、話はそれだけでは終わらないことに気づいた［Higherdimensional analogues of the map coloring problem, *American Mathematical Monthly* 120 (October 2013) 733-736］。平面上で、重なり合ってはいないけれど互いに点で接しているような有限個の円盤からなる「地図」を考える。ここで、接している円盤どうしが違う色になるように円盤を色分けしたいとしよう。何色必要だろうか？　実はその答も「最大4色」なのだ。

実はこの問題は、基本的に4色定理と同等である。4色定理は、平面上のネットワーク（あるいはグラフ、218ページを見てほしい）のノードを色分けするという問題に書き換えることができる。ただしそのネットワークでは、エッジどうしは交差していない。また、2つのノードがエッジで結ばれていたら、それらのノードは違う色にしないといけない。これを踏まえて、地図上の各領域ごとに1つのノードを作り、領域どうしが境界線を共有していたら、それに対応する2つのノードをエッジで結ぶ。さてここで、適当な円の集まりを考えて、そのなかで互いに接している円の中心どうしを結ぶと、平面内のどんなネットワークでも作れることを証明できる。たとえば次ページの図は、4色必要な円の集まりと、それに対応するネットワーク、そして、4

色必要なネットワークをトポロジー的に同形に変形させた地図だ。

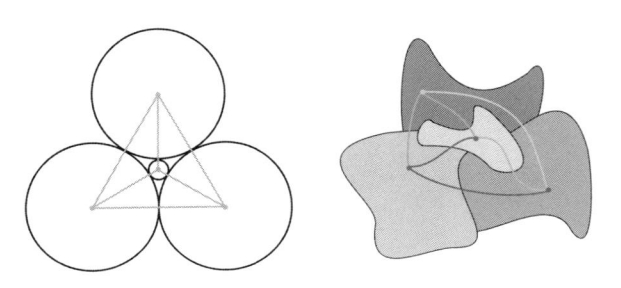

左：4つの円とそれに対応するネットワーク（灰色の点と線）。右：地図と、トポロジー的に同形なネットワーク。色分けに4色が必要

　円盤を使ったこの方法は、円盤の代わりに球体を使うことで、自然な形で3次元に拡張できる。やはり球体どうしは、重なり合ってはいないけれど1点で接している。ここで、接している球体どうしは違う色にしたいとしよう。何色必要だろうか？　バグチとダッタは、その色数が5以上13以下であるはずだと証明した。正確な値はいまだに謎である。でも、少なくとも5色必要なことは、あなたにも証明できるかもしれない。バグチらの結果から考えると、3次元地図のなかには球体から導くことのできる地図と同形でないものも存在することになる。

　答は325ページ。

おかしな微積分

　このコラムでは微積分のことを少々知っている必要がある。積分記号を $\int$ とすると、指数関数 e^x はそれ自体の積分に等しい。

$$e^x = \int e^x$$

だから、

$$(1-\int)e^x = 0$$

さらに

$$\begin{aligned}e^x &= (1-\int)^{-1}0 \\ &= (1+\int+\int^2+\int^3+\int^4+\cdots)0 \\ &= 0+1+x+\frac{x^2}{2}+\frac{x^3}{6}+\frac{x^4}{24}+\cdots \\ &= 1+x+\frac{x^2}{2!}+\frac{x^3}{3!}+\frac{x^4}{4!}+\cdots\end{aligned}$$

こんなの無意味に思える。1行目からして、本当は $e^x = \int e^x dx$ と書かないといけない。そのあとのステップでも、無限幾何級数の公式

$$1+y+y^2+y^3+y^4+\cdots = (1-y)^{-1}$$

で y を $\int$ に置き換えてしまっている。この公式は、y が1未満の数の場合に有効。でも $\int$ は数じゃなくてただの記号だ。何てばかげているんだ！

それでも、最終結果は e^x の冪(べき)級数の正しい答になっている。

ただの偶然じゃない。正しく定義すると（たとえば、$\int$ は関数をその積分に変換する演算子で、「幾何級数」の公式は適当な条件のもとで演算子にも適用できるとすれば）、すべて完璧に筋が通るのだ。でも確かに奇妙に見える。

エルデシュの偏差問題

ポール・エルデシュ

　ポール・エルデシュは、変人だけれど異彩を放ったハンガリー人数学者。家に住んだこともなければアカデミックの定職に就いたこともなく、スーツケース1つで世界中を旅して、理解のある仲間の家を転々としていた。1525篇の研究論文を発表して、計511人の数学者と共同研究した。誰も太刀打ちできない人数だ。体系的で深遠な理論よりも工夫を凝らすことを好み、単純に見えるけれど実は難しい問題を解くことに喜びを感じた。おもに業績を上げたのは組み合わせ論だけれど、数学のいろんな分野にも手を広げた。バートランドの予想（n と $2n$ のあいだには必ず素数が存在する）に対しては、パフヌーティー・チェビシェフによる解析的な証明よりもずっと単純な証明を見つけている。生涯で一番の業績は、素数定理（x 未満の素数の個数はおおよそ $x/\log x$ である）の証明として、それまで唯一の証明法だった複素解析を使わない方法を導いたことだった。

　エルデシュは、考えついたけれど自分では解けない問題を解いた人に賞金を与える習慣があった。わりと簡単だと思う問題には25ドル、とても難しいと思う問題には数千ドルを贈ることにしていた。その一例が「エルデシュの偏差問題」で、賞金は500ドル。1932年に問題が

出されて、2014 年前半に解かれた。現代の数学者がどうやって長年の問題に挑んでいるかがよく分かる、すばらしい実例だ。

この問題はまず、+1 または −1 が並んだ無限数列からスタートする。それはたとえば

　　+1　−1　+1　−1　+1　−1　+1　−1　+1　−1 …

のように規則的な数列かもしれないし、

　　+1　+1　−1　−1　+1　−1　+1　+1　−1　+1 …

のように、コイントスで得られる不規則な（「ランダムな」）数列かもしれない。+ の符号と − 符号が同じ割合で含まれていなくてもいい。どんな数列でも OK だ。

上のほうの数列が規則的かどうかを判断する 1 つの方法として、偶数番目の項を見ていく。

　　−1　−1　−1　−1　−1 …

この最初の n 項の和は

　　−1　−2　−3　−4　−5 …

となって、際限なく小さくなっていく。同じことを 2 つめの数列でやると、

　　+1　−1　−1　+1　+1 …

となって、和は

　　+1　0　−1　0　+1 …

と、大きくなったり小さくなったりする。

ここで、±1 が並んだ任意のある決まった数列を考えて、目標とするある正の数 C を決める。C は好きなだけ大きくできて、たとえば 10 億でもいい。エルデシュは、d ステップおきの項の和、つまり d,

$2d$, $3d$, … 番目の項の和が、いずれ C より大きくなるか、または $-C$ より小さくなるような数 d は必ず存在するだろうか、という問題を考えた。

いったん目標の数にたどり着いたら、それより先では、和の値は C と $-C$ のあいだでもかまわない。1 回だけ目標に達すれば十分だ。でも、どんな目標値 C に対しても、適当なステップの間隔 d が存在していなければならない。もちろん d は C によって変わってくる。つまり、数列を $x_1, x_2, x_3, \cdots$ として

$$|x_d + x_{2d} + x_{3d} + \cdots + x_{kd}| > C$$

であるような d と k を見つけられるだろうか、ということだ。左辺の和の絶対値を、ステップの間隔 d によって決まる部分数列の偏差といって、− の符号に対して ＋ の符号が（またはその逆が）どれだけ余計にあるかを表している。

2014 年 2 月はじめ、アレクセイ・リシッツァとボリス・コネーフが、$C = 2$ の場合にはこのエルデシュの問いかけは「イエス」であると発表した。±1 が並んだどんな数列でも、最初の 1161 個の項から d ステップの部分数列を取り出して、適当な長さ k を選べば、その和の絶対値は必ず $C = 2$ より大きくなるのだ。この証明にはコンピュータが多用されて、必要なデータファイルは 13 ギガバイトに達した。ウィキペディアの全容量は 10 ギガバイトなので、それより多い。もちろん史上もっとも長い証明の 1 つで、人間の手でチェックするにはあまりに長すぎる。

リシッツァはいま $C = 3$ の場合の証明を探しているけれど、まだコンピュータの計算が終わっていない。エルデシュの問題に完全に答えるには、任意の C についてどうなるかを明らかにしないといけないけれど、それを考えると気が遠くなる。小さい C に対するコンピュータの解から何か新しいアイデアが出てきて、それを人間の数学者の手で一般的な証明に変えられたらいいのだけれど。でももしかしたら、エルデシュの問いかけに対する答は「ノー」かもしれない。もし

そうだとしたら、±1が並んだとても興味深い数列が、まだ見つからずにどこかに存在していることになる。

ギリシャの求積者

ドクター・ワツァップの回想録より

　我が友人の探究心はもっぱら犯罪捜査に向けられているが、ときにはその能力が学問に使われることもある。そうした例の1つが、1881年の秋、裕福だが隠遁生活を送るある古代文書蒐集家の依頼でおこなった、風変わりな捜索活動だ。ソームズと私は、古い手帳からちぎった紙切れと、ランタンと、合い鍵の束と、大きなバールを使って、巨大な敷石の場所を突き止め、その敷石を持ち上げてらせん階段を見つけて、有名な大学の図書館の地下深くにある隠し部屋へ下りていった。

　ソームズは、火と水でぼろぼろになった紙切れを手に取った。「カルトナーリの失われた初期刊本だ」。

　「またその名前か！」『段ボール箱の冒険』でソームズが口に出した名前だが、あのときはそれ以上は教えてくれなかった。今度こそ、もっと詳しく教えてくれるようせっついた。

　「この名前は『段ボール箱製造業者』という意味だ。フリーメイソンに似たイタリアの秘密結社で、ナショナリズムに傾倒している。1820年の革命未遂事件にも関与した」。

　「あの革命のことははっきりと覚えているよ、ソームズ。でもそんな組織じゃなかったはずだ」。

　「裏で手を引いていた組織に気づいている人間はほとんどいない」。ソームズは紙切れに当たった。「かなりぼろぼろだが、高等数学の高度な知識がなくても読み取れる。何らかのフィボナッチ暗号をダ・ヴィンチの鏡文字で書きなおし、楕円曲線上の有理点列に変換したものだ」。

　「子供でも分かる」と私は、白々しく嘘をついた。

　「まったくだ。この文字を正しく読めれば、この本棚のどこかにあ

る捜し物を見つけられるはずだ」。

　一瞬、間を置いて、私は聞いた。「ソームズ、何を探すんだい？ 大事なことを教えてくれていないじゃないか」。

「その情報は大きな危険をはらんでいるんだ、ワツァップ。君を早々と危険にさらす必要はないと思ったのさ。だがすでに、秘密の部屋まで入ってきた。……おお！　あったぞ！」　ソームズが取り出したものを見てすぐに、羊皮紙の古い写本だと分かった。ソームズは何百年も積もっていたほこりを吹き払った。

「いったいそれは何だい？　ソームズ」。

「拳銃を持ってきたか？」

「もちろんだ」。

「なら、僕が手にしているこれが何なのか、教えてやっても安全だ。……アルキメデスのパリンプセストだよ！」

「ほお」。

パリンプセストとは、書いた文字をこすって消してから再び書き込んだ文書のことだ。学者ならその消された文字を苦労して再現することができる。14世紀の修道士の戒律を記したある長いリストからは、それまで知られていなかった福音が発見されている。アルキメデスはわれわれにも馴染み深い人物で、桁外れの才能を持った古代ギリシャ人幾何学者だ。だから、ソームズはこれまで知られていなかった数学の文書を発見したのだと思った。しかしソームズは、審問復讐団に襲われる前にいますぐここから立ち去るべきだと言った。

　比較的安全なベーカー街に戻ってきた私たちは、その文書を詳しく調べた。

「これまで知られていなかったアルキメデスの著作の写本だ。10世紀にビザンチンで写された」とソームズは言った。「このタイトルをおおざっぱに訳すと『方法』となる。球の体積と表面積に関するこの幾何学者の有名な研究のことを指している。アルキメデスがどうやってその結論に達したかが書かれていて、彼の思考過程がかつてなく見事に読み取れる」。

私は衝撃で言葉を失った。まさに水から上げられた金魚のようだった。
　「アルキメデスは、球が円筒にぴったり内接していれば、その球の体積は円筒の体積のちょうど3分の2で、表面積は円筒の曲面と同じだということを発見した。現代の言い方で言えば、半径を r とすると体積は $\frac{4}{3}\pi r^3$、面積は $4\pi r^2$ だ」。
　「アルキメデスはあれほど偉大な数学者だったので、これらの事実に対する論理的に厳密な証明も見つけることができて、それを著作『球と円柱について』に記している。そこでは、いまでは取り尽くし法と呼ばれている複雑な証明法を使っている。だが、その証明法の厄介な点として、証明する前から問題の正確な答が分かっていなければならない。だから、アルキメデスがどうやって正しい答を知ったのかが、学者のあいだでは長いあいだ謎だったのだ」。
　「なるほど」と私。「長いあいだ失われていたこの文書からそれが分かるんだな」。
　「そのとおりだ。驚くことに、2000年以上のちにアイザック・ニュートンとゴットフリート・ライプニッツが編み出した積分法が、この例についてはほぼ完全に先取りされている。だがアルキメデスもよく分かっていたとおり、この『方法』には厳密さが欠けていた。だからこそ、とても難しい取り尽くし法を使ったのだ」。
　「それで、アルキメデスはいったいどうやって答を知ったんだい？」
　ソームズは虫眼鏡でパリンプセストをくまなく調べた。「ギリシャ語には表記の揺れが多少あって、曖昧なことも多いが、僕のような優秀な言語学者にとってはたいした問題ではない。地中海地域の古代文書の解読に関する僕の小論文を見せたよな？　確かそうだ」。
　「どうやらアルキメデスは、まず適当な大きさの球と円錐と円筒を思い浮かべたらしい。そしてそれぞれの立体をとても薄くスライスして、天秤に吊すところを想像した。球のスライスと円錐のスライスを片方の腕に、円筒のスライスをもう片方の腕に吊すのだ。吊す距離を正しく選べば、質量が正確に釣り合う。質量は体積に比例するから、

体積もてこの原理に従う」。

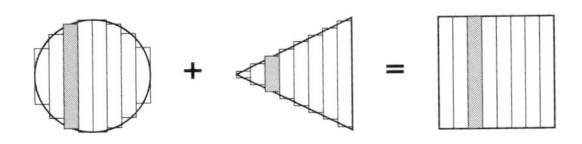

立体をスライスして天秤に吊す。詳しくは326ページ

「ええと……てこの原理って何だったかな」と私。「おかしなことに医学校では教わらなかった」。

「教わったはずだ」とソームズ。「脱臼の治療にはとても役に立つ。まあいい。アルキメデスが発見して証明した原理で、ある距離に位置するある質量の回転の効果、つまりモーメントは、その質量と距離との積になる。天秤が釣り合うには、時計回りのモーメントの合計が反時計回りのモーメントの合計と等しくなければならない。つまり、プラスとマイナスの符号を適当に付ければ、モーメントの合計は0でなければならない」。

「えーと……」。

「ある距離に位置するある質量は、2倍の距離にある半分の質量と釣り合う。ただし天秤の互いに反対側にある場合の話だ」。

「分かった」。

「たぶん分かっていないだろうが、話を進めよう。アルキメデスは、これらの立体を無限の枚数の無限に薄いスライスに切り分けて、天秤にうまく吊すことで、球と円錐の質量を1点にまとめた。一方、円筒のスライスはすべて同じ大きさの円で、球と円錐とは違う距離に吊す。円筒のスライスを全部つなぎ合わせると、もとの円筒に戻る。円錐の質量、そして体積は、円筒の3分の1だと分かっていたので、得られた『方程式』を解いて球の体積を求めることができたのだ」。

「すごい」と私は言った。「十分納得できそうだ」。

「だが、アルキメデスのような優秀な人間には納得できなかった」

とソームズ。「もしスライスの厚さが有限だったら、この手順にはどうしても小さい誤差が混じってしまう。だがスライスの厚さが0だったら、質量は0だ。質量の合計も0になって、釣り合いが取れる点は1つに決まらなくなってしまう」。

私にはこの手順の問題点が見えてきた。「スライスをどんどん薄くしていったら、誤差はどんどん小さくなるんじゃないか？」 私はあえて言ってみた。

「そのとおりだ、ワツァップ。確かにそうだ。現代の積分法なら、いまの言葉を、このような手順から筋の通った答が出てくることの証明に変えることができる。でもアルキメデスにはそんな考え方を使うことはできなかった。そこで、厳密ではないが正しい答を与える方法を使い、取り尽くし法を使ってその答が正しいことを証明したんだ」。

「驚いた」と私。「このパリンプセストの内容を発表すべきだ」。

ソームズは首を横に振った。「そしてカルトナーリの怒りを買うのか？ 僕たち2人とも命は大切なのだから、やつらに目を付けられてはならない」。

「ならどうすればいいんだ？」

「この文書をどこか安全な場所に保管する。図書館に戻してはだめだ。なくなったことにもう気づいていて、巧妙な罠を仕掛けてあるはずだ。別の大学図書館に隠そうと思う。どこかは聞くな！ いつか、平和な時代になって秘密結社の力が弱まった頃に、再び発見されるだろう。それまでは、あの偉大な幾何学者の方法が分かったというだけで満足するしかない。でもそれを世間に公表することはできない」。

ソームズは一息ついた。「さっき君に、球の表面積と体積の公式を教えた。そこで、君も楽しめるであろうちょっとした単純な問題を出そう。平方フィートで表した表面積の値が、立方フィートで表した体積の値とまったく等しいような球の半径を、フィートで答えよ」。

「見当も付かない」と私。

「なら計算してみろよ！」 ソームズは大声を上げた。

アルキメデスのパリンプセストの本当の歴史と、ソームズの問題の

答は、326ページ。

4つの立方数の和

4つの平方数の和は、多くの数学ミステリーと同じく長い歴史を持っている。紀元250年頃に、代数記号を使った史上初の教科書『算術』を書いたギリシャ人数学者のディオファントスは、すべての正の整数は4つの平方数（0も使っていい）の和なのではないかと考えた。小さい数なら簡単に試すことができる。たとえば、

$5 = 2^2 + 1^2 + 0^2 + 0^2$
$6 = 2^2 + 1^2 + 1^2 + 0^2$
$7 = 2^2 + 1^2 + 1^2 + 1^2$

8になるともう1つ1^2が必要になって、平方数が5つになってしまうけれど、4を使えばうまくいく。

$8 = 2^2 + 2^2 + 0^2 + 0^2$

もっと大きい数でも試していくと、この問いかけの答はきっと「イエス」だろうと思えるけれど、本当の答は1500年以上分からなかった。この問題は、1621年に『算術』のフランス語訳を出版したクロード・バシェ・ド・メジリアクにちなんで、バシェの問題と呼ばれるようになった。その証明は、1770年にジョゼフ゠ルイ・ラグランジュによって発見された。そして最近になって、抽象代数を使ったもっと単純な証明が見つかっている。

では、4つの立方数の和はどうなるのだろうか？

やはり1770年にエドワード・ウェアリングが、すべての正の整数は最大9個の立方数の和および最大19個の4乗数の和であることを証明なしに示して、もっと高次の累乗でも似たような命題が成り立つのではないかと問いかけた。つまり、ある数kが与えられたとき、足し合わせることですべての正の整数を表すのに必要なk乗数の個

数には上限があるのだろうか、ということだ。1909 年にダフィット・ヒルベルトが、その答は「イエス」であることを証明した（負の数の奇数乗は負で、それを使うとかなり複雑になってしまうので、とりあえずは正の数の累乗だけを考える）。

23 を表すには立方数がどうしても 9 個必要だ。使えるのは 8, 1, 0 だけで、せいぜい「8 が 2 つと 1 が 7 つ」までしか減らせない。

$$23 = 2^3 + 2^3 + 1^3 + 1^3 + 1^3 + 1^3 + 1^3 + 1^3 + 1^3$$

だから、一般的に 9 個より少ない立方数だとうまくいかない。でも有限個の例外を無視すれば、立方数の個数を減らすことができる。たとえば立方数が 9 個必要なのは 23 と 239 だけで、それ以外の数はすべて 8 個でうまくいく。ユーリ・リニックは、さらにもう少し例外を増やして立方数の個数を 7 にまで減らした。有限個の例外を認めた場合の立方数の本当の個数は、4 だと考えられている。4 個より多くの立方数が必要な数として、知られているなかで最大なのは 7,373,170,279,850 で、これより大きい数でこの性質を持つものは存在しないと予想されている。だから、十分に大きい正の整数がすべて 4 つの正の立方数の和であるというのは、ほぼ間違いないけれど、証明はされていない。

でもさっき言ったように、負の数の立方数は負だ。それを使うと、偶数乗の場合とは違う可能性が開けてくる。たとえば

$$23 = 27 - 1 - 1 - 1 - 1 = 3^3 + (-1)^3 + (-1)^3 + (-1)^3 + (-1)^3$$

には立方数が 5 つしか使われていないけれど、正の数と 0 に限定すると、さっき見たように 9 個必要だ。でももっと減らせる。23 をたった 4 つの立方数で表すことができるのだ。

$$23 = 512 + 512 - 1 - 1000 = 8^3 + 8^3 + (-1)^3 + (-10)^3$$

負の数も認めると、もとの数よりもずっと大きい（マイナスの符号は無視して）立方数を使うことができる。たとえば 30 は 3 つの立方

数で表すことができるけれど、それを見つけるのはかなり難しい。

$$30 = 2{,}220{,}422{,}932^3 + (-283{,}059{,}965)^3 + (-2{,}218{,}888{,}517)^3$$

だから、正の数だけを考えていた場合と違って、限られた数の選択肢を系統的に試していく方法ではだめなのだ。

実験に基づいて多くの数学者は、すべての整数は4つの立方数（正負どちらでもいい）の和で表すことができると予想している。確かにそうであるかどうかはいまだ謎だけれど、かなりの証拠は集まっている。コンピュータの計算によって、1000万までのすべての正の整数は4つの立方数の和であることが確かめられている。V・デムヤネンコは、$9k \pm 4$ の形でないすべての数は4つの立方数の和であることを証明している。

ヒョウにはどうして斑点があるのか？

ヒョウには斑点があって、トラは縞模様で、ライオンには模様がない。どうしてだろうか？ 気まぐれで決めたように見える。まるで、大型ネコ科動物のファッションカタログに身体の模様が並んでいて、そのなかでどれが一番似合うかを進化によって選んだように思える。でも、実はそうではないという証拠が集まりつつある。ウィリアム・アレンらは、模様を決める数学的規則と動物の習性や生息地がどう関係しているか、そしてそれによって模様のでき方がどう変わるかを研究している。

身体の模様が進化した理由として一番分かりやすいのは、カモフラージュのためだ。森のなかに棲んでいる動物は、斑点や縞模様があると光と影に紛れて見えづらくなる。それに対して、開けた場所で活動する動物がはっきりした模様をしていたら、簡単に見つかってしまう。でもこういった説は、証拠の裏付けがない限り、見たままを言っているにすぎない。実験で検証するのは簡単ではない。何世代にもわたってトラのような縞模様を塗ったり着せたりして、その子孫には模様な

雌のヒョウ。ボツワナ・カナナキャンプにて

しの毛皮を着せて、どうなるかを観察するなんて無理だ。ほかにも説はいくらでもある。交尾の相手を惹きつけるためだとか、身体の大きさで自然に決まっただけだという説もある。

　ネコ科動物の身体の模様の数学モデルを使うと、カモフラージュ説が正しいかどうかを検証できる。模様のなかにはヒョウの斑点などかなり複雑なものもあって、その複雑さのタイプは、その模様がカモフラージュとして役に立つかどうかと密接に関係している。そこでアレンらは、アラン・チューリングが考え出した数学モデルを使って模様を分類した。その数学モデルとは、互いに反応する複数の化学物質が発生中の胚の表面に拡散していくことで、模様ができあがるというものだ。

　このプロセスは、拡散速度と反応の種類によって決まる具体的な数で表すことができる。それらの数は、考えられるすべての模様からなる「カモフラージュ空間」の座標のような役割を果たす。ちょうど、緯度と経度が地球表面の座標になるようなものだ。

　アレンらはそれらの数を、35種のネコ科動物の観察データと関連づけた。どんな生息地を好むか、何を食べるか、昼行性か夜行性かといったデータだ。そして統計的手法を使って、これらの値と身体の模

様との関係性を明らかにした。するとその結果から、身体の模様は森などの閉ざされた環境と密接に関係していることが分かった。サバンナなど開けた環境に棲んでいる動物は、ライオンのように模様を持たないことが多い。模様があったとしても、たいていは単純な模様だ。でも、木々のあいだに長時間いるヒョウなどの動物は、模様を持つことが多い。さらに、その模様はただの斑点や縞模様でなく、複雑になる傾向がある。アレンらのこの手法を使うと、黒いヒョウ（パンサー）はふつうにいるのに黒いチーターがいない理由も説明できる。

　データによると、カモフラージュ説以外のいくつかの説は分が悪い。身体の大きさや獲物の大きさは、模様とはほとんど関係がない。社会的な動物のほうが単独行動をする動物よりも模様が多いという傾向もないので、社会的な情報伝達に模様は重要ではないようだ。アレンらの研究では、ネコ科動物の模様がカモフラージュのためだけに進化したとは証明できないけれど、進化する上でカモフラージュが重要な役割を担っているらしいことは分かる。

　ライオンに模様がないのは、平原（プレーン）をさまよっているからだ。ヒョウに斑点（スポット）があるのは、見つかりにくい（プレーン（スポット））からだ。

　参考文献は 329 ページ。

多角形よ永遠なれ

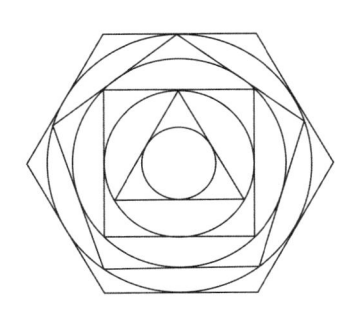

際限なく続けていくと……どこまで大きくなるだろうか？

あなたの幾何学や解析学の直感力を試してみよう。半径1単位の円からスタートする。そのまわりにぴったり接する正三角形を描き、さらにそのまわりにぴったり接する円を描く。これを繰り返していくのだけれど、段階が進むごとに、正方形、正五角形、正六角形……を使っていく。

これを永遠に続けていくと、この図はいくらでも大きくなるのだろうか？　それとも、平面上のある限られた領域のなかに留まるのだろうか？

答は330ページ。

トップシークレット

1930年代、あるロシア人数学教授が流体力学のセミナーを開いていた。いつも参加していた2人の男は、制服を着ていて見るからに軍の技術者だった。何のプロジェクトに携わっているのか、2人はけっして話そうとしなかった。きっとトップシークレットだったのだろう。ところがある日、2人は教授に、ある数学の問題について教えてほしいと頼んできた。ある方程式の解が振動してしまって、係数をどういうふうに変えれば解が単調になるかを知りたがったのだ。

教授はその方程式を見てこう言った。「翼をもっと長くしろ！」

オールを漕ぐ男たちの冒険
ドクター・ワツァップの回想録より

望みの薄い状況からパターンを読み取るソームズの能力には、何度も驚かされている。それを物語る一番の例が、1877年の初春の出来事だ。

私は正三角形公園を横切ってソームズの家に向かっていた。鮮やかな太陽が点々とした綿雲のあいだから斑模様の光と影を落とし、生け垣からは鳥のさえずりが響いていた。こんなに晴れた日に家から出

ないのは野暮というものだが、マッチ棒の膨大なコレクションの目録を作る我が友人を外に引きずり出そうとしても、相手にされなかった。

「多くの事件がマッチの燃焼時間にかかっているんだ、ワツァップ」。ソームズは、ディバイダーで測った長さを手帳に書き込みながら不満をこぼした。

当てが外れた私は、新聞のスポーツ欄を開いた。すると、ソームズも見逃したくないはずのある催し物がちょうど開かれるという知らせが、目に飛び込んできた。以前見たときには、飛び回る蜂や満開の木々に囲まれて完全に我を忘れてしまったくらいだ。1時間もしないで私たち2人は、昼食の入ったバスケットと口に合うブルゴーニュワイン何本かを持って川の土手に腰を下ろし、年に1度の競争のスタートを待っていた。

「どのチームがひいきなんだい？　ソームズ」。

ソームズは、スコットランドの古いマッチの燃えさしの長さを測っていた手を止めた。時間つぶしにマッチ棒を何本も持っていくと言って聞かなかったのだ。「青のチームだ」。

「濃い青かい？　それとも薄い青かい？」

「ああ」。ソームズは訳の分からないことを言った。

「つまり、オックスフォードとケンブリッジのどっちだい？」

「ああ」。ソームズは頭を振った。「どちらかだ。変数があまりに複雑で予測はできない」。

「ソームズ、応援しているチームを聞いたんだ。予想じゃない」。

ソームズは鋭い視線を送ってきた。「ワツァップ、知り合いでもない人間をどうして応援しなきゃいけないんだ？」

ソームズの機嫌が悪いときは、必ず何かしら理由がある。ソームズは、マッチ棒をニシンの骨のような形に並べていた。それに気づいた私は、どうしてかと尋ねた。

「オールの並び方を調べていたんだ。どうしてこんなに効率の悪い並び方が伝統になったのだろうか？」

私は、年に1度の大学ボート競争でテムズ川に並んだ2艘のボート

に目をやった。「伝統とは効率の悪いものさ、ソームズ」と私はたしなめた。「これまでずっとやってきたのと同じようにやるのが、伝統というものさ。どうするのが一番いいかを考えることじゃない。でも私は効率が悪いとは思わないな。漕ぎ手が8人いて、オールは左右交互に出ている。タンデムというやつだ。対称的で理にかなっていると思うがね」。

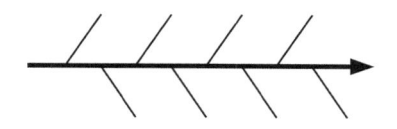

タンデム（矢印はボートの舳先）

するとソームズは不満げにうなった。「対称的だって？　ははっ！　ぜんぜん対称的ではない。ボートの一方の側のオールがすべて、対応するもう一方の側のオールよりも前にあるんだ。理にかなっているって？　対称的でないと、漕ぎ手がオールを引き寄せたときにねじれの力が生まれて、ボートが片側に逸れていくんだ」。

「ソームズ、だから舵取りがいるんだ。舵を操作する人さ」。

「それがボートの前方への動きに対して抵抗になる」。

「そうか。でも、ほかにどうやってオールを並べるんだい？　漕ぎ手が2人横に並んで座るのは無理だよ」。

「68通りの並べ方がある。左右反転させたものを同じと数えれば34通りだ。具体的に言うと、ドイツとイタリアの友人たちは違う並び方を使っている」。ソームズはマッチ棒で2通りの並び方を示した。

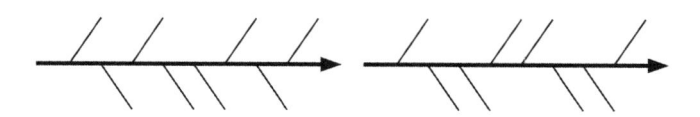

左：ドイツの並び方。右：イタリアの並び方

私はそれをじっとにらんだ。「そんな変な並び方だともっと問題があるんじゃないか？」
　「そうかもしれない。考えてみよう」。ソームズは口をすぼめてじっくり考えた。「現実的には数えきれない問題がある。もっと複雑な解析が必要だ。もちろんマッチ棒ももっとたくさんいる。だから、ここで作れるなるべく単純なモデルで我慢して、そこから何か役に立つことが分かるのを願うしかない。前もって言っておくが、答が出てもそれが絶対ではない」。
　「分かった」と私は答えた。
　「では、オール1本だけを考えて、1ストロークのうちオールが水中にあるときに、そのオールがオール受けに作用させる力を計算してみよう。話を単純にするために、漕ぎ手は全員同じ力で、完全にシンクロして漕ぐので、どの瞬間にもまったく同じ力 F をおよぼすとする。そしてこの力を、ボートの軸に平行な成分 P と、垂直な成分 R に分解する」。
　「どの力も時間とともに変化するな」と私。
　ソームズはうなずいた。「ここで大事になるのが、機械技師が力のモーメントと呼んでいるもの、つまり、ある点を中心にボートをどの程度回転させるかだ。アルキメデスのパリンプセストを見つけたときに説明したとおり、そのモーメントは、力の大きさと、その点からの垂直距離との積で求められる」。
　今度は私がうなずいた。もちろんそのあたりの話は覚えていた。
　「船尾に一番近いオールの位置に点を打った。これがその点になる。さて、オールが左舷にあるとすると、力 P によって生じる、オール受けとボートの中心軸が交わる点を中心としたモーメントは、Pd となる。だがオールが右舷にあると、力は反対方向に作用するので、モーメントは $-Pd$ となる。これらのモーメントは、ボートの同じ側にある4本のオールですべて同じだ。結果、8本すべてのオールによる合計のモーメントは、$4Pd - 4Pd$ で 0 になる」。
　「ねじれの力は打ち消し合うんだ！」

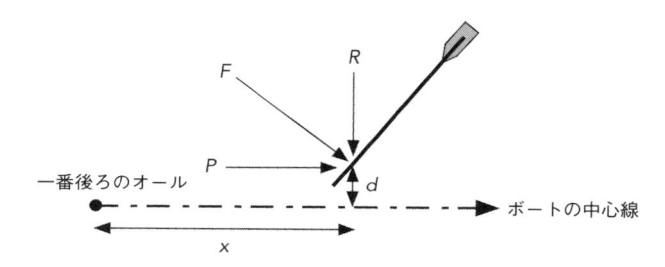

力の分解。P が前方を向いていて、R はボートの外側から中心へ向いていることに注意。オールの先端が水の抵抗によって（ほぼ）固定されるからだ。漕ぎ手は船尾の方を向いていて、オールを自分の身体のほうに引き寄せることを忘れないように。

「ボートの軸に平行な力 P はそうだ。でも、力 R のモーメントはオールごとに違う。船尾のオールからの距離 x によって変わるからだ。その大きさは Rx となる。オールごとの間隔がそれぞれ同じで c だとしたら、x は、船尾から舳先へいくにつれて

$$0 \quad cR \quad 2cR \quad 3cR \quad 4cR \quad 5cR \quad 6cR \quad 7cR$$

となる。だから合計のモーメントは

$$\pm 0 \pm cR \pm 2cR \pm 3cR \pm 4cR \pm 5cR \pm 6Rc \pm 7cR$$

となる。ただし、オールが左舷にあればプラスの符号を、右舷にあればマイナスの符号を取る」。

「どうしてだい？」

「左舷に作用する力はボートを時計回りに回転させ、右舷に作用する力は反時計回りに回転させるからだ。この式を整理すると

$$(\pm 0 \pm 1 \pm 2 \pm 3 \pm 4 \pm 5 \pm 6 \pm 7)cR$$

となる。プラスとマイナスのパターンは、オールが左右どちらにあるかに対応する」。

「ではタンデムの場合を考えよう。その場合、符号列は

＋－＋－＋－＋－

となるので、合計の回転モーメントは

$$(0-1+2-3+4-5+6-7)cR = -4cR$$

となる。

　ストロークの前半には R は内側を向いているが、オールが後方に持っていかれはじめると R の向きは逆転して外側を向く。だからボートは、はじめある方向に回転してから次に逆方向に回転して、くねくねした動きになる。さっき言ったように、舵取りは舵を使ってそれを修正しないといけないが、それが抵抗を生み出す。

　ドイツ式ではどうか。合計の回転モーメントは、c と R がどんな値であっても

$$(0-1+2-3-4+5-6+7)cR = 0$$

となる。だからくねくねした動きにはならない」。

　「イタリア式ではどうなんだい？」　私は大声を上げた。「私に計算させてくれ！　合計の回転モーメントは

$$(0-1-2+3+4-5-6+7)cR = 0$$

やっぱり 0 だ！　何てすごいんだ」。

　「まったくだ」とソームズは答えた。「さてワツァップ、頭の切れる君に問題だ。回転させる力が 0 になるのは、ドイツ式とイタリア式、そしてその左右を反転させたものだけだろうか？」　ソームズは私の顔を観察していたに違いない。次のように付け加えてくれたからだ。「この問題を突き詰めれば、0 から 7 までの数を 2 つの 4 つ組に分けて、それぞれの和を等しくすることに行き着く。8 つの数をすべて足すと 28 になるので、それぞれの和は 14 のはずだ」。

　答と、1877 年のボート競争の結果は、331 ページ。

15パズル

　昔流行ったパズルだけれど、いまでも人気がある。ちょっとした数学的直感を使えばとんでもない無駄骨を折らずに済むようになるという、見事な実例だ。この話は次のコラムにも続く。

　1880年、ニューヨークに住むノイス・パルマー・チャップマンという名前の郵便局長が、「ジェムパズル」というパズルを考えつき、歯科医のチャールズ・ピーヴィーが、そのパズルを解いた人に賞金を与えることにした。それでちょっとしたブームになったけれど、誰も賞金をもらえなかったのですぐに下火になった。アメリカ人のパズル作家サム・ロイドは、自分は1870年代からこのパズルに夢中になっていたと言い張ったけれど、実際にそのパズルについてはじめて書いたのは1896年のことだった。そのときロイドが賞金1000ドルを贈ることにしたため、しばらくのあいだブームが復活した。

　このパズル（ボスパズル、15ゲーム、神秘の正方形、15パズルなどとも呼ばれている）は、1から15の番号が付いた15枚のブロックが正方形に並んでいて、右下が1つ分空いている状態からスタートする。ブロックは番号順に並んでいるけれど、14と15は逆の順番になっている。問題は、14と15を入れ替えること。ただし残りのブロックはすべて最初と同じ順番になっていないといけない。空いた場所に隣のブロックをスライドさせて、それを好きなだけ繰り返せばいい。

　ブロックを動かしていけばいくほど、数字の順番がぐちゃぐちゃになってしまう。でも注意して動かせば、再び元に戻すことができる。よく考えれば、どんな並び方でも作れそうに思える。

15 パズル。左：スタート時。中央：最後の状態。右：解くことができないのを証明するために、ブロックを色分けする。

　ロイドは、（当時としては）大盤振る舞いの賞金を喜んで申し出た。絶対に払わなくていいと自信があったからだ。ブロックの並べ方は、数字の付いた 15 枚のブロックと空いた場所の順列で、16! 通りもあるのだ。ここで問題。許されている動かし方を繰り返していって作ることのできる並べ方は、そのうちの何通りだろうか？　1879 年にウィリアム・ジョンソンとウィリアム・ストーリーが、その答はちょうど半分であって、ご想像のとおり、賞金がもらえる並び方は残り半分のほうに含まれていることを証明した。15 パズルは解くことができないのだ。でもほとんどの人はそのことを知らなかった。

　解けないことを証明するには、右図のように、チェス盤に似たパターンに正方形を色分けする。ブロックをスライドさせることは、そのブロックを空いた正方形と入れ替えることに相当するので、その入れ替えのたびに空いた正方形に対応する色が変わる。空いた正方形は最後に元の位置に戻らないといけないので、入れ替える回数は偶数でなければならない。入れ替えを繰り返すことでどんな順列も作ることができるけれど、そのうちの半分は入れ替えを偶数回、残り半分は奇数回おこなわないといけない。

　どれか 1 通りの順列を作る方法はいくつもあるけれど、すべて奇数回かすべて偶数回のどちらかだ。目標の並び方を作るには、14 と 15 を交換するので、1 回だけ入れ替えればいい。でも 1 は奇数なので、偶数回の入れ替えではその順列を作ることはできない。

　実はこの条件が障害になる。許されている動かし方では、16! 通

りの考えられる並び方のうちちょうど半分しか作れないのだ。でも $16!/2 = 10{,}461{,}394{,}944{,}000$ はとても大きな数なので、何回試してもその大部分は作れない。だから、どんな並び方でも作れるはずだと思い込んでしまうのだ。

トリッキーな6パズル

1974年にリチャード・ウィルソンが15パズルを一般化して、ある驚きの定理を証明した。パズルの盤面をネットワークに置き換えたのだ。ブロックは数字で表す。いま白い四角が乗っているノードにつながっているエッジに沿って、数字をスライドさせることができる。そうすると白い四角は新しい場所に移動する。下の図は15パズルのブロックのスタート位置を表している。隣どうしのマス目に対応するノードどうしはエッジで結ばれている。

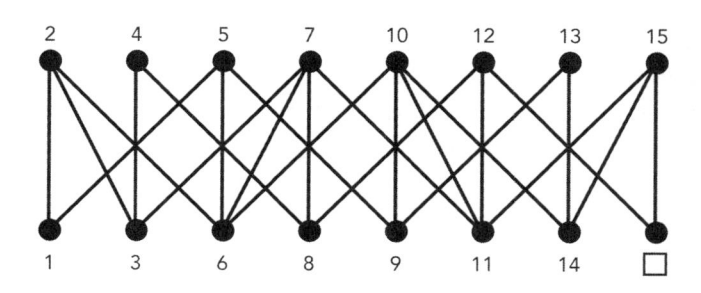

15パズルの様子を表現したネットワーク

ウィルソンは、これに似たあらゆる連結ネットワークを考えようとひらめいた。$n+1$ 個のノードを持ったネットワークを考えよう。はじめ、四角が乗った1個のノードが空いていて（ノード0とする）、残りのノードには1から n までの数字が乗っている。15パズルでの操作は、0と、それと隣り合ったノードに乗っている数字とを入れ替えることによって、数字をネットワークのなかで動かしていくことに

ほかならない。ルールでは、0 は最終的にスタートと同じ位置に来ないといけない。残り n 個の数字の順列は $n!$ 通りある。ここでウィルソンは考えた。それらの順列のうち、許されている動かし方で作ることのできるのはどれだけだろうか？ その答はもちろんネットワークによって違ってくるけれど、思ったほど多くはないのだ。

その答が異常に小さいような種類のネットワークがある。ノードが閉じた輪っかを作っていたら、許される動かし方で作ることのできる並び方は最初の並び方しかない。0 が最初の場所に戻ってこないといけないからだ。それ以外の数字もすべて同じ順番のままだ。どれかの数字が別の数字の脇をすり抜けることはできない。リック・ウィルソンの定理（ウィルソンという名前の別の数学者と紛らわしいのでそう呼ばれている）とは、「このような閉じた輪っかを除けば、すべての順列を作ることができるか、またはちょうど半分の順列を作ることができる」というものである。

ただし 1 つだけおもしろい例外がある。

驚きの事実だ。ただ 1 つ、7 個のノードを持ったネットワークだけが例外なのだ。そのネットワークは、6 つのノードが六角形を作っていて、残り 1 つが 1 本の対角線の中央にある。順列は $6! = 720$ 通りで、その半分は 360 通り。でも、実際に作ることのできる順列の数はたった 120 通りなのだ。

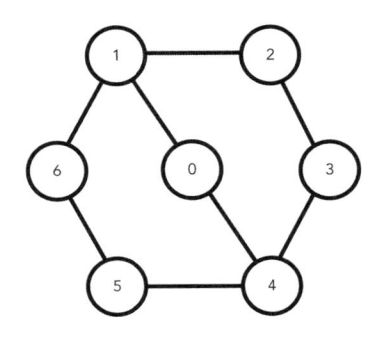

ウィルソンの例外的なネットワーク

その証明には、抽象代数学における、置換群の美しい性質がいくつか使われている。詳しいことは Alex Fink and Richard Guy, Rick's tricky six puzzle: S5 sits specially in S6, *Mathematics Magazine* 82 (2009) 83-102 を見てほしい。

ABCくらい難しい

　数学者が考えついた突拍子もないアイデアが、とてつもなく重要な意味を持つことがときどきある。その1つが ABC 予想だ。

　フェルマーの最終定理を覚えているだろうか？ 1637年にピエール・ド・フェルマーが、$n \geq 3$ であればフェルマー方程式

$$a^n + b^n = c^n$$

は0でない整数解を1つも持たないと予想した。でも $n=2$ の場合は、ピタゴラスの3つ組 $3^2 + 4^2 = 5^2$ のように解は無数にある。このフェルマーの予想は証明されるまでに358年もかかり、アンドリュー・ワイルズとリチャード・テイラーによって証明された（『数学の秘密の本棚』50ページ）。

　これで一件落着、と思われるかもしれない。でも1983年にリチャード・メイソンが、フェルマーの最終定理の1乗の場合、つまり

$$a + b = c$$

にはこれまで誰も注目していなかったことに気づいた。この方程式の解は、何も代数学の達人でなくても見つけることができる。$1+2=3$ とか $2+2=4$ とか。でもメイソンは、a, b, c にもっと深遠な条件を与えればもっとおもしろい問題になるのではないかと考えた。そうして生まれたのが、ABC 予想（またはエステルレ＝マッサー予想）と呼ばれている新しい見事な予想で、もしそれが証明できれば数論の世界に革命が起きることになる。膨大な数値的証拠によって裏付けられているけれど、証明は不可能に思える。ただし、望月新一の研究成果

はその例外かもしれない。まずはこの予想がどういうものかを説明したあとで、その話に戻ることにしよう。

2000年以上前にユークリッドは、いまでは代数方程式を使って表されているある公式を使って、すべてのピタゴラスの3つ組を見つける方法を明らかにした。1851年にはジョゼフ・リューヴィルが、$n \geq 3$の場合のフェルマー方程式にはそのような公式は存在しないことを証明した。そこでメイソンは、$a(x), b(x), c(x)$を多項式とするもっと単純な方程式

$$a(x) + b(x) = c(x)$$

について考えてみた。多項式とは、$5x^4 - 17x^3 + 33x - 4$のように、xの累乗を代数的に組み合わせたものだ。

これでも簡単に解を見つけることができるけれど、その解がすべて「興味深い」ということはありえない。多項式に含まれているxの一番大きな指数を、その多項式の次数という。メイソンは、もしこの方程式が成り立てば、a, b, cの次数はすべて、方程式$a(x)b(x)c(x) = 0$の複素解の個数(互いに同じ解は1つと数える)よりも小さいということを証明した。実はW・ウィルソン・ストサーズが1981年に同じことを証明していたけれど、メイソンはそのアイデアをもっと大きく広げたことになる。

数論学者はよく、多項式と整数の類似性に注目する。このメイソン=ストサーズの定理も、自然な形で整数の命題に置き換えることができるのだ。a, b, cを互いに公約数を持たない整数として、$a + b = c$とする。すると、a, b, cはすべて、abcの素因数どうしの積(同じ素因数は1回しか掛けない)よりも小さい、という定理が考えられる。

でも残念ながら、それは明らかに偽だ。たとえば$1 + 8 = 9$だけれど、1, 8, 9の相異なる素因数どうしの積は$2 \times 3 = 6$で、9よりも小さい。何てこった。でもくじけることを知らない数学者は、この命題に手を加えて、いかにももっともらしいものに変えようとした。そして1985年にデイヴィッド・マッサーとジョゼフ・エステルレがそれ

を成し遂げた。その命題とは次のようなものである。

> 0より大きいすべてのεに対して、$a+b=c$を満たし、しかもabcの相異なる素因数の積をdとして$c>d^{1+\varepsilon}$であるような、公約数を持たない正の整数の3つ組a, b, cは、有限個しかない。

これがABC予想だ。もしこれが証明されれば、過去数十年のあいだにとてつもない直感と努力を駆使して証明されてきたいくつもの深遠で難しい定理が直接導かれて、もっと単純な証明を持つようになる。さらに、それらの証明はどれも互いにとても似たようなものになる。ありふれたちょっとした手順を組み立てて、ABC定理を当てはめるだけで、証明になってしまうのだ。アンドリュー・グランヴィルとトーマス・タッカーは、「この予想が解決されれば、数論の分野にとてつもないインパクトがある。証明あるいは反証されればとんでもないことになるだろう」と言っている [It's as easy as abc, *Notices of the American Mathematical Society* 49 (2002) 1224-1231]。

望月の話に戻ろう。望月は着実な研究の道を歩んできた尊敬を集める数論学者だ。2012年に望月は、4篇の続き物のプレプリント（まだ正式な出版のために投稿されてはいない論文）のなかで、ABC予想を証明したと発表した。このニュースは本人の意思に反してマスコミの注目を集めたけれど、そもそも注目されないだろうなどと考えるのはもちろん現実的じゃない。まったく新しい数学を含むその500ページほどの論文は、いま専門家がチェックしているところだ。高度で複雑で型破りなアイデアなので、かなりの時間と労力が必要だろう。でも、それだけの理由で却下しようとする人など誰もいない。1つ間違いが見つかっているけれど、望月いわく証明には影響ない。望月は研究の進展具合を投稿しつづけているし、専門家もチェックを続けている。

正多面体のリング

　大きさの同じ8つの立方体を面と面でくっつけると、2倍の大きさの立方体ができる。8つの立方体からは「リング」もできる。穴の空いた立体のことで、トポロジー的にはトーラスと同形だ。

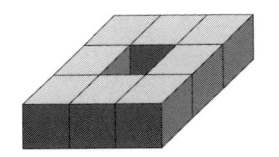

立方体のリング

　もう少し工夫すれば、ほかに3種類の正多面体でも同じことができる。正八面体、正一二面体、正二〇面体だ。4つのケースのどれでも、完全な正多面体が互いにぴったりくっつく。立方体の場合は当然だし、ほかの3種類の立体の場合も、対称性を考えれば簡単に分かる。

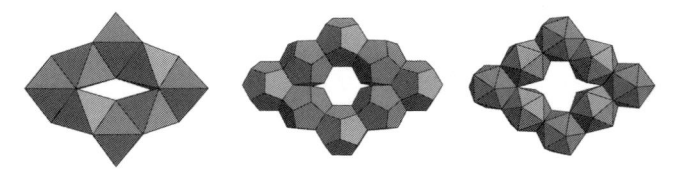

正八面体、正一二面体、正二〇面体のリング

　でも正多面体は5種類あって、残り1種類、正四面体はこの方法ではうまくいかない。そこで1957年にヒューゴ・シュタインハウスは、同じ大きさの正四面体を面と面で何個もつなぎ合わせて、閉じたリングを作ることはできるだろうかという問題を考えた。その答は1年後に出て、S・シフィエルチェフスキがそういう並べ方は不可能であることを証明した。正四面体は特別なのだ。

　ところが、2013年にマイケル・エルガースマとスタン・ワゴンが、

48 個の正四面体からできた 8 回対称の美しいリングを発見した。S・シフィエルチェフスキは間違っていたのだろうか？

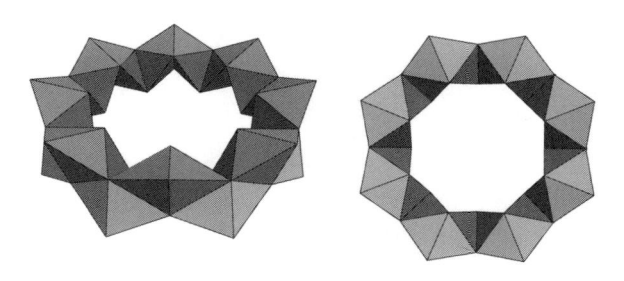

エルガースマとワゴンのリング。左：俯瞰図。右：8 回対称性がよく分かるように上から見た図

そんなことはない。その理由をエルガースマとワゴンは、このリングの発見を報告した論文のなかで説明している。完全な正四面体を使うと小さな隙間が空いてしまう。そこで、下の図に太線で書いた稜の長さを 1 単位から 1.00274 に伸ばすと、その隙間を塞ぐことができるのだ。長さの差は 500 分の 1、人間の目では分からない。

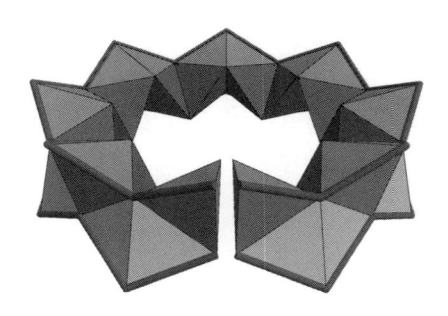

隙間を強調して描いた。

そこでシフィエルチェフスキは、次のような疑問を出した。十分にたくさんの正四面体をつなげてリングにしようとしたとき、隙間はど

こまで小さくできるだろうか？　何個もの正四面体を使えば、1個の正四面体の大きさに対する隙間の大きさを好きなだけ小さくすることができるのだろうか？　正四面体どうしが重なり合わないようにする場合には、その答はまだ分かっていない。でも、互いに貫通させてもいい場合にはその答は「イエス」であることを、エルガースマとワゴンが証明している。たとえば正四面体を438個使うと、隙間の大きさは約1万分の1だ。

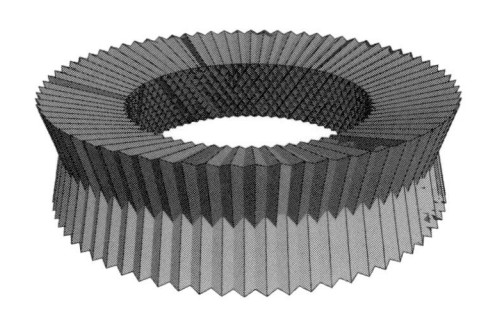

エルガースマとワゴンが示した、互いに貫通している438個の正四面体

　重なり合うのを認めない場合にもその答は「イエス」だと予想されているけれど、並べ方はどうしてもさらに複雑になってしまう。その証拠としてエルガースマとワゴンは、隙間がどんどん小さくなっていくような一連のリングを見つけている。いまのところもっとも隙間が小さいものは、2014年に発見された。互いに重なり合っていない540個の正四面体からできたほぼ閉じたリングで、隙間の大きさは5×10^{-18}だ。

　もっと詳しいことは333ページ。

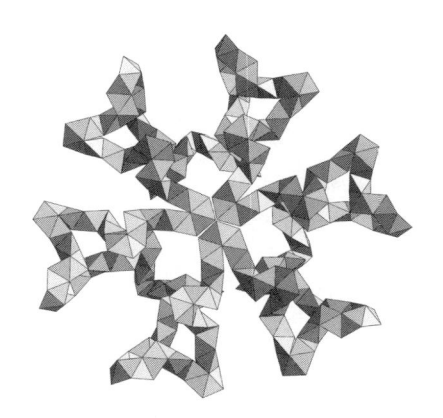

エルガースマとワゴンが示した、互いに重なり合っていない540個の正四面体からできたリング

正方形の杭の問題

　この数学ミステリーは100年以上経っても解決していない。平面上のどんな単一閉曲線（自己交差しないループ）上にも、辺の長さが0でない正方形の頂点となるような4つの点が存在するか、という問題だ。

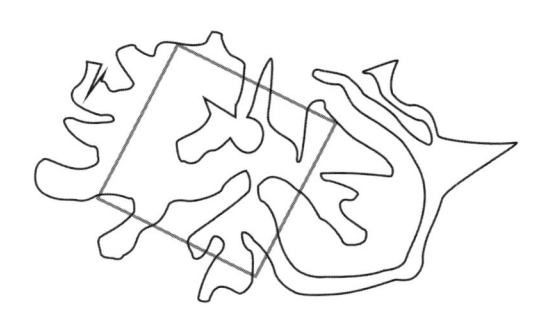

ある単一閉曲線と、その上に頂点が乗っている正方形

ここでいう「曲線」とは、途切れのない連続した線のことだけれど、滑らかでなくてもかまわない。尖った角があってもいいし、際限なくくねくねしていてもいい。正方形の辺の長さが0でないと断っているのは、4つ同じ点を選ぶという自明な答を避けるためだ。

　この正方形の杭の問題のことがはじめて載った印刷物は、1911年にオットー・テプリッツがおこなった学会発表の報告書で、テプリッツはこの命題を証明したと主張したらしい。でもその証明は発表されていない。1913年にアルノルト・エムヒが、滑らかで凸の曲線ではこの命題が真であることを証明した。エムヒはこの問題のことを、テプリッツでなくオーブリー・ケンプナーから聞いたという。この命題は、凸の曲線、解析的曲線（収束する冪級数で定義される曲線）、十分に滑らかな曲線、対称性を持つ曲線、多角形、尖点を持たず曲率に上限がある曲線、あらゆる円に4つの点で交わる星形の2回微分可能な曲線、などなどで真であることが証明されている。

　どんな様子かだいたい分かったと思う。細かい前提がたくさん置かれていて、一般的な証明もないし反例もない。真かもしれないし偽かもしれない。誰にも分からないのだ。

　この問題は一般化することができる。長方形の杭の問題は、「1以上のすべての実数 r に対して、平面上のどんな滑らかな単一閉曲線上にも、辺の長さの比が $r:1$ である長方形の頂点となるような4つの点が存在するか」というものだ。これまでに証明されているのは、正方形の杭、$r=1$ の場合だけだ。かなり厳しい制約条件のもとでもっと高次元に拡張した問題もいくつかある。

🔍 不可能なルート

ドクター・ワツァップの回想録より

とても落ち込んでいる……。

　私は悲しみに打ちのめされてペンを投げ捨てた。悪魔の子め！　年老いたロシア人の魚売りに変装してロンドンの街なかをよたよたと歩

いていた、史上最高の探偵の1人が、モギアーティ教授の策略にはまって早すぎる死を迎えたのだ。私が会ったことのあるなかで一番聡明な人物をあの世に送った犯罪者は、王国内のあらゆる悪事に関わっていた。ソームズがあれほどの犠牲を払って道連れにするまでは。ただし、この部屋の真下にしょっちゅう馬車を止めるバカ野郎は別だが。馬が糞を……。

　平凡な物書きが男泣きの涙をぬぐって、あの悲劇的な出来事を綴っていくのにおつきあいいただきたい。

　ソームズは1週間ばかり暗い気分でいた。ソームズが窓に6つめの南京錠を掛けて、3丁めのガトリング銃を用意しているのを見たとき、何か心配事を抱えているのではないかと私は思いはじめた。

　「君はこう言うかもしれない」とソームズは口を開いた。「床屋へ行く途中で、落ちてきたグランドピアノから危うく身をかわしたら、自分ならどうするかってね。ちなみにそのピアノはチッカリングだった。頑丈な枠組みですぐに分かったよ。何とか落ち着いたと思ったら次は、4頭の馬に引かれた荷馬車が突進してきて、僕は飛び退いた。用心して近くの壁の後ろに身を隠した次の瞬間に、その荷馬車は爆発した。あっという間に壁が崩れて地面に深い穴が空き、僕はパニックになりそうになったが、こんなときのためにいつもポケットに入れていたかぎ爪を使って何とか這い上がった。ちょうどうまい具合に先が曲がっていたし、ひもは軽いけれど強かった。その出来事以降、少々心配になったのだ」。

　もしこの友人のことをよく知らなかったら、酔っ払っているのだと思ったに違いない。

　「ソームズ、誰かが君に危害を加えようとしていると思っているのかい？」

　ソームズは私の洞察力に感心して鼻を鳴らした……と私は思った。「モギアーティだ」。ソームズは言い切った。「だが今度はこっちの番だ。こうしている間にも、僕の巧みな計画が実を結んで、ロンドンじゅうの警官があの……犯罪界のウェリントンと……その手先たちに襲

いかかろうとしている。もうすぐやつらは刑務所に入って、……そして絞首刑だ！」

扉をノックする音が聞こえた。わんぱく坊主が入ってきた。「旦那に電報だよ！」 ソームズは紙切れを受け取って、わんぱく坊主に3ペンス硬貨を渡した。

「相場は6ペンスだよ」とわんぱく坊主。

「誰が言ったんだ？」

「通りの向こうの旦那さ。あのシャー……」。

「なら2ペンスだ。さっさと出て行かないとこめかみをぶん殴るぞ」とソームズは言った。わんぱく坊主は小声でぶつぶつ言いながら出ていった。ソームズは紙切れを開いた。「きっと作戦が成功し……」。ソームズの声が小さくなった。

「何だって？」 私は心配になって聞いた。ソームズの顔が真っ青になった。

「モギアーティが逃げた！」

「どうやって？」

「警官に変装した」。

「ずるがしこい野郎だ！」

「でもやつがどこへ行ったかは分かっている。君はいまから10分で家に帰って旅支度をするんだ。そうしたら、海峡越えのフェリー、等級に分かれた列車、1頭立て箱馬車、犬引きの2輪馬車、乗合馬車、ロバ2頭で向かおう。それぞれ1回ずつだ」。

「でもソームズ！　僕はベアトリクスと結婚してから1か月も経っていないんだぞ！　置いてはいけない……」。

「君の新妻はいずれこのようなことに慣れなければならない。ワツァップ、僕の相棒を続けるならな」。

「確かにそうだが……」。

「絶好のチャンスだ。離ればなれになるとますます愛情が深くなるものだ。犬は人間の一番の……決まり文句はどうでもいい。君がいないあいだは、弟さんがベアトリクスの面倒を見てくれるだろう。6週

間あればきっと片が付く」。

　ソームズには私を同行させるれっきとした理由がないことに気づいた。ソームズは私を必要としていたのだ。どんなに犠牲を払ってでも、この難局に立ち向かわなければならない。「分かった」と私は、不吉な予感を覚えながらも答えた。「ベアトリクスも分かってくれるだろう。どこへ行くんだい？」

　「シュティッケルバッハの滝だ」。ソームズは落ち着いた声で言った。

　思わず身震いがした。どんな登山家でも震え上がる名前だ。「ソームズ！　自殺行為だぞ！」

　ソームズは肩をすくめた。「モギアーティはそこで見つかるはずだ。でも見つけるためには、そこに行かなければならない」。ソームズは地図を取り出した。

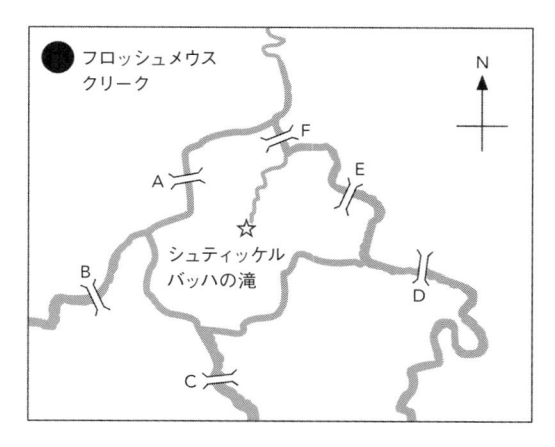

ソームズの地図

　「スイスのこの地域の地図だ。網の目のように流れる川を見てみろ。北から流れてきて国境を越えている。シュティッケルバッハの滝は、大きい川から分かれた小川の端にある」。

　「滝から先はどこに流れていくんだい？」

「地面の下、地下の水路に流れ下っている。どこで再び地上に出てくるかは分かっていない」。

「奇妙な地形だな、ソームズ」。

「スイスの地形は入り組んでいるんだ、ワツァップ。さて、橋が6本架かっている。それぞれA, B, C, D, E, Fと記号を付けた。スイス領のなかでこの地域を結んでいる橋はこれしかない。乗合馬車の終点は、フロッシュメウスクリークという小さな町だ。そこからはロバを借りて滝へ向かう。スイス国内から出ることはできない。気づかれずに国境を1回越えるだけでも難しいからだ。ましてや何度も越えるのは無謀の極みだ。僕はもうルートを考えてあるが、君ならもっといいルートを思いつくかもしれない」。

私は地図をじっくり見た。「何だ、簡単じゃないか！　Aの橋を渡ればいいんだ」。

「いや、ワツァップ。あまりにも単純すぎる。モギアーティもそれを見越しているだろうし、橋が長すぎる。モギアーティに気づかれないように、Aの橋は最後に渡るしかない。しかも、目について見つかってしまうチャンスをなるべく減らすために、どの橋もそれぞれ1回ずつしか渡れない」。

「なら最初にBの橋を渡るしかないな」と私。「そこから先へ続いているのは、C、さらにDだけ。そこからはEとFが選べる。どっちも滝に続いているから、Eを渡るのが良さそうだ。以上！」

「さっき言ったように、最後にAの橋を渡らないといけない。Eじゃない」。

「ああ、そうだった。なら、その次にAを渡る……いや、行き詰まってしまって滝には行けない。だからAはあとに取っておいて、Fを渡る……。いやだめだ。やっぱり行き詰まってしまう」。

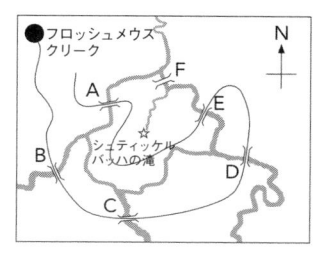

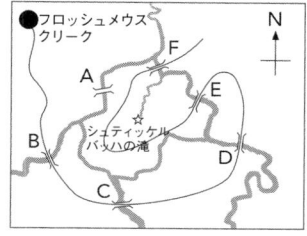

滝にたどり着けない2つのルート

　ソームズはわれ関せずとばかりにぶつぶつ言っていた。私は自分の分析結果をチェックした。「もしかしたらFの橋が……いや。Dを渡ったあとに、Eの代わりにFを使っても、同じ問題が起きてしまう。そんなルートはないよ、ソームズ！」　するとある考えがひらめいた。「トンネルか何か、ほかに川を渡る方法がないかな。フェリーか？　カヌーか？」

「トンネルもフェリーもカヌーもない。川を渡る必要もない。橋と陸だけで十分だ」。

「なら不可能だよ、ソームズ！」

　ソームズは笑みを浮かべた。「だがワツァップ、さっきも言ったように、挙げた条件を満たすルートは存在する。それどころか、本質的に互いに異なるルートは8通りもある。それぞれ橋を違う順番で渡るということだ」。

「8通り？　正直言って1つも見つからないよ」と私はいらだちまぎれに言った。

　ソームズの言うとおりなのだろうか？　答は334ページ。

最後の問題

ドクター・ワツァップの回想録より

あまり眠れずに夜明けとともに目を覚ますと、ソームズはすでに身支度を調えていて気力十分だった。「朝食の時間だ！　ワツァップ」。力の入った声だった。来たるべき対決を恐れていたとしたら、完璧に隠し通せていたことになる。

パンと肉とスイスチーズという朝食を済ますとすぐに、ロバに乗って狭い小道を上っていった。何マイルか進んだところで、頼りになるロバたちをつないだ。シュティッケルバッハの滝のたもとに到着したのだ。激しい水の流れが、そびえ立つ峡谷の垂直の壁のあいだを下り、地面に空いた深い穴に吸い込まれ、午後の日の光できらめく華麗な虹を作っていた。

岩だらけの険しい道が滝のてっぺんへと続いていた。近づいていくと、頭上の岩壁の上にひとつの人影が現れた。

「モギアーティだ」とソームズは言った。「あの邪悪な輪郭は間違えようがない」。ソームズはピストルを取り出して、安全装置を外した。「やつはもう逃げられない。この道以外に下りる道はない。少なくとも人間が生きて下りられる道はない。ここで待っていろ、ワツァップ」。

「いや、ソームズ！　私も一緒に……」。

「君は来るな。この下劣な生き物をこの世から消すのは、僕1人の仕事だ。無事こっちへ来られるようになったら合図する。それまでここで待っていると約束してくれ」。

「どんな合図だ？」

「そのときになったら分かる」。

私は不安でいっぱいだったが、首を縦に振った。ソームズは登っていって、すぐに岩の向こうへ姿を消した。最後に見えたのは頑丈な登山靴だった。

私は待った。何も聞こえなかった。

すると突然、怒鳴り声が聞こえた。風で音が流されたので、何を言っているかは分からなかった。さらに、長い格闘の音と、何発かの銃声が聞こえた。そして悲鳴が聞こえ、目の前の濁流のなかを何かが落ちていった。水しぶきに覆われていたし、あまりに速く落ちていったので、何であるかは分からなかったが、1人の人間くらいの大きさだった。

あるいは2人だったかもしれない。

私は心の底からショックを受けたが、ソームズに言われたとおり待ちつづけた。

合図は来なかった。

ついに私は、何か良くないことが起きたはずだと判断して、約束を破った。そして道をよじ登っていった。てっぺんに着くと、さらにその上には大きく張り出した岩がそびえていて、それより先へは進めなかった。苔むした岩棚が、滝の落ちる絶壁のほうへ続いていた。ソームズとモギアーティのいる気配はなかった。ただ、水しぶきで湿った苔の上に微かに足跡が残っていた。

達人から捜査の手ほどきを受けていた人間の目には、その足跡が何を物語っているかは明らかだった。はっきりしないが、ソームズの靴底と同じ山形の跡が読み取れた。それ以外のジグザク模様の足跡はきっとモギアーティのものだろう。その2組の足跡が断崖の際まで続いていて、その場所の地面はえぐれてどろどろになっていた。私が音を聞いた争いの跡に違いない。

私は恐怖で息を飲んだ。その恐ろしい崖際から戻ってくる足跡は1つもなかったからだ。

私は心を落ち着けて、これらの証拠からソームズの行動を推理した。自分の足跡と重ならないように注意しながら、徹底的に調べた。間違いなく無能な地元の警察も、現場を調べたがるはずだ。

ソームズは明らかにモギアーティの後ろを歩いていた。ソームズの足跡がいくつか犯罪者の足跡にかぶさっているが、その逆はないからだ。モギアーティの足跡はソームズの足跡よりも深いように見えるが、

あのときソームズはつねに足取りが軽かった。恐ろしい結論がはっきりしてきた。ソームズがモギアーティを絶壁の際まで追い詰め、そこでもみ合いになった。そして2人は組み合ったまま落ちていった。いま2人の身体は地下深くのどこかじめじめした穴のなかにあって、けっして回収できないだろう。

私は打ちひしがれ、重い足取りで道に戻ってきた。むき出しの岩には足跡1つなかった。頭上には、とうていよじ登れそうにない絶壁がそびえていた。もしソームズが勝っていたら、合図をして私が来るのを待っていたはずだ。もしモギアーティが勝っていたら、代わりにモギアーティが、完全武装して私が来るのを待っていたはずだ。

2人とも同じ恐ろしい最期を迎えたことは、疑いようがなかった。

でも山を下りはじめてからも、心のなかでは、我が友人のあざけるような声が響いている気がしていた。自分の無意識が何かを語ろうとしていたのだろうか？　悲しみが理性を圧倒し、私はロバのところにとぼとぼと下っていった。2人で乗ってきたロバだ。でもこのあとは、スイス警察がやってくる。

帰還

ドクター・ワツァップの回想録より

ソームズの気高い犠牲によってこの世からモギアーティが消えてから、3年が経っていた。222B番地の家は弟のスパイクラフトに引き継がれ、私は本格的に医者の仕事を始めていた。

診察室に、ぼろぼろの服を着た猫背の男が足を引きずりながら入ってきた。「おめえがあの医者かい？　例の雑誌にあの探偵話を書いたやつかい？」

私は自分の医者としての身分を明かした。「確かに書いたが、残念ながら『ストランド』誌はいまのところ掲載してくれていない」。

「そうかい。もう1人の変人のほうか。でもおめえのも載るさ。だんな、足がひでえ痛ーんだ」。

「座骨神経痛だろう。腰痛が原因だ」。
「足だぜ？」
「足の神経が背骨のどこかで圧迫されているんだ」。
「何てこったい！　足に神経があるんかい？」
「診察台に横になりなさい……」。私は男の服が汚れているのに気づいた。「いや、その前にシーツを敷くから」。私は後ろを向いて戸棚を開けた。
「その必要はないよ、ワツァップ」。聞き慣れた声がした。
私は振り返ってじっと見つめ、……そして気絶した。
気がつくと、ソームズが私の上に身体をかがめ、鼻の下に気付け薬の瓶をかざしていた。
「悪かった、旧友よ！　君はもうかなり前に僕の悪巧みに気づいて、なぜそうする必要があったかも分かっていると思っていたよ」。
「とんでもない。君は死んだものだと思っていたよ」。
「そうか。聞いてくれ。モギアーティを崖から突き落としたあと、僕ほど賢くない人間があの足跡を見たらどう思うか考えて、ひらめいたんだ。神は絶好のチャンスをくれたんだとね」。
「そうか！　分かったぞ！」　私は大声を上げた。「イギリス諸島にいるモギアーティの手下たちは捕まったが、何人もが大陸に逃げおおせていた。君が死んだと思ってくれれば、罠を掛けてやつらを捕まえることができる。だから紛らわしい証拠を残して、無能なスイス警察に信じ込ませたんだ。それ以来君は、寝ている時間以外はずっと残党のくずたちを追いかけていた。そして1人ずつ消していった。最後の1人を追い詰めて——カサブランカかどこか異国だろう——、そいつは二度と世間を困らせることはないだろう。そうしてやっと、生きていることを明かせるようになったんだ」。
「見事な推理だよ、ワツァップ」。私は心のなかで喜んだ。「だが、ほとんどすべて間違っている」。
ソームズの説明はこうだった。「合っていたのは、あのとき僕が姿をくらます絶好のチャンスだったという点だ。だが君が想像したよう

な理由ではない。あのとき僕は競馬で相当負けていて、胴元に返す金もなく、ひどい暴力を振るわれかねなかったんだ。そこでようやく金を貯めて借金を返し、社会に戻ってきたというわけさ」。

私には信じられなかった。「君の立場は分かるよ、ソームズ。私もそうなりかねない。でもどうやって……？」

ソームズはどうやって逃げて身を隠したのか？ 読み進める前に推理してほしい。物語の流れとしては、このあとすぐに答を書くしかない。

最後の答

ソームズは暖炉のそばに座った。「こういうことだ、ワツァップ。道のてっぺんに着くと、モギアーティが岩陰で待ち構えていた。やつは僕を殴って気絶させ、絶壁のほうへ運んでいって奈落の底に放り投げようとした。幸いにも気がついた僕は、ピストルに手を伸ばした。それからもみ合いがあって、ピストルが何発か火を噴いたが、僕にもやつにも当たらなかった。するとモギアーティは動き回って足を滑らせ、崖から落ちて死んだ。幸いにも僕は道連れにならずに済んだんだ」。ソームズは、まるでたいしたことではなかったかのように、淡々とした口調で話した。

「君を呼ぼうと思った僕は、振り返ってモギアーティの靴が残した足跡を見た。道から崖の縁へと続いていて、けっしてその逆方向には見えなかった。するとすぐに、モギアーティの体重にしては少し深すぎることが分かった。ワツァップ、君は気づいてくれると思ったが、警察が気づかないことは分かっていた。そこで僕は、自分の足跡をたどりながら後ろ歩きで道のところへ戻っていった。反対方向へ歩いたふうに見えるよう気をつけながらね」。

「ソームズ、一瞬そう思ったんだ。でもその考えは捨てた。君がギャンブルで借金をしていることなんて知らなかったから、動機が思いつかなかったんだ。でもあの岩棚には何もなかったし、あの絶壁も登

りようがない！　どうやって身を隠したんだ？」

ソームズは私の質問を無視した。「もし合図を送らなければ、君はいずれ約束を破って道を上ってくるだろうと思った。上の岩棚には簡単に登ることができて、そこに身を隠したんだ。そこから先は分かるだろう？」

「でも……あの絶壁は登りようがない！」　私は大声を出した。

ソームズは残念そうに頭を振った。「おいおい、ワツァップ。こんなときのためにいつも折りたたみ式のかぎ爪を持っていると、君に言ったはずだ。僕は間違いなく覚えているぞ」(261ページ)。「そういう大事な情報はけっして忘れてはいけない。たった1つのちょっとした事実だけで、大きな謎が解決できることも多いんだ」。

私はうなだれた。この瞬間までかぎ爪のことは見落としていた。そして何とか笑顔を取り繕った。「そうなのか、ソームズ！　何て、かし……賢いんだ！」

ソームズは薄笑いを浮かべて話題を変えた。「紅茶はどうだ？　ワツァップ」。

「いいな、ソームズ」。

「ではソープサッズ夫人に……」。

すると扉が開いて、女大家が部屋中を見回した。「何かお持ちしましょうか？　ソームズさん」。

「……ポットを」。ソームズはため息をついた。

ミステリーの種明かし

または、ドクター・ジョン・ワツァップの膨大な
事件ファイルからのいろんな抜粋、
新聞の切り抜き、ソームズの事件の記憶、
そして別の資料からの引用によって、新しい光を当てた。

盗まれたソヴリン金貨

虫眼鏡を手に持ったソームズは、調理場と会計簿を丹念に調べた。カーペットをめくってその下を調べ（おもしろいコレクションが見つかったけれど、いまの話には関係ない）、マニュエルの窮屈な屋根裏部屋を捜索した。バーでは何本もの瓶の中身を試し飲みした。実はソームズは、閣下が事件の説明をし終える前にもう結論を出していたが、簡単な捜査だと思わせることはけっしてなかったし、たいした理由もなしにモルトウイスキーをただ飲みする機会を逃すべきでもなかった。

グリッツホテルのオーナーは、豪華な家具がしつらえられた自分の部屋で、歩き回ったり目を怒らせたりしながら待っていた。

「盗まれたソヴリン金貨はもう取り戻したか？　ソームズ」。

「いいえ、閣下」。

「ちぇっ！　君じゃなくてシャー……」。

「取り戻していないのは、盗まれたソブリン金貨など存在しなかったからです。もともと、なくなってなどいないのです」。

「だが、27ポンドと2ポンドを足しても30ポンドにはならないじゃないか！」

「おっしゃるとおりです。しかし、そうでなければならない理由などないのです。正しく計算すると、このようになります」と言ってソームズは次のような表を書いた。

アームストロング	ベネット	カニンガム	マニュエル	グリッツ・ホテル
10	10	10	0	0
0	0	0	0	30
0	0	0	5	25
1	1	1	2	25

「30ポンドという合計はもはや問題にはならないのです。そもそも間違っていた勘定です。3人の客は27ポンド支払いましたから、閣

下、そこから2ポンド引いて、25ポンドがホテルに入るのです。足すのではありません」。

「だが……」。

「閣下の計算が正しいように思えたのは、29と30という数が互いに近いからです。でもたとえば、勘定書きが実は5ポンドで、ウェイターが払い戻し金として25ポンド渡され、1ポンドをチップとしてもらってそれぞれの客に8ポンドずつ返したとしましょう。そうすると客はそれぞれ2ポンドずつ支払って、合計は6ポンドです。マニュエルは1ポンドだけもらいます。この2つの金額を足すと7ポンド。そこで、残りの23ポンドはどこへ行ったんだ、となります。でも実際の勘定書きは5ポンドで、ホテルはちょうどその額をもらいました。だから、23ポンドがホテルの取り分から消えたなどということがありえるでしょうか？ 25ポンドが3人の客に返されて、その一部をマニュエルがもらったのです」。

ハンフショー = スマッタリングは顔を赤くした。「ふふんふふん」。そして気を取り直した。「報酬はいくらだ？」

「ソヴリン金貨29枚です」とソームズは、少しもたじろがずに答えた。

●おもしろい数

　　1001
　　100001
　　10000001
　　1000000001
　　100000000001
　　100000000000000001

どうしてこうなるのかという問題も出した。計算するだけじゃなくて考えないといけないので、もっと難しい。形式的な証明の代わりに、典型的なケースとして11×909091に注目してみよう。まずこれを、

909091×11 と逆の順番に書く。これは 909091×10 ＋ 909091×1、つまり 9090910 ＋ 909091 に等しい。この足し算は次のようにおこなう。

```
  9 0 9 0 9 1 0 ＋
    9 0 9 0 9 1
```

次は？　右端からスタートして、0 ＋ 1 ＝ 1、だから

```
  9 0 9 0 9 1 0 ＋
    9 0 9 0 9 1
  ─────────────
              1
```

次は 1 ＋ 9 ＝ 0 で 1 繰り上がって

```
  9 0 9 0 9 1 0 ＋
    9 0 9 0 9 1
  ─────────────
            0 1
          1
```

ここで、この繰り上がった 1 を 9 と 0 に足さないといけないので、この桁も 0 になって 1 繰り上がる。同じように繰り上がりがドミノ倒しみたいに続いていって、それぞれの 9 が 0 になって 1 繰り上がり、最終的に

```
  9 0 9 0 9 1 0 ＋
    9 0 9 0 9 1
  ─────────────
  0 0 0 0 0 0 1
1
```

となる。最後には繰り上がった 1 だけが残って、答のとおりの値になる。

```
  9 0 9 0 9 1 0 ＋
    9 0 9 0 9 1
  ─────────────
1 0 0 0 0 0 0 1
```

●線路の場所

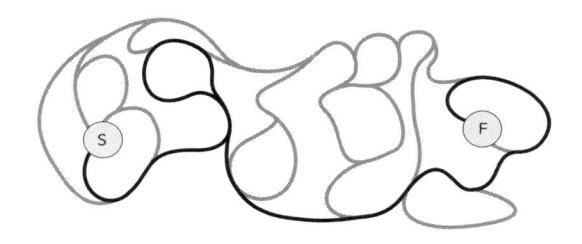

迷路の答

 もっと詳しいことは R. Penrose, Railway mazes, in *A Lifetime of Puzzles*, (eds. E. D. Demaine, M. L. Demaine, T. Rodgers), A. K. Peters, Wellesley MA 2008, 133-148。
 ルッピット・ミレニアムモニュメントの写真は
  http://puzzlemuseum.com/luppitt/lmb02.htm
で見られる。

🔍 ソームズ、ワツァップと出会う

 「小数点ですか？」 ワツァップは思い切って言った。「いや、整数にするんでしたね」。そしてしばらく考えて、突然ひらめいた。「記号は2つの数字のあいだに入れないといけないでしょうか？」
 「いいや」。
 「数字と数字のあいだにはスペースを空けないといけないでしょうか？」
 「僕の書き方が紛らわしかったかもしれないが、スペースについては何も指示していない」。
 「だと思いました。これであなたの条件に合いますか？」と言ってワツァップは次のように書いた。

 $\sqrt{49}$

「7です」。

●図形魔方陣

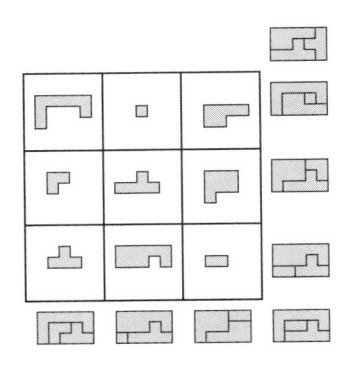

縦、横、対角線上のピースを組み合わせる方法

●オレンジの皮の形は？

Laurent Bartholdi and André Henriques. Orange peels and Fresnel integrals, *The Mathematical Intelligencer* 34 No. 4 (2012) 1-3.

ほぼ同じ論文を arxiv.org/abs/1202.3033 からダウンロードできる。

●宝くじを当てるには？

そんなことはない。言っていることは全部正しいけれど、そこから結論を導いたところが間違っている。

その理由を知るために、リリプティアという無名の州で毎週発売されている宝くじで考えてみよう。ボールは 1, 2, 3 の 3 つだけで、そこから 2 つが選び出される。2 つとも合っていれば当たりだ。

選び出されるボールの組み合わせは

12　13　23

の 3 通りで、確率はどれも等しい。

最初の数字が1である確率は2/3で、最初の数字が2である確率1/3よりも小さい。そして最初の数字が3である確率は0だ。
　2番目の数字が3である確率は2/3で、2番目の数字が2である確率1/3よりも大きい。そして2番目の数字が1である確率は0だ。
　だから本文と同じ理屈で言うなら、当籤確率をなるべく高くするには13を選ばないといけないことになる。でも3通りの組み合わせはそれぞれ確率が等しいのだから、この理屈は意味が通らない。
　一般的に言うと、1が一番小さい当籤番号になる確率がもっとも高いのは、それ以外のケースに比べて、1よりも大きい番号がよりたくさん残っているからだ。けっして、1がより多く選び出されるからではない。2番目以降の当籤番号についても同じことが当てはまるけれど、ここまではっきりとはしていない。

緑の靴下の悪巧み事件

　「ロンドンの裏社会に関する僕の深い知識から見て、誰が犯人かは一目瞭然だ」とソームズは言い切った。
　「誰だい？」
　「その前に、その男の有罪を形式的に証明しなければならないんだ、ワツァップ。ロンドン警視庁のルーレード警部に説明するときには、証明がないと納得してもらえない。はじめに、衣服の色の組み合わせとして考えられるものをリストアップしよう」。
　「それならできるよ」とワツァップ。「基本的な組み合わせ論は多少かじったんだ。最初にどの手足を切断するか決めるときに役に立つからね」と言って、次のように書いた。

　　茶緑白　茶白緑　緑茶白　緑白茶　白茶緑　白緑茶

　「文字は衣服の色を表していて、ジャケット、ズボン、靴下の順番だ」とワツァップは説明した。「目撃者の証言によれば、誰も同じ色の衣服を2つ以上身につけてはいないのだから、考えられる組み合わせはこの3つの文字の6通りの順列だけだ」。

「結構。では次はどうする？」

「えーと……3人がどんな色の衣服を身につけていたかをすべて表にするには……。ちょっと時間がかかるな、ソームズ。えーと6×5×4で……120通りの組み合わせがある」。

「そんなにはないぞ、ワツァップ。ちょっと考えれば、最初からそのうちのほとんどを外すことができる。まず、容疑者のうちの1人、たとえばジョージ・グリーンだけに注目しよう。話を進めるために、グリーンは緑のジャケットと茶色のズボンと白の靴下を身につけていたとしよう。緑茶白だ」。

「なるほど、でもグリーンの衣服は本当にその色だったのかい？」

「話を進めるためにそう仮定した。もしそれが正しければ、ほかの2人の容疑者が、緑のジャケットか、茶色のズボンか、白の靴下を身につけていたはずはない。その色の衣服はそれぞれ1つしかないからだ。だから、残った5通りの組み合わせのうち、緑白茶、茶緑白、白茶緑は外すことができる。残りは茶白緑と白緑茶だけだ。君にも分かるとおり、これは緑茶白の巡回置換になっている。これらの選択肢をビル・ブラウンとウォリー・ホワイトに割り振る方法は2通りしかない」。ソームズは表を作りはじめた。

	ジョージ・グリーン	ビル・ブラウン	ウォリー・ホワイト
1.	緑茶白	茶白緑	白緑茶
2.	緑茶白	白緑茶	茶白緑

「でもソームズ」。ワツァップが大声を上げた。「ジョージ・グリーンは緑茶白の衣服を着ていなかったかもしれないじゃないか！」

「そのとおり」とソームズは平然と答えた。「まだ最初の2行だ。ジョージ・グリーンの衣服の残り5通りの組み合わせについても、同じように考えていくことができる。そしてもちろん、巡回置換になる。だから合計で12通りの組み合わせが考えられる」。

ワツァップは完成した表を書き写した。

	ジョージ・グリーン	ビル・ブラウン	ウォリー・ホワイト
1.	緑茶白	茶白緑	白緑茶
2.	緑茶白	白緑茶	茶白緑
3.	緑白茶	白茶緑	茶緑白
4.	緑白茶	茶緑白	白茶緑
5.	茶緑白	緑白茶	白茶緑
6.	茶緑白	白茶緑	緑白茶
7.	茶白緑	白緑茶	緑茶白
8.	茶白緑	緑茶白	白茶緑
9.	白緑茶	緑茶白	茶白緑
10.	白緑茶	茶白緑	緑茶白
11.	白茶緑	茶緑白	緑茶白
12.	白茶緑	緑白茶	茶緑白

写し終えるとソームズはうなずいた。「ではワツァップ、あとは、証拠に基づいてありえない組み合わせを外していくだけだ」。

「残ったものがどんなにありえそうになくても、それが真実であるはずだ！」 ワツァップは大声を出した。

「ここまでは完璧な分析だ。だがこの事件の場合、この 3 人の悪党のうち 1 人しか関与していないというのが、もっともありえそうにない話だ。3 人が共謀したと思っていたよ」。

「ともかく、想像力のなさを忍耐強さで補っている尊敬すべきウギンズ巡査が、ブラウンの履いていた靴下はホワイトの着ていたジャケットと同じ色だと言っている。つまり、ブラウンの 3 文字リストの最後の文字は、ホワイトの 3 文字リストの最初の文字と同じでなければならない。そうすると、1, 3, 5, 7, 9, 11 行目が外れて、表はこのように短くなる」。

	ジョージ・グリーン	ビル・ブラウン	ウォリー・ホワイト
2.	緑茶白	白緑茶	茶白緑
4.	緑白茶	茶緑白	白茶緑
6.	茶緑白	白茶緑	緑白茶
8.	茶白緑	緑茶白	白緑茶
10.	白緑茶	茶白緑	緑茶白
12.	白茶緑	緑白茶	茶緑白

「次に、巡査が見つけた2つめの条件をどの組み合わせが満たしているか見ていこう。ホワイトの履いていたズボンの色と同じ名前の男は、白いジャケットを着ていた男の名前と同じ色の靴下を履いていた。落ち着いて考えれば分かる。たとえば2行目だと、ホワイトの履いていたズボンは白なので、ホワイトの履いていたズボンと同じ名前の男はホワイト本人だ。ホワイトの履いていた靴下は緑。では、グリーンは白のジャケットを着ていただろうか？　いや、緑だ。だから2行目は外れる」。

「混乱しそうだな……」。

「結構、では別の表を作ろう！」　ソームズは次のような表を作った。

	ホワイトの履いていたズボンの色	それに対応する男	その男の履いていた靴下の色	白いジャケットを着ていた男	同じか？
2.	白	ホワイト	緑	ブラウン	NO
4.	茶	ブラウン	白	ホワイト	YES
6.	白	ホワイト	茶	ブラウン	YES
8.	緑	グリーン	緑	ホワイト	NO
10.	茶	ブラウン	緑	グリーン	YES
12.	緑	グリーン	緑	グリーン	YES

「残るのは4行目、6行目、10行目、12行目だ。だからさっきの表は次のようにもっと短くなる」。

	ジョージ・グリーン	ビル・ブラウン	ウォリー・ホワイト
4.	緑白茶	茶緑白	白茶緑
6.	茶緑白	白茶緑	緑白茶
10.	白緑茶	茶白緑	緑茶白
12.	白茶緑	緑白茶	茶緑白

「最後にウギンズ巡査によれば、グリーンの履いていた靴下の色は、ブラウンの履いていた靴下の色と同じ名前の男が着ていたジャケットと同じ色のズボンを履いていた男の名前と同じ」。

	ブラウンの履いていた靴下の色	それに対応する男	その男の着ていたジャケットの色	その色のズボンを履いていた男	グリーンの履いていた靴下の色	同じか？
4.	白	ホワイト	白	グリーン	茶	NO
6.	緑	グリーン	茶	ブラウン	白	NO
10.	緑	グリーン	白	ブラウン	茶	YES
12.	茶	ブラウン	緑	ホワイト	緑	NO

「これで 4, 6, 12 行目は外れて、残るのは 10 行目だけだ」。

「あとは、10 行目で緑の靴下を履いていたのが誰かを見ればいい。最初から疑っていたとおり、それはビル・ブラウン、衣服のリストは茶白緑だ」。

●連続した立方数

$$23^3 + 24^3 + 25^3 = 12{,}167 + 13{,}824 + 15{,}625 = 41{,}616 = 204^2$$

小さい数から順番に試していけば見つけられる。もっと体系的に見つけるには、中央の数を n として、$(n-1)^3 + n^3 + (n+1)^3 = 3n^3 + 6n = m^2$ となる数 m があるかどうかを見ていけばいい。この式を変形すると $m^2 = 3n(n^2 + 2)$ となる。3, n, $n^2 + 2$ という 3 つの項は、2 または 3 以外の公約数は持ちえない。だから、m の素因数のうち 3

より大きいものはすべて、n または n^2+2 のなかに偶数乗（0乗を含む）として含まれていないといけない。この条件をパスする n として最初の2つの数は4と24で、24は解になるけれど4は解にならない。

●アドニス・アステロイド・ムステリアン

数は次のように割り振る。

3×3： A＝0, D＝3, I＝2, N＝0, O＝1, S＝6
4×4： A＝0, D＝12, E＝1, I＝2, O＝3, R＝8, S＝0, T＝4
5×5： A＝0, E＝1, I＝2, M＝0, N＝5, O＝3, R＝10, S＝15, T＝20, U＝4

魔方陣は次のようになる。

3	2	7
8	4	0
1	6	5

ADONIS

0	10	13	7
15	5	2	8
6	12	11	1
9	3	4	14

ASTEROID

6	0	12	18	24
17	23	9	1	10
4	11	15	22	8
20	7	3	14	16
13	19	21	5	2

MOUSTERIAN

文字を数に変えて足し合わせる

もっと多くの単語魔方陣と、このような数の割り振り方は、Jeremiah Farrell, Magic square magic, *Word Ways* 33 (2012) 83-92.
http://digitalcommons.butler.edu/wordways/vol33/iss2/2
でダウンロードできる。

●平方数のやっつけ問題2つ

1. 答は 923187456（＝30384^2）。

一番大きい数がほしいのだから、9から始まる数の可能性が高いので、たとえうまくいかなくても最初に9から始まる数を試してみるべきだ。1から9までのすべての数字を使うことと、0が含まれないことを考えると、その数は912345678から987654321までのあいだにあるはずだ。これらの数の平方根は、30205.06と31426.96。だから、30206から31426までの数を2乗してみて、その答に0以外のすべての数字が含まれているかどうかを見ていけばいい。対象になる数は1221個。31426から小さいほうへ順に試していくと、30384でうまくいく。9から始まる解が見つかったので、8以下の数字から始まる数のことは考えなくていい。

2. 答は139854276（＝11826^2）。

この求め方も同様。

段ボール箱の冒険

1. 箱の大きさは$6 \times 6 \times 1$と$9 \times 2 \times 2$。

2つの箱の各辺の長さをx, y, zとX, Y, Zとする。それぞれの体積はxyzとXYZ。リボンの長さはそれぞれ、$4(x+y+z)$と$4(X+Y+Z)$。4で割れば、

$xyz = XYZ$
$x+y+z = X+Y+Z$

となって、これを0でない自然数について解かないといけない。つまり、積と和のそれぞれが互いに等しい2つの3つ組数を見つけるのだ。もっとも小さい解は$(x, y, z) = (6, 6, 1)$, $(X, Y, Z) = (9, 2, 2)$。積は36で和は13。

2. 3つの箱に対するもっとも小さい解は、(20, 15, 4), (24, 10, 5), (25, 8, 6)。積は1200、和は39。

ついでに、ソームズの捜査とは関係ないけれど、次のような3つめの問題にも答えることができる。

3. x を幅、y を奥行き、z を高さとして、本文中の左側の図のようにリボンを結ぶとする。するとさっきの方程式は、

$xyz = XYZ$
$x + y + 2z = X + Y + 2Z$

となる。$x, y, 2z$ を x, y, z に、$X, Y, 2Z$ を X, Y, Z に置き換えれば、やはり積 ($2xyz = 2XYZ$) と和が等しい2つの3つ組数を探すという問題になる。でも z と Z は偶数でないといけない。各辺をうまく選べば (1.) の解がそれに当てはまって、もっとも小さい解は (6, 1, 3), (9, 2, 1) となる。

僕がこの問題に興味を持ったのは、インドのコルカタ出身のモロイ・ディーのおかげだ。ディーは、互いに和と積がそれぞれ等しい、4つ、5つ、6つのもっとも小さい3つ組自然数も見つけている。

4つ

(54, 50, 14) (63, 40, 15) (70, 30, 18) (72, 25, 21)
和 $= 118$、積 $= 37800$

5つ

(90, 84, 11) (110, 63, 12) (126, 44, 15) (132, 35, 18) (135, 28, 22)
和 $= 185$、積 $= 83160$

6つ

(196, 180, 24) (245, 128, 27) (252, 120, 28) (270, 98, 32)
(280, 84, 36) (288, 70, 42)
和 $= 400$、積 $= 846720$

●RATS数列

次の項は 1345。

この数列の規則は、'Reverse, Add, Then Sort'(ひっくり返して、足して、そしてソートする)だ。ここで「ソートする」とは、数字を

小さい順に並べ替えることである。0は無視する。たとえば
　16 + 61 = 77、すでに数字は小さい順に並んでいる。
　77 + 77 = 154、並べ替えて145。
　145 + 541 = 686、並べ替えて668。
　668 + 866 = 1534、並べ替えて1345。
　ジョン・ホートン・コンウェイは、この数列はどんな数からスタートしても、やがて1つのサイクルを延々とめぐり続けるか、または

$$123^n4444 \to 556^n7777 \to 123^{n+1}4444 \to 556^{n+1}7777 \to \cdots$$

という増加数列になると予想している（nは指数の意味ではなくて、同じ数字がn回繰り返されるという意味）。

●数学記念日

　次の3重回文の日は、2112年12月21日21時12分、21:12 21/12 2112。次の回文の日は、2002年3月30日20時2分、20:02 30/03 2002（イギリス式）。

🔍 バスケットボール家の犬

　「もちろんです、マダム。ドクター・ワツァップの言っていることは間違いありません」とソームズは念を押した。「球が4個だけ動かされたことが分かったので、決められている並べ方がはっきりしました」。
　「どんな並べ方ですか？」
　「マダム、あなたご自身のお話によれば、その情報は男系の現在最長老の家族にしか打ち明けられません」。
　「つまりエドマンド・バスケット卿」と私は名指しした。「いまは昏睡状態にある。かなり難し……」。
　「何てこと！　私に教えてください」とヒアシンス夫人が食ってかかってきた。何を言っても耳を貸しそうにないことは、表情を見れば明らかだった。

「結構」とソームズは言って、さっと図を書いた。「プード……いや、よだれを垂らした巨大な犬は、黒い丸で表した4つのバスケットボールを、白で表した場所へ動かしたに違いありません。あるいは、この図を2つの方向のどちらかに回転させた場所です。でもあなたは、並べ方の向きは関係ないとおっしゃっていた」。

なぜこの前ソームズがあんなおかしな質問をしたのか、これで分かった。

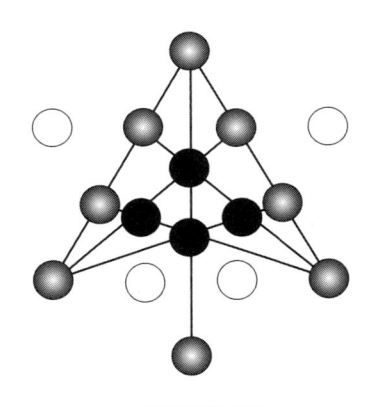

最初の並べ方

「素晴らしいわ！」 とヒヤシンス夫人。「ウィルキンスに言って並べさせましょう」。

「でも儀式の条件を侵すことになりませんか？」 と私は尋ねた。

「もちろん侵してしまいます、ドクター・ワツァップ。でも、何か不都合な結果を恐れるような理由はありません。古いタブーは、昔の迷信のようなものでしかありませんわ」。

1か月後、ソームズから『マンチェスター・ガーブル』紙を手渡された。

「何だって！」 私は大声を出した。「バスケット卿が亡くなり、バスケット邸が全焼した！ 不可抗力の可能性が排除されたため、

保険会社は保険金の支払いを拒否し、一家は破滅した！ ヒヤシンス夫人は、不治の精神異常のため精神病院に入院した！」

ソームズはうなずいた。「ただの偶然だ、間違いない。いまになってみれば、ご夫人にはプードルのことを話しておくべきだったのかもしれない」。

●デジタル立方数

370, 371, 407。

この問題に数学的意味は何もないと言われているけれど、数学がかなり得意でないと4つの解を見つけられないし、それ以外に解がないことを証明するにはますます得意でないといけない。

1つの方法を簡単に紹介しよう。

0から始まる数は考えないので、試す組み合わせは900通りしかない。でももっと少なくできる。10個の数字の3乗は、0, 1, 8, 27, 64, 125, 216, 343, 512, 729だ。3つの数字の3乗の和が999以下でないといけないので、9を2つ、8を2つ、8を1つと9を1つ含むなどの組み合わせは外すことができる。

数字のうちの1つは0であると仮定しよう。するとその数は、上のリストにある立方数のうちの2つの和になる。55組のペアのうちこの性質を持っているのは、$343 + 27 = 370$ と $64 + 343 = 407$ だけだ。

次に0は含まれていないと仮定する。数字のうちの1つは1であると仮定しよう。似たような計算から、$125 + 27 + 1 = 153$ と $343 + 27 + 1 = 371$ が見つかる。

次に0も1も含まれていないと仮定する。この場合、対象になる立方数はもっと少なくなる。その先も同様。

奇数か偶数かを考えるなどのテクニックを使うと、もっと計算を短くできる。まだ少し長いけれど、ソームズがいつも言っているように体系的にやっていけば、途中で深刻な問題にぶつからずに答にたどり着ける。

●ナルシスト数

最初の数字が0の場合も認めると、

4乗：0000　0001　1634　8208　9474
5乗：00000　00001　04150　04151　54748　92727　93084

🔍 手掛かりなし！

3	2	1	4
2	1	4	3
1	4	3	2
4	3	2	1

ワツァップが導いた、手掛かりのない数独風パズルの答

「ソームズ！　解けたぞ！」　私は叫んだ。

「そのとおり、殺人者はグレフィン・リスロッテ・フォン・フィンケルシュタイン、サラブレッドのプリンツ・イーゴリ号に乗って3頭の荷馬車馬を引き連れ、泥の上の……」。

「違う違う、ソームズ。事件のことじゃない！　パズルだよ！」

私が走り書きした答に、ソームズはちらりと目をやった。「正解だ。きっとまぐれだろうな」。

「いいや、ソームズ。君に植え付けられた論理的な原理を使って導き出したんだ。まず、それぞれの領域に含まれる数を足し合わせると20にならないといけないことに気づいた」。

「なぜなら、すべてのマス目の数の合計が $(1+2+3+4) \times 4 = 40$ で、それを2つの領域に等分しなければならないからだ」。ソームズは見下すように言った。

「そのとおり。次に、大きいほうの領域に注目すればいいことに気

づいて、答がだんだん見えてきた。その領域には一番下の行に4つのマス目が並んでいるので、そこには1, 2, 3, 4が何らかの順番で入らないといけない。どんな並び方でも、足し合わせると10になる。だから、残った3つの行を足し合わせても10にならないといけない。そうなるには、一番上の行に1, 2, 3が何らかの順番で、2番目の行に1, 2が何らかの順番で、そして3番目の行に1が入っていないといけない」。

「なぜだ？」

「それ以外の組み合わせだと合計が大きくなりすぎてしまうからだ」。

「成長したな、ワツァップ。結構、続けてくれ」。

その些細な褒め言葉に私は微笑んだ。ソームズの褒め言葉はいつも、ワイト島のマーマレードを作るようなものだったからだ。「さて……マス目を埋める方法が1通りしかないことは、簡単に確かめられる。2つめの領域に入る数は1通りに決まってしまうんだ。たとえば、一番上の行の最後は4で、それ以外の4はそこから対角線上に並べるしかない。すると2つの3が入る場所も決まって、最後に残った場所に2が入る」。

このパズルの出典は Gerard Butters, Frederick Henle, James Henle, and Colleen McGaughey, Creating clueless puzzles, *The Mathematical Intelligencer* 33 No. 3 (Fall 2011) 102-105。ウェブサイトも見てほしい：

http://www.math.smith.edu/~jhenle/clueless/

●数独の簡単な歴史

オザナムのパズルに対する、本質的に相異なる2つの答は、

A♠	K♥	Q♦	J♣		A♠	K♥	Q♦	J♣
Q♣	J♦	A♥	K♠		J♦	Q♣	K♠	A♥
J♥	Q♠	K♣	A♦		K♣	A♦	J♥	Q♠
K♦	A♣	J♠	Q♥		Q♠	J♥	A♣	K♦

それぞれの答で数字とマークを置換すれば576通りの答が出てくるので、あなたの出した答が違っているように見えても驚かないでほしい。一番上の行 A♠ K♥ Q♦ J♣（または、あなたの出した答をこの形に並べ替えたところ）からスタートして、下の3つの行をどう置換するかを考えるだけでいい。

●1倍、2倍、3倍

```
219    273    327
438    546    654
657    819    981
```

🔍 裏返しのエース

「すべてペテンだよ、ワァップ。きちんと準備しておけば、観客がどんな折りたたみ方を選んでも自動的にトリックがうまくいく」。

「ずる賢いやつだな、どうやって？」 私は聞いた。

ソームズはぶつぶつ説明しはじめた。「フーダンニはトランプを準備したとき、4枚のエースを上から1枚目、6枚目、11枚目、16枚目に入れてあった。だからトランプを正方形に並べたとき、エースは左上から右下に延びる対角線上に並ぶ。でも裏返しだから、もちろん君はそれに気づかない」。

「対角線上のトランプを表向きにひっくり返したとしてみよう。すると正方形はチェス盤のような模様になって、エースが対角線上に並んでいる」。

「さて、この並べ方は数学的に見事な性質を持っている。この正方形をどういうふうに折りたたもうが、途中のどの段階でも、同じ場所に重なるトランプはすべて同じ面を向けている。すべて表か、すべて裏だ」。

「そうなのかい？」

「やってみよう。たとえば、最初に縦の中央線で折りたたんだとし

フーダンニの最初の並べ方で、対角線上のトランプをひっくり返した様子

よう。一番上の行のトランプを考えてくれ。左から3枚目のトランプ（表）はひっくり返って（裏）、左から2枚目のトランプに重なる。2枚目のトランプも裏だ。左から4枚目のカード（裏）もひっくり返って（表）、一番左のトランプに重なる。一番左のトランプも表だ」。

どういう仕掛けかだんだん分かってきた。「それ以外の行でも同じようになるんだな？」

「そうだ。1回折りたたむと長方形ができて、それぞれの場所にはトランプ1枚、またはトランプの小さな山ができている。それぞれの山のなかのトランプはどれも同じ面（表か裏）を向いていて、全体的には最初の並べ方と同じように、表裏の模様がチェス盤のようなパターンになっている。だから、もう1回折りたたんでも、さらにもう1回折りたたんでも、同じことが起きる。最終的に山が1つになったときには、すべてのトランプが同じ面を向いている」。

「なるほど。でも……最初、対角線上のトランプは、このチェス盤のパターンとは反対の面を向けていた」と私。

反論のつもりで言ったのだけれど、ソームズは私の洞察力に微笑

んだ。「そのとおりだ！ だから折りたたんだあとも反対の面になる。最終的に、16枚のトランプの山がすべて同じ面を向けずに、12枚が同じひとつの面、4枚のエースがその反対の面を向けた山ができるんだ」。

とてつもなくずる賢い。

このチェス盤のパターンを、数学者は「カラー対称性」と呼んでいる。折りたたむ線が鏡のようになっていて、それぞれのトランプが鏡に映った像は、表裏反対のトランプに重なる。この考え方は、結晶中で原子がどんなふうに並んでいるかを研究するのに使われている。この数学的アイデアをうまいトランプマジックに変えたというところがずる賢い。てもフーダンニが考え出したわけじゃない。いつものとおり、カリフォルニア州にあるハーヴェイ・マッド・カレッジの数学者でマジシャンのアーサー・ベンジャミンから、トリックを盗んだのだ。

●ジグソーパズルのパラドックス

どっちの図形も三角形ではない。左の図形は斜辺が少しへこんでいて、右の図形は斜辺が少し膨らんでいる。なくなった正方形のぶんはそこへ行ったのだ。

恐怖のキャットフラップ

ソームズは満足げにうなずいた。「分かったぞ、ワツァップ！ サローシス（C）を外に出して、ディスプラシア（D）を外に出して、アニューリズム（A）を外に出して、サローシスを中に入れて、ボーボリグマス（B）を外に出して、サローシスを外に出すんだ」。

私たちは慎重に、猫たちをフラップからおびき出したり押し戻したりする作業を始めた。「気をつけろ、ソームズ！」 私は小声で言った。「1つ間違えればこの地区一帯が吹き飛んでしまう。自分も猫たちもまだ天国の門をくぐらせたくはないんだ。ズボンにアイロンがかかっていないし、猫たちもブラッシングしないとな」。

「自分のことは気にするな、ワツァップ」とソームズは言って、か

わいそうなサローシスを手でつかみ、柵を跳び越えて逃げ出さないようにした。「僕のやり方を100パーセント信用していいんだぞ」。

「疑ってはいないよ、ソームズ」と私は答えながら、後ろのほうに誰か隠れていないか急いで見渡した。「えーと……どうやってこのやり方を導いたんだい？」

ソームズは私の手帳と鉛筆を手に取った。

「どの猫が家のなかにいるか、16通りの組み合わせが考えられる。ABCD, ABC, ABDと続いていって、最後はなかに1匹もいない状態（これを＊と表すことにする）。また、フラップを通って1匹の猫が出入りできることを、矢印→で表そう」。

「第1の条件からACとABCは外れる。2番目の条件からはBDとBCDが外れる。3番目の条件からはADが外れる。4番目の条件からはCDが外れる。5番目の条件からはA→＊とB→＊という動きが除外される」。

「だからABCD→ACDまたはABDだ。でもACD→AC, AD, CDはどれも除外されている。だから、ABCD→ABDだ。ABD→ADとABD→BDは除外されているので、ABD→ABとするしかない。でも、Aは1匹だけだと外に出てこないから、AB→Aはまずい。だからAB→Bだ。でもそうするとBは外に出てこないから、どれかほかの猫をなかに戻さないといけない。B→ABだとAがそのまま戻るだけで、B→BDは除外されているので、B→BCだ。そうすれば、BC→C→＊となる」。

「図で表すこともできて、そのほうがある意味単純だ」とソームズは付け加えて、次ページのような図を書いた。「猫の16通りの組み合わせが全部書いてあって、細い線は猫を出入りさせることのできる操作を表している。黒丸は外されている選択肢、×印は除外されている操作だ。太線が、許されている点と線だけを通って、後戻りなしにABCDから＊まで行く唯一の経路だ」。

まもなく私は、毛むくじゃらの友人たちと再会した。「ソームズ、どんな礼をしたらいいんだろう」。私は大喜びで猫たちを抱きしめな

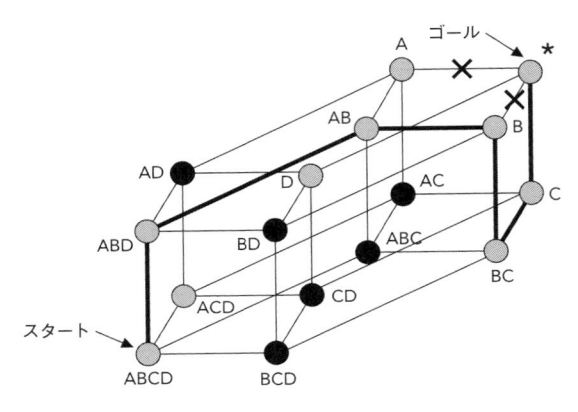

キャットフラップの条件

がら声を上げた。

するとソームズは自分のジャケットに目をやった。「もっとしょっちゅうブラッシングしてやることだな、ワツァップ」。

●パンケーキ数

1. できない。

2. パンケーキが4枚重なった状態のなかには、4回ひっくり返さないといけないものもある。たとえば次ページの上図。ほかにも2通りある。5回以上ひっくり返さないといけないような状態はない。

体系的に証明する方法を説明しよう。次ページの下図の一番上には、最終的な状態1234が書いてある。この数字は、パンケーキのサイズを上から下に並べて書いたものだ。ここから逆向きにたどっていく。2行目には、1234から1回ひっくり返してできるすべての状態が書いてある。それらの状態は、1回ひっくり返して1234にすることができる積み重なり方でもある（同じひっくり返し方を2回やれば元に戻る）。3行目には、1234から2回ひっくり返してできるすべての

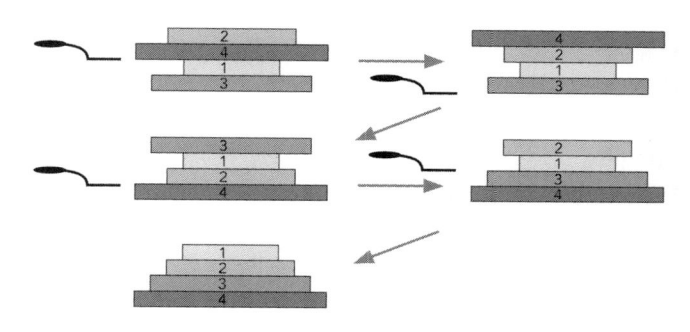

4回ひっくり返さないといけない

状態が書いてある。それらの状態は、2回ひっくり返して1234にすることができる積み重なり方でもある。3行目の状態のうち1324の1通りだけは、2行目にある2通りの状態から作ることができる。だからその場所で図が少し非対称になっている。

1行目から3行目までに、24通りの積み重なり方のうちの21通りが含まれている。残ったのは2413, 3142, 4231だ。4行目には、これらの状態を3行目の状態から1回ひっくり返して作る方法、つまり、1234から4回ひっくり返して作る方法が示されている（それ以外の作り方は、図が複雑になるしここでは必要ないので省略した）。さっきの図は、2413という状態に対応している。

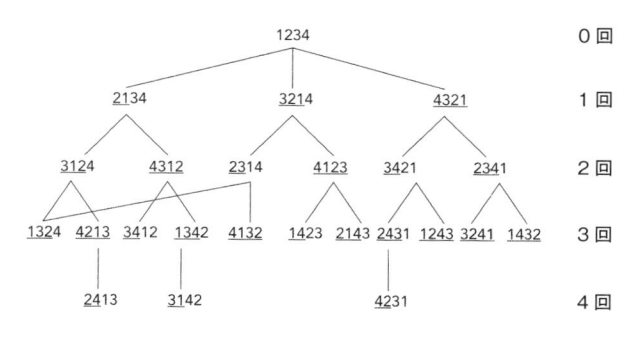

正しい順番にするのに1回、2回、3回、4回ひっくり返さないといけない状態

3. 一番大きいパンケーキは、一番上にあるか、ないかのどちらかだ。もし一番上になければ、その下にへらを差し込んでひっくり返す。そうすると一番大きいパンケーキが一番上に来る。次に山の一番下にへらを差し込んで、全体をひっくり返す。そうすると一番大きいパンケーキが一番下に来る。だから、最大でも 2 回ひっくり返せば、一番大きいパンケーキが一番下に来る。その一番大きいパンケーキはそのままにして、2 番目に大きいパンケーキで同じことをする。すると、最大でも 2 回ひっくり返せば、2 番目に大きいパンケーキは一番大きいパンケーキのすぐ上に来る。これをどんどん続けていく。それぞれのパンケーキを正しい場所に入れるのに最大 2 回ひっくり返すのだから、n 枚のパンケーキ全体を正しい順番に重ねるには最大でも $2n$ 回ひっくり返せばいい。

4. $P_1 = 0, P_2 = 1, P_3 = 3, P_4 = 4, P_5 = 5$.

このパンケーキ並べ替え問題は、1975 年にジェイコブ・グッドマンがハリー・ドウェイターという筆名で発表した(「ハリード・ウェイター」〔焦ったウェイター〕に引っかけたジョーク)。P_n の値は $n = 19$ までは知られているけれど、20 の場合は分かっていない。

n	1	2	3	4	5	6	7	8	9	10
P_n	0	1	3	4	5	6	8	9	10	11
n	11	12	13	14	15	16	17	18	19	20
P_n	13	14	15	16	17	18	19	20	22	?

パンケーキ数は、n が増えるにつれて 1 ずつ大きくなっていく傾向がある。たとえば $n = 3, 4, 5, 6$ では $P_n = 3, 4, 5, 6$。でも $n = 7$ では、P_n は 7 でなく 8 になってパターンが崩れる。そのあとも、$n = 11$ で 2 大きくなり、$n = 19$ でも 2 大きくなる。

問題 3 に対する「最大でも $2n$ 回ひっくり返せばいい」という僕の答は、もっと小さくできる。1975 年にウィリアム・ゲイツ(そう、あのビル・ゲイツだ)とクリストス・パパディミトリウが、$(5n + 5)/3$

回という答を出した。

　ゲイツとパパディミトリウは、「焦げたパンケーキ問題」というものも考えた。どのパンケーキも片面が焦げていて、それが上の面と下の面のどちらにもなりうる。そこで、焦げた面がすべて下になるようにしながら、パンケーキを正しい順番に積み重ねないといけない。1995年にデイヴィッド・コーエンが、焦げたパンケーキ問題では少なくとも $3n/2$ 回ひっくり返す必要があって、また最大でも $2n-2$ 回ひっくり返せばいいことを証明した。

　$n=20$ のケースを考えると、最初の積み重ね方は

　　2,432,902,008,176,640,000

通りもある。

🔍 謎めいた車輪

　「車輪の直径はもちろん58インチだ」とソームズ。「ピタゴラスの定理の簡単な応用だよ」。

　私は考えてみた。幾何学と代数学はある程度得意だ。「やらせてくれ、ソームズ。車輪の半径を r としよう。君の図（次ページ）で影を付けた三角形は直角三角形で、斜辺が r、それ以外の辺は $r-8$ と $r-9$。だから君のヒントどおり、ピタゴラスの定理を使うことができて

$$(r-8)^2 + (r-9)^2 = r^2$$

つまり

$$r^2 - 34r + 145 = 0$$

だ」。

　私は一瞬行き詰まって式をじっと見つめた。

　「2次式の因数分解だよ、ワツァップ」。

$$(r-29)(r-5) = 0$$

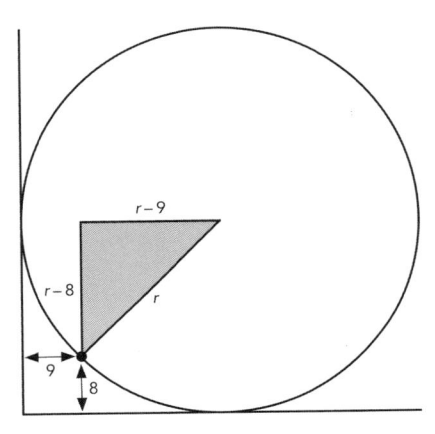

三角形を考えて……

「そうか！　解は $r=29$ と $r=5$ だ」。

「そうだ。でも直径は $2r$ だから、答は 58 と 10。しかし直径は 20 インチより大きいのだから、10 インチという答はありえない。残ったのは……」。

「58 インチだ」。

●V字飛行するガンの謎

Florian Muijres and Michael Dickinson, Bird flight: Fly with a little flap from your friends, *Nature* 505 (16 January 2014) 295-296.

Steven J. Portugal and others, Upwash exploitation and downwash avoidance by flap phasing in ibis formation flight, *Nature* 505 (16 January 2014) 399-402.

●驚きの平方数

代数学を使えば完全に一般的な形で説明できるけれど、ここでは難しい話はやめて例を使って説明しよう。このプロセスを逆に見ていく。

$$9^2 + 5^2 + 4^2 = 8^2 + 3^2 + 7^2$$

から始めて、それを

$$89^2 + 45^2 + 64^2 = 68^2 + 43^2 + 87^2$$

と伸ばしていくのだ。最初の方程式は簡単にチェックできて、これがスタートになるのだけれど、では2つめの方程式はどうして成り立っているのだろうか？

2桁の数 $[ab]$ の実際の値は $10a + b$。だから、左辺は

$$(10 \times 8 + 9)^2 + (10 \times 4 + 5)^2 + (10 \times 6 + 4)^2$$

と書くことができて、変形すると

$$100(8^2 + 4^2 + 6^2) + 20(8 \times 9 + 4 \times 5 + 6 \times 4) + 9^2 + 5^2 + 4^2$$

となる。同じように右辺は

$$100(6^2 + 4^2 + 8^2) + 20(6 \times 8 + 4 \times 3 + 8 \times 7) + 8^2 + 3^2 + 7^2$$

となる。これらを見比べると、最初の項は $6^2 + 4^2 + 8^2$ と $8^2 + 4^2 + 6^2$ と順序が違うだけなので等しく、3つめの項は最初の方程式と同じなので等しい。だから2つめの項が等しいかどうかだけを見ればいい。つまり、

$$8 \times 9 + 4 \times 5 + 6 \times 4 = 6 \times 8 + 4 \times 3 + 8 \times 7$$

になっているかどうか。計算してみると、確かに両辺とも116だ。

ここまでの話は、8, 4, 6 の代わりにどんな3つの数字を使っても通用する。だから、最後の方程式が成り立つような数を選べばいい。

これ以降の説明も同様だ。

37のミステリー

途中でソームズに茶々を入れられながら、このミステリーの鍵は

111 ＝ 3 × 37 にあることにようやく気づいた。私の手順で数字が何度も繰り返されるような 3 桁の数は、3 の倍数だった。たとえば 123, 234, 345, 456, 126 などだ。このような数ではその手順は、その 3 分の 1 の数に 3 × 37、つまり 111 を繰り返し掛けていくことと等しい。

たとえば、ソームズの出した 486 という数を考えてみよう。これは 3 × 162 だ。だから、486486486486486486 に 37 を掛けるのは 162162162162162162 に 111 を掛けるのと同じである。111 ＝ 100 ＋ 10 ＋ 1 だから、その計算は

16216216216216216200
1621621621621621620
162162162162162162

を足し合わせればできる。右から左へ見ていくと、まず 0 ＋ 0 ＋ 2 ＝ 2、次に 0 ＋ 2 ＋ 6 ＝ 8。そのあとは 2 ＋ 6 ＋ 1, 6 ＋ 1 ＋ 2, 1 ＋ 2 ＋ 6 が何度も繰り返されて、一番左の桁まで続く。でも 3 つの数字はどれも同じで、順番だけが違うので、答はどれも等しく 9 となる。

ソームズが最初に説明してくれたとき、私は反論した。「なるほど、でも 3 つの数字を足して 9 より大きくなったらどうする？ 繰り上がりが出てくるじゃないか！」

ソームズの答は手短で的を射ていた。「そうだ、ワツァップ。どの桁でも同じ数が繰り上がる」。私はようやくその意味が分かって、同じ数字が何度も繰り上がることに気づいた。

「もちろんもっと形式的な証明もある」とソームズは念を押した。「でもこの説明だけで、考え方ははっきり分かると思うね」。そう言うとソームズは、新聞の束を抱えて自分の椅子に戻り、その晩はそれ以上何も言葉を発しなかった。私は 1 階に下りて、ソープサッズ夫人にゴルゴンゾーラサンドイッチを作ってもらった。

［このコラムは、スティーヴン・グレッドヒルが気づいたことをヒントにした。］

●平均スピード

　使う平均の種類が間違っている。算術平均じゃなくて調和平均（このあと説明する）を使わないといけないのだ。

　ある行程の「平均スピード」はふつう、合計距離をかかった合計時間で割ったものとして定義する。その行程がいくつかの区間に分かれていたら、全体の平均スピードは、各区間の平均スピードの算術平均とは一般的に違ってくる。各区間に同じ時間がかかった場合は算術平均でいいけれど、いまの場合のように各区間が同じ距離だったら、算術平均ではうまくいかない。

　最初に、各区間に同じ時間がかかった場合。車が時間 t のあいだ a というスピードで進んでから、同じ時間 t のあいだ b というスピードで進んだとしよう。合計距離は $at+bt$ で、これを時間 $2t$ のあいだに進んだことになる。だから平均スピードは $(at+bt)/2t$ で、算術平均 $(a+b)/2$ と等しい。

　次に、各区間が同じ距離だった場合。車は距離 d をスピード a で進んで、時間 r かかった。それから同じ距離 d をスピード b で進んで、時間 s かかった。合計距離は $2d$ で、合計時間は $r+s$。これをスピード a と b で表すには、$d=ar=bs$ であることに注目すればいい。すると $r=d/a, s=d/b$ となる。だから平均スピードは、

$$\frac{2d}{\frac{d}{a}+\frac{d}{b}}$$

となる。これを整理すると $2ab/(a+b)$ となって、a と b の調和平均になる。a と b の逆数の算術平均の逆数だ（x の逆数は $1/x$）。こうなるのは、かかる時間がスピードの逆数に比例するからである。

●手掛かりのない4つの数独風パズル

　出典は Gerard Butters, Frederick Henle, James Henle, and Colleen McGaughey. Creating clueless puzzles, *The Mathematical Intelligencer* 33 No. 3 (Fall 2011) 102-105.

合計15

1	3	4	2	5
4	1	2	5	3
2	5	1	3	4
5	4	3	1	2
3	2	5	4	1

合計14

2	1	3	4	6	5
1	5	6	3	4	2
4	6	2	5	3	1
3	4	5	2	1	6
6	2	4	1	5	3
5	3	1	6	2	4

合計14

5	3	1	4	2	6
1	5	3	6	4	2
3	1	5	2	6	4
2	6	4	5	3	1
4	2	6	1	5	3
6	4	2	3	1	5

合計25

1	2	4	5	3
3	1	2	4	5
5	3	1	2	4
4	5	3	1	2
2	4	5	3	1

対角線でひっくり返したものでも可

手掛かりのない数独風パズルの答

🔍 盗まれた文書の謎

「盗んだのはチャールズワースだ」とソームズが言った。

「本当か？ ヘムロック。大事なことがかかっているんだ」。

「疑いようがないよ、スパイクラフト。容疑者たちの証言をもう一度並べてみよう。

　アーバスノット：バーリントンがやった。
　バーリントン：アーバスノットは嘘をついている。
　チャールズワース：自分ではない。
　ダシンガム：アーバスノットがやった。

このうち1人が本当のことを言っていて、ほかの3人は嘘をついていることが分かっている。だから4つの可能性がある。1つ1つ見ていくことにしよう」。

「アーバスノットだけが真実を言っているとしたら、その証言からバーリントンが犯人だと分かる。だがチャールズワースも嘘をつい

いるのだから、犯人はチャールズワースだ。論理的に矛盾しているから、結論としてアーバスノットは嘘をついている」。
「もしバーリントンが真実を言っているとしたら……」
「チャールズワースは嘘をついている！」私は大声を上げた。「だから犯人はチャールズワースだ！」
決めぜりふを取られてソームズは私をにらみつけた。「そうだ、ワツァップ。ほかの証言とも矛盾しない。だから、チャールズワースが盗んだことが分かった。間違っている可能性はほとんどないが、残り2つの可能性もチェックしてみるべきだ」。
「もちろんだ、相棒」と私。
ソームズはパイプを取り出したが、火は付けなかった。「もしチャールズワースだけが真実を言っているとしたら、バーリントンの証言は間違っているのだから、アーバスノットは真実を言っていることになる。だがアーバスノットは嘘をついているのだから、矛盾だ」。
「もしダシンガムだけが真実を言っていたとしても、同じ矛盾が出てくる」。
「だから、バーリントンだけが真実を言っているという可能性だけが残り、盗んだのはチャールズワースだと確かめられた。ワツァップがあのとおり見事に見抜いたようにな」。
「2人とも感謝する」とスパイクラフト。「頼りになると思っていた」。スパイクラフトが手招きをすると、ぼんやりした人影が部屋に入ってきた。そしてひそひそ声で少し言葉を交わしてから出ていった。「まもなく大佐の屋敷に捜索が入る」とスパイクラフト。「文書は見つかるはずだ」。
「われわれは大英帝国を救ったんだ！」私は相づちを打った。
「次に誰かが辻馬車の座席に機密文書を置き忘れるまではな」とソームズは皮肉を言った。
部屋を出がけに私はソームズに小声で聞いた。「ソームズ、素数の専門家がいったいどうして防諜活動に関わっているんだい？　関係はないはずだ、そうじゃないか？」

ソームズは一瞬私をにらんでから、首を振った。関係がないことを認めたのか、それとも、それ以上詮索するなという意味だったのか、それは分からない。

●続、おもしろい数

$123456 \times 8 + 6 = 987654$
$1234567 \times 8 + 7 = 9876543$
$12345678 \times 8 + 8 = 98765432$
$123456789 \times 8 + 9 = 987654321$

この次の数を何にする「べき」か、1つには決まらない。たとえば

$1234567890 \times 8 + 10$

で、これは 9876543130。あるいはたとえば、0 を 10 に置き換えて繰り上がりをすると

$1234567900 \times 8 + 10$

となって、これは 9876543210。これならパターンが続く。

●素数の間隔の成り行き

エリオット=ハルバーシュタム予想はとても専門的だ [Peter Elliott and Heini Halberstam, A conjecture in prime number theory, *Symposia Mathematica* 4 (1968) 59-72]。x 以下の素数の個数を $\pi(x)$ と書く。任意の正の整数 q および、q と（1 以外の）公約数を持たない a に対して、$a \pmod q$ と合同である x 以下の素数の個数を $\pi(x; q, a)$ とする。これは $\pi(x)/\phi(q)$ におおよそ等しい。ϕ はオイラーのトーシェント関数といって、1 から $q-1$ までの整数のうち q と公約数を持たないものの個数という意味。ここで最大誤差

$$\max_a \left| \pi(x; q, a) - \frac{\pi(x)}{\phi(q)} \right|$$

を考える。エリオット゠ハルバーシュタム予想は、この誤差がどれだけ大きくなるかというもので、1より小さいすべてのθと0より大きいすべてのAに対して、

$$\sum_{1 \leq q \leq x^\theta} E(x; q) \leq \frac{C_x}{\log^A x}$$

となるような正の定数Cが、2より大きいすべてのxに対して存在するという予想だ。$\theta < \frac{1}{2}$では成り立つことがわかっている。

🔍 1つの署名　パート2

1つの答としては

$7 = \lceil\sqrt{\sqrt{\sqrt{((\lfloor\sqrt{\sqrt{\sqrt{((\lceil\sqrt{\sqrt{\sqrt{\sqrt{((\lfloor\sqrt{\sqrt{\sqrt{((\lceil\sqrt{\sqrt{((\lfloor\sqrt{\sqrt{(11!)}\rfloor})!)}\rceil})!)}\rfloor})!)}\rceil})!)}\rfloor})!)}\rceil$

説明は「1つの署名　パート3」(122ページ) を。

●ユークリッドのいたずら書き

1日か2日あれば、素因数を使って手で計算できる。その場合には、

44,758,272,401 = 17 × 17,683 × 148,891
13,164,197,765 = 5 × 17,683 × 148,891

を導かないといけない。こうすれば、最大公約数は 17,683 × 148,891 で 2,632,839,553 だと分かる。

ユークリッドのアルゴリズムを使えば、次のように計算できる。

(13,164,197,765; 44,758,272,401) → (13,164,197,765; 31,594,074,636)
→ (13,164,197,765; 18,429,876,871) → (5,265,679,106; 13,164,197,765)
→ (5,265,679,106; 7,898,518,659) → (2,632,839,553; 5,265,679,106)
→ (2,632,839,553; 2,632,839,553) → (0; 2,632,839,553)

だから最大公約数は 2,632,839,553 だ。

●123456789掛けるX

$123456789 \times 1 = 123456789$

$123456789 \times 2 = 246913578$

$123456789 \times 3 = 370370367$

$123456789 \times 4 = 493827156$

$123456789 \times 5 = 617283945$

$123456789 \times 6 = 740740734$

$123456789 \times 7 = 864197523$

$123456789 \times 8 = 987654312$

$123456789 \times 9 = 1111111101$

3の倍数 (3, 6, 9) を掛けたときを除いて、積には0以外の9つの数字が全部入っている。

🔍 1つの署名　パート3

$62 = 7 \times 9 - 1 = 7 / .\dot{1} - 1$

なので、前のページで示した、2つの1を使って7を表す数式を使えば、4つの1を使って62を表すことができる。

ソームズとワツァップは、138を4つの1で表すのは無理じゃないかとしばらく思っていたけれど、ワツァップがひらめいた平方根と階乗を含む数式を使って体系的に試すことで、ついに1を3つだけ使って138を表せることを発見した。ここでもスタートは、7を2つの1で表した数式で、その先は

$70 = \lfloor \sqrt{7!} \rfloor$

$37 = \lceil \sqrt{\sqrt{\sqrt{\sqrt{\sqrt{\sqrt{70!}}}}}} \rceil$

$23 = \lceil \sqrt{\sqrt{\sqrt{\sqrt{\sqrt{37!}}}}} \rceil$

$26 = \lceil \sqrt{\sqrt{\sqrt{\sqrt{23!}}}} \rceil$

$46 = \lfloor \sqrt{\sqrt{\sqrt{\sqrt{26!}}}} \rfloor$

そして最後は

$$138 = 46/\sqrt{.\dot{1}}$$

となる。1を1つだけ使って3倍するという賢い方法だ。

●フェアなコインをトスしてもフェアじゃない

Persi Diaconis, Susan Holmes, and Richard Montgomery, Dynamical bias in the coin toss, *SIAM Review* 49 (2007) 211-223.

一般向けの概説としては、Persi Diaconis, Susan Holmes, and Richard Montgomery, The fifty-one percent solution, *What's Happening in the Mathematical Sciences* 7 (2009) 33-45.

サイコロでも同じようなことが起きる。ふつうの立方体のサイコロだけでなくて、どんな正多面体でもそうだ。J. Strzalko, J. Grabski, A. Stefanski, and T. Kapitaniak, Can the dice be fair by dynamics? *International Journal of Bifurcation and Chaos* 20 No. 4 (April 2010) 1175-1184.

不可能なことを除外する

「君はグラスだけじゃなくてワインも移動させられることに気づいていない。2番目と4番目のグラスを手に取って、その中身を7番目と9番目のグラスに注げばいいんだ」。

●貝のパワー

Monique de Jager, Franz J. Weissing, Peter M. J. Herman, Bart A. Nolet, and Johan van de Koppel. Lévy walks evolve through interaction between movement and environmental complexity, *Science* 332 (4 June 2011) 1551-1553.

●地球が丸いことを証明する

303ページで言ったように、一定距離での平均スピードを計算する

には、算術平均でなくて調和平均を使わないといけない。風速を考慮して2つの空港間の距離を計算するときにも、似ているけれどちょっと違う理由で調和平均が関係してくる。単純なモデルとして、空気に対する飛行機のスピードを c、飛行経路は直線で、風はその飛行経路に沿った一定方向に風速 w で吹いているとしよう。c と w は一定とする。すると $a = c - w, b = c + w$ となる。ここで、時間 r と s から d を導きたい。w を消去するためにまず、a と b について解いて $a = d/r, b = d/s$ とする。すると、

$$c - w = d/r \quad c + w = d/s$$

となる。これを足し合わせると、$2c = d(1/r + 1/s)$。したがって $c = d(1/r + 1/s)/2$。もし風が吹いていなかったら、片道にかかる時間は t で、$d = ct$。だから

$$t = d/c = d/[d(1/r + 1/s)/2] = 1/[(1/r + 1/s)/2]$$

となって、これは r と s の調和平均である。

要するに、風の影響を考えたこの単純なモデルから分かるように、飛行時間を単位に使うなら、往復の飛行時間の調和平均を使わないといけないのだ。

●123456789掛けるX、続編

$123456789 \times 10 = 1234567890$
$123456789 \times 11 = 1358024679$
$123456789 \times 12 = 1481481468$
$123456789 \times 13 = 1604938257$
$123456789 \times 14 = 1728395046$
$123456789 \times 15 = 1851851835$
$123456789 \times 16 = 1975308624$
$123456789 \times 17 = 2098765413$
$123456789 \times 18 = 2222222202$

123456789 × 19 = 2345678991

3の倍数を掛ける場合を除いて、積には0から9までの10個の数字がすべて含まれている。ただし、19になるとそのパターンは崩れてしまう（19は3の倍数じゃないのに、9が2個含まれていて0は含まれていない）。

でもまた同じパターンが復活する。

123456789 × 20 = 2469135780
123456789 × 21 = 2592592569（21は3の倍数だから、同じ数字列が繰り返されていてもOK）
123456789 × 22 = 2716049358
123456789 × 23 = 2839506147

次の例外は28と29の場合。30から36まではうまくいって、37でうまくいかなくなる。僕はここで計算をやめた。その先どうなるかって？　見当も付かない。

🔍 黄金のひし形の謎

ソームズは結び目をきつく引っ張り、平らに潰して光にかざした。
「へえ、五角形だ！」　私は大声を上げた。
「もっと正確に言うと、対角線のうちの1本が見えていて3本が隠れている正五角形に見える。水平の対角線がないことに注目するんだ。たとえばもう1回帯を折ってその対角線を付け加えれば、……」。

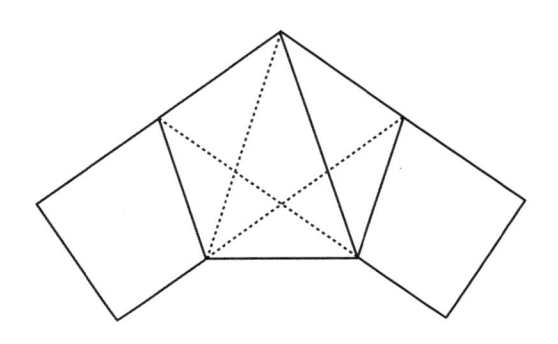

平らに潰した結び目（点線は隠れた縁）

「五芒星だ！　黒魔術で悪魔を呼び出すのに使うやつだ！」

ソームズはうなずいた。「だが最後にもう1回折らなければ、1本の辺が欠けていて五芒星にはならず、悪魔は逃げてしまう。だからこのシンボルは、悪魔の力が世界に解き放たれることを意味している」。ソームズは乾いた笑みを浮かべた。「もちろん、超自然的な意味での悪魔は存在しないから、呼び出すことも解き放つこともできない。でも、悪魔のような性格の人間なら何人もいる……」。

「アル゠ジェブライスタンのテロ組織か！」　私は声を張り上げた。「数学という武器を携えてアル゠ジェブライスタンから追いかけてきたんだ！」

「落ち着け、ワツァップ。僕が怪しいと思っているのは、数学魔術協会だ。秘密結社で、モギアーティのある非道な計画の先頭に立っているに違いないとにらんでいる。以前に遭遇したことがあるんだ。これで、あの邪悪な教授に一撃食らわせて世界的な犯罪網の一部を破壊するための、最後のピースが手に入った。でもそのためには……」。

「そのためには何だ？　ソームズ」。

「そのためには、この事件が裁判に掛けられたときに、否定しようのない証拠を示さないといけない。この五角形が正五角形であることは、どうしたら分かるだろうか？」

「ものすごく簡単なんじゃないか？」

「逆に君はまもなく、『これはとてつもなく難しい問題で、もしかしたら間違っているかもしれない』と言い出すはずだ。実を言うと、真の答は当てずっぽうの答と同じなんだがね。それが正しいことを証明できればあとは簡単だが、結び目の見た目だけでは十分でない。それでもとりあえず、この図の線の配置は正しくて、五角形とその対角線のうちの4本ができていると仮定しよう。これは本当に正五角形だろうか？　それはまだ分からない。もしそうだとしたら、それは帯の幅が一定だからに違いない」。

「では、アレクサンドリアの偉大なユークリッドのように頂点に記号を振って、幾何学的な演繹をしてみよう」。

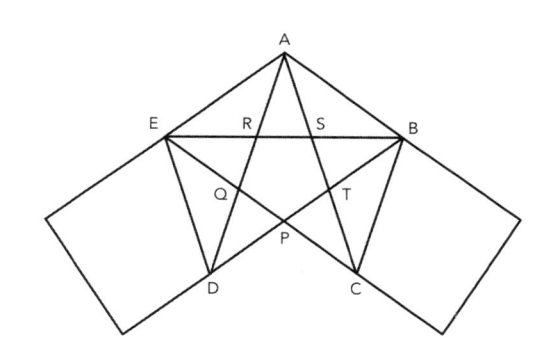

平らに潰した結び目に記号を振った。線分 CD を描かなかったのは、BE と平行かどうかまだ分からないからだ。

注意：ここから先の話は、ユークリッド幾何学に多少覚えのある人向けだ。

「はじめに、いくつか単純な事実からスタートしよう」とソームズ。「基本的な幾何学を使えば証明するのはたいして難しくないから、詳しいことは省略する」。

「第1に、幅が同じ2本の帯を重ね合わせると、重なった部分はひし形、つまり4本の辺の長さがすべて等しい平行四辺形になる。さら

に、幅と辺の長さが等しい2つのひし形は、互いに合同、つまり大きさも形もまったく同じだ。だから、この潰した結び目の図には、互いに合同な3つのひし形が含まれている」。

「どうして3つだけなんだい？」 私は不思議に思って質問した。

「CDとBEは帯の縁とは一致していないからだ。だから、CDRBとDESCもひし形だとはまだ言えない。だからCDは描いていない」。

気づかなかった。「なら、とてつもなく難しいな、ソームズ。もしかしたら間違っているかもしれない！」

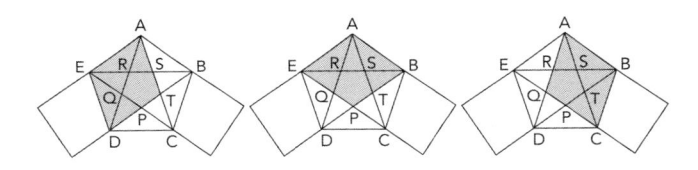

潰した結び目のなかにある3つの互いに合同なひし形

ソームズはため息をついた。どうしてかは分からない。「次がこの演繹のポイントだ。ひし形の対角線は頂角を二等分する。そして対頂角どうしは等しい」。ソームズは左図のように、4つの角にギリシャ文字の θ(シータ) を書いた。

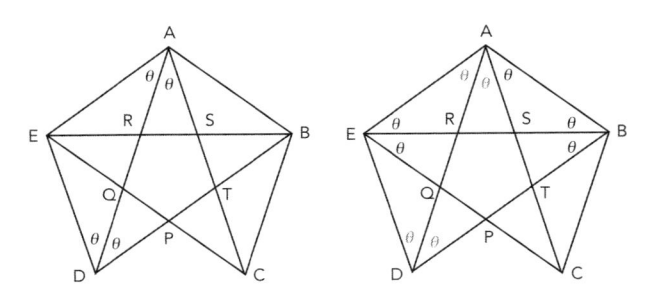

左：大きさが等しい4つの角。右：さらに5つの角もすべて、最初の4つの角（灰色）と等しい。

「同様の理由で、角CABもθに等しい。またひし形DEATとPEABは合同だから、さらに4つの角にもθと書くことができる。そうすると右のような図ができる」。

「さてワツァップ、ぱっと見て何か気づくことはあるかい？」

「θがとてつもなくたくさんある」。私は即答した。

ソームズはしかめ面をして、のどの奥で低いうなり声を出した。どうしてかは分からない。「背の高いキリンの首のように簡単だ。ワツァップ！　三角形EABに注目してみろ」。

私は考えてみたが、しばらくは何もひらめかなかった。えーと……この三角形にはθがたくさんある。それどころか……頂角が全部θからできている！　分かったぞ。「三角形の角を足すと180°だ、ソームズ。この三角形の角は、$\theta, \theta, 3\theta$ となっている。だからその和5θが180°に等しい。だから$\theta = 36°$だ」。

「君もそのうち幾何学者になれそうだな。あとの証明は簡単だ。線分DE, EA, AB, BCは、互いに合同なひし形の辺で、すべて長さが等しい。角∠DEA, ∠EAB, ∠ABCは、互いに合同なひし形の角だからすべて等しく、そのうちの1つ、∠EABは3θ、つまり108°だ。だからこの3つの角はすべて108°だ。そしてそれは正五角形の内角の大きさに等しい」。

「だからDEABCは正五角形の頂点になっていて、辺CDを描けば正五角形が完成する！」　私は叫んだ。「ものすごく簡単……」。私はソームズの目を見た。「いや、美しいな、ソームズ！」

ソームズは肩をすくめた。「たいしたことないさ、ワツァップ。数学魔術協会を潰してモギアーティをしばらく困らせるだけだ。あの男自体は……もっとずっと難物かもしれない」。

●ギネスビールの泡はどうして沈んでいくのか？

E.S. Benilov, C.P. Cummins, and W.T. Lee. Why do bubbles in Guinness sink? arXiv:1205.5233 [physics.flu-dyn].

公園で喧嘩する犬

「犬どうしがぶつかるまでに 10 秒かかる」とソームズは言い切った。

「信じよう。でもあくまでも好奇心で聞くんだが、どうやってその値を出したんだ？」

「これは対称的な問題だ、ワツァップ。対称性のおかげで論証が単純になることはよくある。3 匹の犬はつねに正三角形の頂点になっている。その正三角形は回転しながら縮んでいくが、形はそのままだ。だから、1 匹の犬（A としよう）の視点から見ると、A はつねに前方の犬 B に向かってまっすぐに走っている」。

「三角形は回転するんじゃないのかい？ ソームズ」。

「確かに回転するが、それは関係ない。なぜなら、回転座標系の上で計算をおこなうからだ。重要なのは、この三角形がどれだけの速さで縮んでいくかだ。犬 B はつねに、直線 AB に対して 60° の方向に走っている。3 匹の犬はつねに正三角形を作っているからだ。だから、犬 B の速度のうち、犬 A へ向かう方向の成分は、$1/2 \times 4 = 2$ ヤード毎秒。したがって、A と B は互いに $4 + 2 = 6$ ヤード毎秒で近づいていって、最初の間隔 60 ヤードが $60/6 = 10$ 秒で 0 になる」。

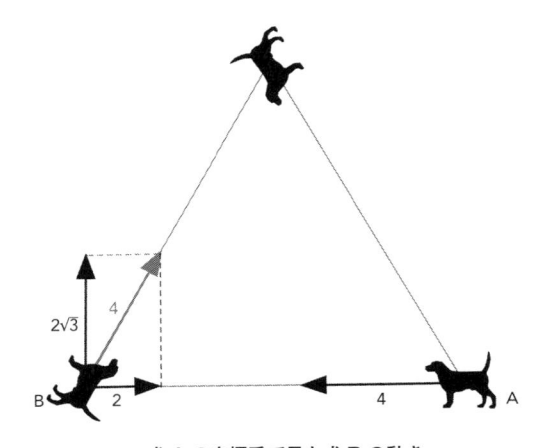

犬 A の座標系で見た犬 B の動き

●どうして友達には僕よりもたくさん友達がいるのか？

n 人からなる社会ネットワークがあって、i さんには x_i 人の友達がいるとしよう。すると、全メンバーにおける友達の平均人数は、

$$a = \frac{x_1 + \cdots + x_n}{n}$$

となる。一方、本文の表の 3 列目、i さんの友達 j さんにそれぞれ何人の友達がいるかを重み付け平均した値について考えるには、標準的な数学的手法を使って、代わりに j さんについて計算をおこなう。j さんは x_j 人の人（j さん自身の友達）の友達で、それらの友達それぞれの合計値に x_j の寄与をする。だから、j さんが友達であるケースの合計では、x_j^2 の寄与がある。一方、表の 3 列目の値は $x_1 + \cdots + x_n$ である。だから、友達がそれぞれ何人の友達を持っているかの重み付け平均は、

$$b = \frac{x_1^2 + \cdots + x_n^2}{x_1 + \cdots + x_n}$$

となる。ここで、x_j をどんなふうに選んでも、必ず $b > a$ となる。ただし x_j がすべて等しければ、$b = a$ となる。そのことは、技術者が「二乗平均」（2 乗の平均の平方根）と呼んでいるものに関係した次のような標準的な不等式から導くことができる。

$$\frac{x_1 + \cdots + x_n}{n} \leq \sqrt{\frac{x_1^2 + \cdots + x_n^2}{n}}$$

等号は x_j がすべて等しいときにだけ成り立つ。この不等式を 2 乗して整理すると、目的どおり、x_j がすべて等しい場合を除いて $a < b$ であることが導かれる。詳しいことは

https://www.artofproblemsolving.com/Wiki/index.php/Root-Mean_Square-Arithmetic_Mean-Geometric_MeanHarmonic_mean_Inequality

を見てほしい。

6人の客

　ソームズが示したのはラムゼー理論の一例だ。ラムゼー理論とは組み合わせ論の一分野で、1930年にこれに似たもっと一般的な定理を証明したフランク・ラムゼーの名前が付けられている。ちなみに弟のマイケル・ラムゼーはカンタベリー大主教になった。少しずつ説明していこう。大勢の人がテーブルを囲んで座っていて、その誰もがほかの全員とフォークかナイフのどちらかでつながっているとしよう。ここで任意の2つの数、fとkを選ぶ。すると、fとkに応じて、もしR人以上の人がいれば、そのうちf人がフォークでつながっているか、またはk人がナイフでつながっているような数Rが存在する。

　このようなRの最小値を$R(f, k)$と表して、これをラムゼー数と呼ぶ。ソームズの証明によれば、$R(3, 3) = 6$である。ラムゼー数を計算するのは、いくつかの単純なケースを除けばとてつもなく難しい。たとえば$R(5, 5)$が43と49のあいだにあることは分かっているけれど、正確な値はいまだ謎のままだ。

　ラムゼーは、人どうしのつながりのタイプ（ナイフとフォーク。色のほうがもっとよく使われるけれど、ソームズはその場にあるものを使った）が任意の有限個の種類の場合の、もっと一般的な定理を証明した。つながりのタイプが3種類以上の場合の自明でないラムゼー数のうち、値が分かっているのは$R(3, 3, 3) = 17$だけだ。

　この考え方はいろんな形で一般化できる。でも正確な値が分かっているのは、そのうちのごくわずかだ。この分野のきっかけとなった論文は、F.P. Ramsey, On a problem of formal logic, *Proceedings of the London Mathematical Society* 30 (1930) 264-286. タイトルから分かるように、ラムゼーは組み合わせ論でなくて論理学について考えていた。

●グレアム数

R.L. Graham and B.L. Rothschild, Ramsey theory, *Studies in Combinatorics* (ed. G.-C. Rota) Mathematical Association of America 17 (1978) 80-99.

🔍 平均以上の御者

1981 年に O・スヴェンソンが、161 人のスウェーデン人とアメリカ人の学生に、自分の運転能力と安全性がほかの学生と比べてどの程度かを評価させた。結果、運転能力については、スウェーデン人の 69 パーセントが自分は中央値より上だと考えた。安全性についてはその値は 77 パーセントだった。一方、アメリカ人では、運転能力については 93 パーセント、安全性については 88 パーセントだった。僕はアメリカでの運転免許試験に 2 回合格して、そのうち 1 回は車にさえ乗らなかった。だから、アメリカ人が自分の運転能力をこれほどまで買いかぶっている理由はよく分かる。O. Svenson, Are we all less risky and more skillful than our fellow drivers? *Acta Psychologica* 47 (1981) 143-148.

同じようなことは、人気、健康、記憶力、仕事ぶり、さらには人間関係の満足度など、たくさんの特性で見られる。さほど驚くことじゃない。自尊心を保つための 1 つの方法だ。自尊心に欠けているのは、心理的欠陥の表れかもしれない。ヒトは幸せで健康でいるために、自分がどれだけ幸せで健康かを過大評価するように進化してきたのだ。

あなたはどうか分からないけれど、僕は満足だ。

🔍 バフルハムの泥棒

「その数は 4 と 13 だ」とソームズが言った。

「驚いたな。私は……」。

「僕のやり方は分かっているだろ、ワツァップ」。

「それでも、こんなに曖昧な話から答を導き出せるのは本当に驚き

だ」。

「ふーむ。やってみよう。要は、証言ごとに、僕ら2人ともが知っている情報は増えていく。そして2人とも、2人がその情報を知っていると知っている。2つの数の積をp、和をsとしよう。最初、君はpを知っていて、僕はsを知っている。それぞれ、もう1人が何を知っているかは知っているが、それが何であるかは知らない」。

「君は2つの数を知らないのだから、pは2つの素数の積、たとえば35ではありえない。これは5×7で、1より大きい数の積として表す方法はほかにないので、君はすぐに2つの数を導けたはずだ。同じような理由で、素数の3乗、たとえば$5^3 = 125$でもありえない。これは5×25としか分解できないからだ」。

「なるほど」と私は答えた。

「もっと分かりにくいが、qを素数、mを合成数として、mを割り切る1より大きいすべてのdに対してqdが100より大きければ、pはqmに等しくはなりえない」。

「な……る……ほ……ど」。

「たとえば、pは$67 \times 3 \times 5$ではありえない。これは67×15, 201×5, 335×3と3通りに分解できる。最後の2つは100より大きい数を使っているので、無視できて、67と15が2つの数ということになる」。

「ああ、確かに」。

「さて、君の話で僕はこれらの事実に気づいたが、その時点ですでに、僕の知っている和の値から同じ情報を導いていた。実はsは、このような2つの数の和ではない。だがあのとき君は、僕から聞いてその事実に気づき、自分にとってsに関するどんな情報が新しい情報であるかを知った。もちろん2人とも、もし$s = 200$なら2つの数はどちらも100で、$s = 199$なら100と99だということは考えておかなければならない」。

「そうだな」。

「不可能なものを除外していけば……残るのは、和sが11, 17, 23,

27, 29, 35, 37, 41, 47, 51, 53 のうちのいずれかだ」。

「でも前に君は、そういうやり方を厳しく批判……」。

「数学では十分に通用する」とソームズは何事もなかったかのように言った。「数学では、本当に不可能なことは不可能だと自信を持って言い切れる」。

「推理の途中で、僕ら2人とも、僕が君に言った情報を知った。すると君はすぐに、2つの数を導いたと宣言した。だから僕は、足すとこれらの数になる2つの数を急いで調べ尽くして、11個の s の候補のうち10個で、s が違っていても積が同じになる場合があることに気づいた。君は2つの数が分かったと言ったのだから、その10個は除外できる。残った和は17だけで、s の2つ以上の値からは導かれない積も1つだけだ。それは52だ。17を $4+13$ と分けたときの積で、それ以外にこの値は出てこない。だから2つの数は4と13のはずだ」。

私はソームズの洞察力を褒めちぎった。

「ベーカー街のわんぱく坊主に言って、このメッセージをルーレードに伝えさせてくれ」。ソームズは2つの数を紙切れに走り書きしながら、そう指示した。「1時間もしないで2人とも逮捕できるだろう」。

マルファッティの間違い

1930年にハイマン・ロブとハーバート・リッチモンドが、マルファッティの並べ方よりも貪欲アルゴリズムのほうが優れている場合もあることを証明した。ハワード・イーヴズは1946年に、とても細長い二等辺三角形では、積み重ねる並べ方がマルファッティの並べ方の2倍近い面積になることに気づいた。1967年にはM・ゴールドバーグが、貪欲アルゴリズムのほうがマルファッティの並べ方よりもつねに優れていることを証明した。1994年にはヴィクター・ザルガラーとG・A・ロスが、貪欲アルゴリズムの場合に必ず面積が最大になることを証明した。

●邪魔な反響の止め方

M.R. Schroeder, Diffuse sound reflection by maximum - length sequence. *Journal of the Acoustical Society of America* 57 (1975) 149-150.

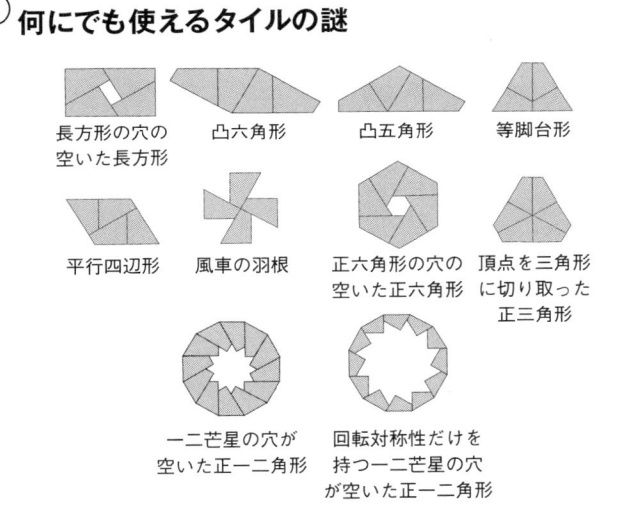

🔍 何にでも使えるタイルの謎

長方形の穴の空いた長方形　凸六角形　凸五角形　等脚台形

平行四辺形　風車の羽根　正六角形の穴の空いた正六角形　頂点を三角形に切り取った正三角形

一二芒星の穴が空いた正一二角形　回転対称性だけを持つ一二芒星の穴が空いた正一二角形

何にでも使えるタイルから作った10種類の図形

●スラックル予想

János Pach and Ethan Sterling, Conway's conjecture for monotone thrackles, *American Mathematical Monthly* 118 (June/July 2011) 544-548.

●周期的でないタイリング

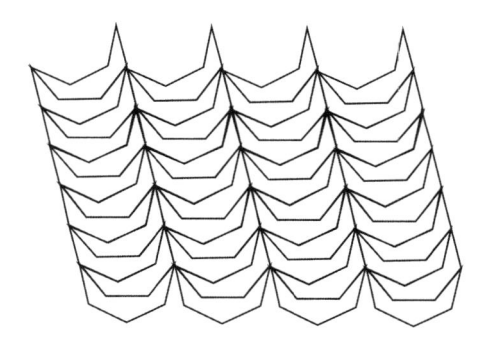

七角形を使った周期的なタイリング

🔍 2色定理

　私は3時間悩み抜いた末に、ソームズに秘密を教えてくれと頼んだ。
「だがそうしたら君は、ばかばかしいほど単純だと言うに違いない」。
「いいや！　けっして言わない！」
「僕は言うと思うよ、ワツァップ。実際ばかばかしいほど単純だからだ」。しばらく沈黙が続いて、ソームズは折れた。「結構だ。使える色は黒と灰色だけで、まだ塗り分けていない領域は白で表すことにしよう。はじめにどれか1つの領域を黒に塗る（次ページの左上の図）。次にその隣の領域を1つ選んで、それを灰色に塗る（中央上の図）。次にその隣の領域を1つ黒に塗って、さらにその隣の領域を1つ灰色に塗って、と続けていく」。
　「最初にどれかの領域を選んでしまえば、そのあとは1通りに決まってしまうのか」と私は恐る恐る言った。
　「そうだ！　もし解があるとしたら、それは1つしかない。2つの色を入れ替えたものを除けばな。そして最終的には、黒と灰色だけで地図全体が塗り分けられる。だからこの場合には、少なくとも解は存在する」。

「確かに。でも完全には……」。

「そうか。よく気づいたな。今回だけは的外れじゃなくて、いいところを突いたな。問題は、どんなふうに色分けしていっても必ず同じ結果になるかを証明する。そうだな？　こうして色分けしていけば、途中で次の領域に色を塗れずに行き詰まってしまうことはけっしてありえないんだ」。

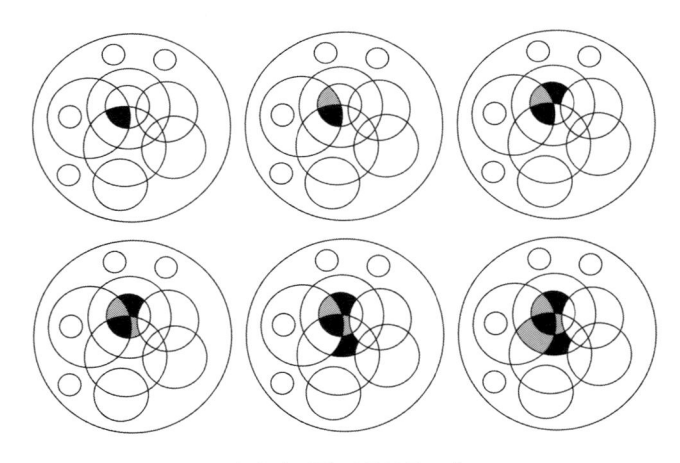

色分けの最初の数ステップ

「何となく分かった」。

「これで証明できる。だがもっと単純な方法がある。境界線を横切るたびに色が変わることに注目するんだ。だから、境界線を奇数回横切ったら灰色を選ばなければならないし、偶数回横切ったら黒を選ばなければならない」。

私はうなずいた。「でも……必ず辻褄が合うことはどうして分かるんだ？」　私は口を滑らせた。

ソームズは一瞬にやりとした。「いま僕が言ったことと、すべての領域に正しい色を塗る方法がヒントだ。ある点が何個の円に囲まれて

いるかを数えればいい。もちろん円周上の点は塗り分けないから考えない。その円の個数が偶数なら、その点は黒に塗る。奇数なら灰色に塗る」。

「さて、どれかの境界線を越えたら、囲んでいる円が1個増えるか、または1個減る。どちらにしても、奇数は偶数に変わり、偶数は奇数に変わるので、その境界線の両側の色は互いに違う」。

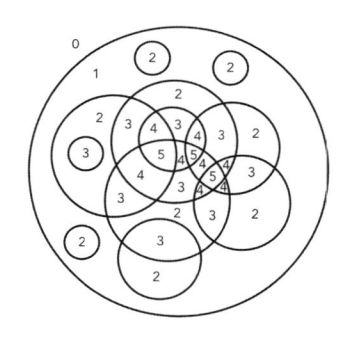

各領域が何個の円の内部にあるかを表した。境界線を越えると偶奇がどう変わるかに注目。

簡潔明瞭な証明だった。「なんだ、ソームズ……」。

するとソームズは微かに笑みを浮かべて遮ってきた。「もちろん、互いに接している円もいくつかあるかもしれない。でも、正しく解釈すれば同じ方法が通用する。接点のところで境界線を越えるのを避けないといけないが、ちょっと考えれば必ず避けられることが分かる」。

そこまで簡潔明瞭ではなかったかもしれないが……確かに理解できた。「これは……」と私は言いはじめてから、一呼吸置いてソームズの表情を見た。「とても巧妙だ」。

●空間内での4色定理

同じ大きさの4個の球を、どの球もほかの3個の球と接するように並べることができる。3個の球を互いに接するように正三角形に並べ、

中央のくぼみの上に4個めの球を置いて、正四面体を作るのだ。そうすると、ちょうどいい大きさのもっと小さい球をその真ん中に入れて、4個の球すべてと接するようにすることができる。5個の球がそれぞれほかの4個の球と接しているので、それぞれ別の色で塗るしかない。

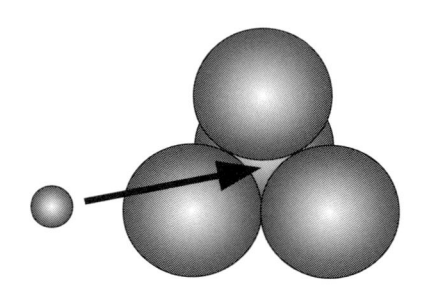

5個目の球を入れる

ギリシャの求積者

　最初に答のほうを。方程式 $\frac{4}{3}\pi r^3 = 4\pi r^2$ を解かないといけない。両辺を $4\pi r^2$ で割ると $\frac{1}{3}r = 1$ となるので、$r = 3$。

　次にパリンプセストの話。

　アルキメデスの書いたオリジナルの文書は残っていないけれど、この写本（当然写本に写本を重ねている）は紀元950年頃にビザンチンの修道士が作った。しかし1229年、ほかに6つの文書と一緒に製本をほどかれて、かなりきれいに削り取られてしまった。その紙は2つ折りにされて、177ページにおよぶキリスト教の礼拝用の文章（礼拝の手順書）を書くのに使われた。

　1840年代、ドイツ人聖書学者のコンスタンティン・フォン・ティッシェンドルフがコンスタンティノープル（現在のイスタンブール）でこの文書を見つけ、そこに微かに数学のことが書かれているのに気づいて、1ページを持ち帰った。1906年にデンマーク人学者のヨハン・ハイベルが、そのパリンプセストはアルキメデスの書いたものだ

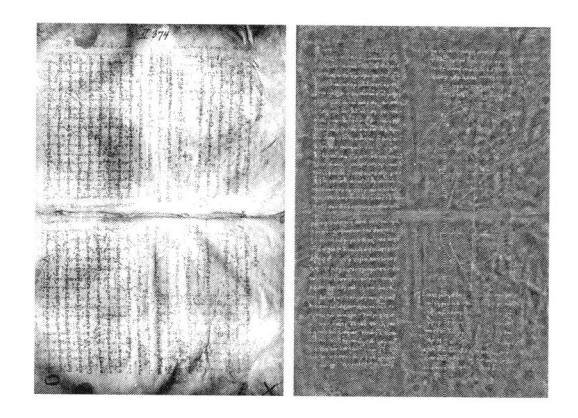

左：アルキメデスのパリンプセストの 1 ページ。13 世紀の宗教文書は縦書きだった。薄くなっているもともとの文書は横書きで書かれている。右：クリーニングすると数学の図がはっきりと表れてきた。

と気づいた。そしてそれを写真に撮り、1910 年と 1915 年にいくつかの抜粋を発表した。まもなくしてトーマス・ヒースがそれを翻訳したけれど、ほとんど関心を集めなかった。1920 年代にこの文書はあるフランス人蒐集家の手に渡り、1998 年にはアメリカにたどり着いて、クリスティーズ競売会社とギリシャ東方正教会とのあいだで裁判沙汰になった。正教会は、1920 年に修道院から盗まれたものだと主張した。判決では、盗まれたとする時期から訴訟を起こした時期までがあまりにも長いという理由で、クリスティーズが勝訴した。オークションでは、匿名のバイヤー（『デア・シュピーゲル』紙によればアマゾンの創設者ジェフ・ベゾスだという）が 200 万ドルで落札した。1999 年から 2008 年まではボルティモアのウォルターズ美術館に所蔵され、画像技術者がその隠れた文章のコントラストを上げて解析した。

　アルキメデスの解法は次のように説明できる（現代の表記法と記号を使う）。はじめに、半径 1 の球とそれに外接する円筒、そして円錐を考える。球の中心を実軸上の $x = 1$ の点に合わせると、0 から 2 ま

での任意の x におけるスライスの半径は $\sqrt{x(2-x)}$ で、その質量は、この2乗と π との積、$\pi x(2-x) = 2\pi x - \pi x^2$ に比例する。

次に、直線 $y = x$ をやはり $0 \leqq x \leqq 2$ の区間で x 軸を中心に回転させてできる円錐を考える。x におけるそのスライスは半径 x の円で、面積は πx^2。その質量はこの面積に比例し、比例定数はさっきと同じなので、球のスライスと円錐のスライスを合わせた質量は、$(2\pi x - \pi x^2) + \pi x^2 = 2\pi x$ となる。

この2枚のスライスを、$x = -1$、つまり原点から左に1離れた場所に吊す。てこの原理から、これらのスライスは、右に x 離れた場所に吊した半径1の円とちょうど釣り合う。

次に、球のスライスと円錐のスライスを全部 $x = -1$ の点に吊して、全体の質量がその1点に集中するようにする。それらのスライスと釣り合う円はすべて半径が1で、原点からの距離0から2までのあいだにずらりと並ぶ。だから円筒ができる。その重心は中央、$x = 1$ にある。したがって、てこの原理から、

　　球の質量 + 円錐の質量 = 円筒の質量

となって、質量は体積に比例するので、

　　球の体積 + 円錐の体積 = 円筒の体積

となる。でもアルキメデスも知っていたとおり、円錐の体積は円筒の体積の3分の1(底面積×高さ÷3)なので、球の体積は円筒の体積の3分の2となる。円筒の体積は底面積(πr^2)と高さ($2r$)との積、つまり $2\pi r^3$ だ。だから球の体積はその3分の2で、$\frac{4}{3}\pi r^3$ となる。

アルキメデスは同じような手順で球の表面積も導いた。

アルキメデスはその手順を幾何学的に説明しているけれど、現代の表記法を使ったほうが追いかけやすい。紀元前250年頃にこれを全部成し遂げて、さらにてこの原理も導いたことを考えると、驚きの偉業だ。

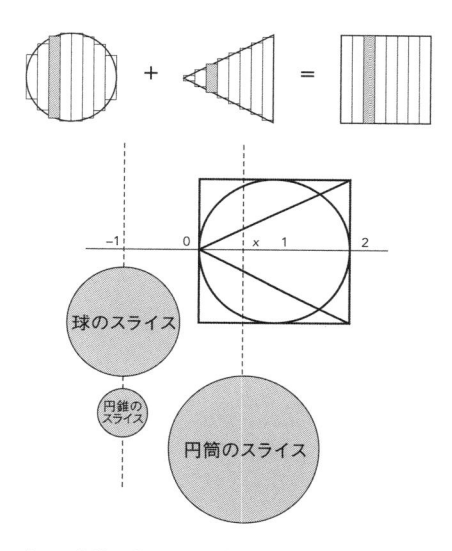

アルキメデスの方法。上：球、円錐、円筒をパンのようにスライスする（図は横から見ている。球は円、円錐は三角形、円筒は正方形に見えている）。すると、円筒のスライス（灰色）の体積は、それに対応する球と円錐のスライスの体積の和に等しい。ここではスライスの厚さは0ではないので、誤差が生じてしまう。アルキメデスは、誤差がいくらでも小さくなるように、無限に薄いスライスを思い浮かべた。下：この3つの体積を天秤を使って説明した図。xにおける球と円錐のスライスを -1 に吊ると、x に吊した円筒のスライスと釣り合う。

●ヒョウにはどうして斑点があるのか？

W.L. Allen, I.C. Cuthill, N.E. Scott‐Samuel, and R.J. Baddeley. Why the leopard got its spots: relating pattern development to ecology in felids, *Proceedings of the Royal Society B: Biological Sciences* 278 (2011) 1373‐1380.

●多角形よ永遠なれ

　図形は際限なく大きくなっていくように見えるけれど、実際には平面上のある限られた領域のなかに留まる。その領域は、半径が約 8.7 の円である。

　正 n 角形に外接する円の半径と、同じ正 n 角形に内接する円の半径との比は、$\sec \pi/n$ である。sec は三角関数のセカントで、ここでは角度にラジアンを使っている（度で表すには π を 180° に置き換える）。だから、図で正 n 角形に外接する円の半径は、それぞれの n に対して

$$S = \sec \pi/3 \times \sec \pi/4 \times \sec \pi/5 \times \cdots \times \sec \pi/n$$

となる。そこで、n を無限大に近づけたときのこの積の極限を知りたい。両辺の対数を取ると、

$$\log S = \log \sec \pi/3 + \log \sec \pi/4 + \log \sec \pi/5 + \cdots + \log \sec \pi/n$$

　x が小さい場合には $\log \sec x \sim x^2/2$ なので、この級数は

$$1/3^2 + 1/4^2 + 1/5^2 + \cdots + 1/n^2$$

に近く、これは n が無限大に近づくにつれて収束する。だから $\log S$ は有限で、S も有限だ。$n = 1000000$ までの和をそこそこの精度で見積もると、8.7 となる。

　この問題といま説明した答のことは、ハロルド・ボアズの書いた書評で知った［*American Mathematical Monthly* 121 (2014) 178-182］。ボアズによるとこの問題は、エドワード・カスナーとジェイムズ・ニューマンが 1940 年に書いた本『数学の世界（上・下巻）』にまでさかのぼるという。「この図がいろいろな本に取り上げられれば、この愉快問題は多くの人に知られるようになるかもしれない」とボアズは書いている。

　やってみるよ、ハロルド。

オールを漕ぐ男たちの冒険

ソームズと私は、中心線で反転させたものどうしを同じとみなして、さらに2通りの並び方を見つけた。

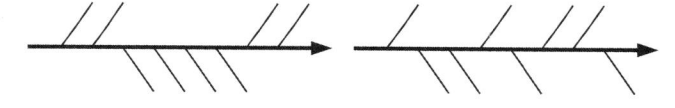

並び方 0167 と 0356

「力学的には複雑な問題だが、最終的には単なる算術の問題に整理できる」とソームズ。「0から7までの数を、和がそれぞれ14になるように2つの集合に分けるのだ」。

「そうした集合が1つ見つかれば、もう1つの集合も決まって、その和は必ず14になる」。

「そうだ、ワツァップ。明らかだ。最初の集合に含まれていない数をリストアップすればいい」。

「確かに自明だけれど、そうすると0を含む集合も考えられて、0は船尾のオールが左にあるという意味だから、必要ならば中心線で反転させればいい。そうすると、考えるべきケースの数は減るんだな」。

「そのとおりだ」。

これでほぼ自動的に導けるようになった。私は解いていった。「集合に1が含まれていれば、残り2つの数を足し合わせると13にならないといけないから、6と7しかなくて、並び方は0167となる。1が含まれていなくて2が含まれていれば、考えられる並び方は0257だけだ。03からスタートしたら、0347と0356の2つの並び方がある。04から始まる並び方は無視できる。なぜなら、5, 6, 7のうちの2つから10を作るのは不可能だからだ。同じ理由で、05, 06, 07から始まる並び方も無視できる」。

「結局、左右の反転を除いて考えられる並べ方は、

0167　0257　0356　0347

であると導かれた。0257はドイツ式、0347はイタリア式だ。残りは2通り、僕がマッチ棒で並べた……」。

するとソームズは突然身体を起こした。「何てこった！」

「どうした？　ソームズ」。

「分かったんだ、ワツァップ。このマッチは……」と言いながらソームズはマッチ棒を私のほうに振って見せた。「……以前思っていたように貴重な初期のコングレーヴではなく、アイリニーの無音マッチだ。アイリニーは、教わっていた化学の教授が爆発事故に遭ったとき、マッチの頭を塩素酸カリウムから二酸化鉛に換えればいいとひらめいた」。

「ほお、それは重要なことなのかい？　ソームズ」。

「もちろんだ、ワツァップ。僕らが抱えている一番奇妙な未解決事件に、まったく新しい光を当ててくれるんだ」。

「上下逆さまのティーポットの異常な事件か！」　私は叫んだ。

「そうだ、ワツァップ。干からびたオウムの左側にマッチが落ちていたか右側に落ちていたかが君の手帳に書いてあれば……」

ソームズの分析は次の論文に基づいている。

Maurice Brearley, 'Oar arrangements in rowing eights', in *Optimal Strategies in Sports* (ed. S.P. Ladany and R.E. Machol), North-Holland 1977.

John Barrow, *One Hundred Essential Things You Didn't Know You Didn't Know*, W.W. Norton, New York 2009.

ソームズが指摘したように、とても複雑な問題に対して、最初は単純化して取り組んだ論文だ。

ちなみに1877年のボート競争は、この大会の歴史上唯一のデッドヒートとなった。

●正多面体のリング

　ジョン・メイソンとテオドルス・デッカーは、正四面体でリングは作れないことを、シフィエルチェフスキよりも単純な形で証明する方法を見つけた。合同な 2 個の正四面体を面どうしで貼り合わせると、必ず互いに、共通の面を鏡にして映した形になる。

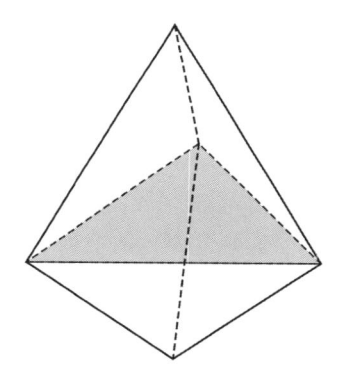

共通の面（影を付けた）を持つ 2 個の正四面体。その面を鏡にして映した形になっている。

　正四面体 1 個からスタートする。それには 4 つの面があるので、このような鏡に映す操作（鏡映操作）は 4 通りある。それらを r_1, r_2, r_3, r_4 と呼ぶことにしよう。どの鏡映操作も、2 回やると最初の状態に戻る。だから、「何もしない」変換操作を e として、$r_1 r_1 = e$ となる。ほかの鏡映操作についても同様。何回かの鏡映操作の組み合わせは、

$$r_1 r_4 r_3 r_4 r_2 r_1 r_3 r_1$$

のような積になって、その下付き数字の列 14342131 は、1, 2, 3, 4 の 4 つの数字からできたどんな数列でもいい。ただし、2 回連続で同じ数字は現れない。たとえば 14332131 は認められない。なぜなら、この場合 $r_3 r_3$ は同じ鏡映操作を 2 回やっているので、e と同じことにな

って、何の影響も与えないので省くことができるからだ。

　もしリングが閉じるとしたら、最後の正四面体にもう1回鏡映操作を施してできる正四面体は、一番最初の正四面体と一致することになる。すると、

$$r_1 r_4 r_3 r_4 r_2 r_1 r_3 r_1 = e$$

のような方程式ができる（もっと長くて複雑かもしれない）。eは「何もしない」操作だ。4通りの鏡映操作を表す数式を書いて、適当な代数学的方法を使うと、このような方程式は成り立たないことを証明できるのだ。詳しくは以下の論文を見てほしい。

　T. J. Dekker, On reflections in Euclidean spaces generating free products, *Nieuw Archief voor Wiskunde* 7 (1959) 57-60.
　M. Elgersma and S. Wagon, Closing a Platonic gap, *Mathematical Intelligencer* in the press.
　J. H. Mason, Can regular tetrahedrons be glued together face to face to form a ring? *Mathematical Gazette* 56 (1972) 194-197.
　H. Steinhaus, Problem 175, *Colloquium Mathematicum* 4 (1957) 243.
　S. Świerczkowski, On a free group of rotations of the Euclidean space, *Indagationes Mathematicae* 20 (1958) 376-378.
　S. Świerczkowski, On chains of regular tetrahedra, *Colloquium Mathematicum* 7 (1959) 9-10.

🔍 不可能なルート

　「君の言うとおり、それでは見つからない」とソームズ。「僕のやり方を分かっているだろう？　それを使えよ」。
　「分かった、ソームズ」と私は答えた。「君はいつも、関係のないことは無視しろと言っている。だからもう一度調べて、考えられる間違いを全部なくすために、なるべく単純な形でこの問題を表してみるよ。

地図のそれぞれの領域に番号を付ける……こういうふうにね。領域は5つある。そこで、それらの領域とそのつながり方を模式的に表した図を描く。グラフと言うのかな」。

ソームズは黙り込んでいた。表情も読み取れなかった。

「ここで、領域1から領域5まで行くのだが、橋Aを渡るのは最後にしないといけない。1から出発すると、それ以外には橋Bを渡るしかなくて、さらにCとDを渡るしかない。次はEとFのどちらかを渡らないといけない。Eを渡ったとしよう。するとFは渡れない。領域4につながっていて、そこから先へは進めないからだ。だからといってAも渡れない。領域1につながっていて、そこから先へは進めないからだ。Eの代わりにFを渡っても同じ。お手上げだ」。

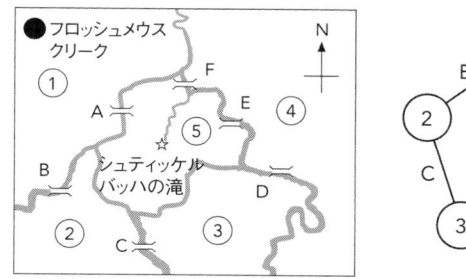

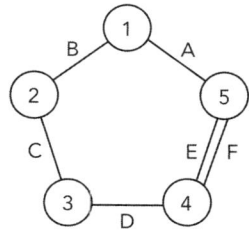

左：ワツァップが書いた5つの領域。右：つながり方を表したグラフ

「どうしてだ？　ワツァップ」。

「どうしてって、ソームズ。不可能なことを除外していったんだ」。ソームズは片方の眉を上げた。私は続けた。「すると、残ったのがどんなにありえそうになくても……」。

「続けろ」。

「でもソームズ、何も残っていないじゃないか！　だからこの問題には答はない！」

「違う。答は8つあるって言ったはずだ」。

「なら、君が嘘の条件を教えたに違いない」。
「そんなことはない」。
「なら降参だ。何を見落としていたんだ？」
「何も」。
「でも……」。
「考えすぎだ、ワツァップ。君は必要のない仮定を置いてしまった。君の間違いは、ルートが地図をはみ出してはいけないと決めつけていたことだ」。
「でも、川はスイス国境の先まで流れているし、ルートが一度国境を越えてまた戻ってくるのは許されないって言ったじゃないか」。
「そうだ。でもこの地図にはスイス全土が描かれているわけじゃない。川はどこから流れてきているんだろうか？」
「どっ、おおー！」 私は手の平で額を叩いた。
「ドーナツだって？」
「自分はバカだったと叱るときに無意識に出る言葉だよ、ソームズ。『ドーナツ』じゃない。『どっ、おおー！』だ」。
「それはやめたほうがいいな、ワツァップ。君らしくないし、流行りもしない」。
「そうするよ、ソームズ。急にこんな声を出したのは、川の源流を迂回して橋Aを渡ればうまくいくと気づいたからだ」。
「そのとおりだ」。
「私の図で領域1と領域4は、実は同じ領域だったんだな」。
「そうだ」。
少し間があってから私は言った。「ずるいぞ。この川がスイス領内から流れ出ているなんて、どうしたら分かるっていうんだい？ 君の地図には源流は書いていなかったぞ」。
「私の言った条件を満たすルートが少なくとも1つはある、と言ったはずだ。したがって源流はスイス領内にあるはずだ」。
一本取られた。ソームズがルートは8通りあると言っていたのを思いだした。「もう1つルートが分かったよ。橋EとFを入れ替えるん

不可能なルート ―― 337

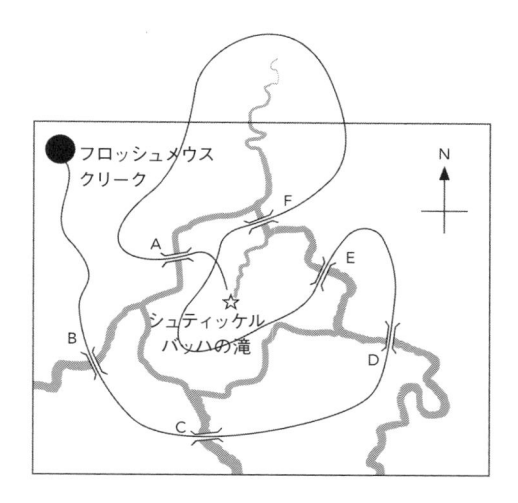

ソームズの考えたルート

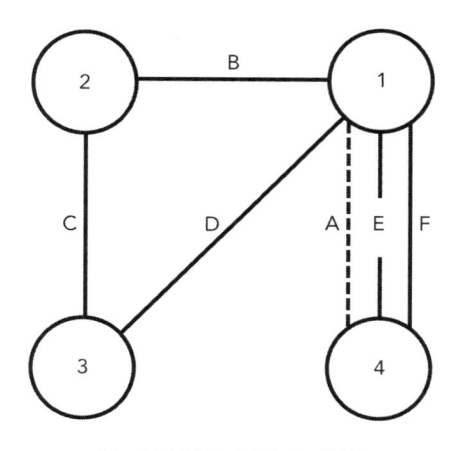

ソームズの書いた正しいグラフ

だ。でもあと6つは分からない」。

「領域1と領域4が一緒になったんだから、最初に橋Bを渡るしかないという君の主張はもう通用しない。君の模式図を正しく書きなおしてみよう」。

「橋Aは最後に渡らないといけないことを忘れないように、Aは点線で書いた。見てみよう。領域1から出発すると、A以外の橋は、BCDとEFという2つの異なるループを作っている。それぞれのループはどちらの方向にもたどることができる。BCDまたはDCB、そしてEFまたはFEかだ。さらに、先にどちらのループをたどってもかまわない。そして最後に橋Aを付け足す。だからルートは……。

BCD-EF-A　DCB-EF-A　BCD-FE-A　DCB-FE-A
EF-BCD-A　EF-DCB-A　FE-BCD-A　FE-DCB-A

全部で8通りだ」。

「何を間違えていたかよく分かったよ、ソームズ」。私は認めた。

「具体的な間違いは分かったようだな、ワツァップ。だが、不可能な事柄を除外していくという方法を台無しにする、根本的な間違いには気づいていない」。

私は訳が分からなくて頭を振った。「どういう意味だい？」

「つまりワツァップ、君はすべての可能性を考えていなかったということだ。なぜなら……」。

私はまた手の平で額を叩いたが、今度はソームズに叱られないよう声を上げるのは我慢した。「既成概念にとらわれずに考えるのを忘れていたよ」。

訳者あとがき

　イアン・スチュアートの数学小ネタ集第 3 弾。第 1 弾『数学の秘密の本棚』、第 2 弾『数学の秘密の宝箱』から 5 年ぶりに出た今作でも、ちょっとした数学パズル、数学者のこぼれ話、知的好奇心をかき立てる数学の話題、自然界や日常生活に姿を現すおもしろい数学が満載だ。どのコラムも短いし、小難しい話はあまり出てこないから、肩肘張らずに気楽に読み進められる。パズルはぜひ読者ご自身で手を動かして解いてみていただきたい。答は巻末に出ている。
　今作では、19 世紀イギリスの私立探偵コンビが活躍する。その名はヘムロック・ソームズとドクター・ジョン・ワツァップ、皆さんご存じのあの有名な探偵にそっくりな名前だけれど、まったくの別人だ。有名人の 2 人を一方的にライバル視していて、ベーカー街で 2 人の部屋の真向かいに住んでいる。ライバルに比べたらちっとも有名ではないけれど、数学の才能ではどうやら何枚も上手らしい。ライバルがさじを投げた事件を、いろんな数学を駆使して次々に解決していく。いつも相談に来る警部や、宿敵の天才極悪人も、どこかで聞いたことのある名前だ。ちゃちなパロディーだと感じられる人もいるかもしれないが、取り上げられている数学は本物だから、目くじら立てずに楽しんでいただきたい。
　とくにおもしろいと思ったコラムは、「パンケーキ数」や「ナルシスト数」、「向こうが見えない正方形の問題」や「6 人の客」など、問題設定は単純で身近なのに、ちょっと条件を変えただけでとてつもなく難しくなって、いまだに答が見つかっていないものだ。また、平方剰余を取り上げた「平方数の余り」とそれに続く 2 つのコラムは、基礎と応用の両方でとても役に立つ数論の分野のちょっとした導入編になっている。数年前に話題になった ABC 予想を取り上げたコラム「ABC くらい難しい」は、この予想がいったいどんなものかを簡潔でしかも

分かりやすく説明していると思う。もちろん、望月教授によるその証明はあまりにも難しすぎて、ここでは解説されていないけれど。

そして今作の目玉は、1を4つだけ使って次々に自然数を作っていく「1つの署名」パート1からパート4。加減乗除や平方根、小数点や循環小数や階乗などの記号を工夫して組み合わせていくと、2, 3, 4……と順番にかなり大きい数まで作ることができる。本格的な数学パズルで、はまる人ははまると思う。ソームズとワツァップは7をとんでもなく複雑な式で表すしかなかったけれど、もしかしたらもっとずっとシンプルな答を見つけられる読者もいるかもしれない。ただ、本文でも言っているけれど、ペアノの後者関数と指数・対数を使うのは「反則」なのでご注意を。

水谷　淳

数学ミステリーの冒険

2015年7月1日　初版発行

著　者：イアン・スチュアート
訳　者：水谷　淳
発行者：小川　淳
発行所：SBクリエイティブ株式会社
　　　　〒106-0032　東京都港区六本木2-4-5
　　　　　　　　　　販売　03(5549)1201
　　　　　　　　　　編集　03(5549)1234
組　版：スタヂオ・ポップ
印　刷：中央精版印刷株式会社

装　丁：米谷テツヤ

落丁本、乱丁本は小社営業部にてお取り替え致します。
定価はカバーに記載されています。

Printed in Japan　　　　　　　　ISBN978-4-7973-8202-0